Klaus Haefner
Ernst H. Eichmann
Claudia Hinze

Denkzeuge

Was leistet der Computer?
Was muß der Mensch selbst tun?

Birkhäuser Verlag
Basel · Boston

CIP-Kurztitelaufnahme der Deutschen Bibliothek

Haefner, Klaus
Denkzeuge : was leistet der Computer? ; Was muß der Mensch selbst tun? /
Klaus Haefner ; Ernst H. Eichmann ; Claudia Hinze. – Basel ; Boston :
Birkhäuser, 1987.
ISBN 3-7643-1841-4

NE: Eichmann, Ernst H.: ; Hinze, Claudia:

Umschlaggestaltung: Bruckmann & Partner, Basel
Buchgestaltung: Justin Messmer, Basel
Printed in Germany
ISBN 3-7643-1841-4

Inhaltsverzeichnis

Anhang II
Strategien im Einsatz von Denkzeugen zum Lernen

Anhang III
Produktion von Software

Vorwort für «Denkzeuge»

Wer dies Buch in die Hand nimmt, darf kein Heimwerkerbuch erwarten, auch keine Anleitung zum Programmieren. Haefner macht aus den Werkzeugen «Denkzeuge» und ruft den Leser in vielfältigen Zusammenhängen zu kritischer, selbständiger Beschäftigung mit den neuen Medien, den «Denkzeugen» auf. Wo es um persönliche Informationssysteme, um «Spielpartner», um Nutzung in Wirtschaft und Banken oder im Unterricht geht, stets entscheiden nicht die Innovationspotentiale der Technik, vielmehr wird die Zukunft dadurch bestimmt, «inwieweit der Mensch in der Lage ist, sich die neuen Denkzeuge kritisch anzueignen». Dies Buch ermutigt dazu, gibt Beispiele und beschreibt Chancen wie Defizite.

Wenn Haefner beklagt, daß die Theorie der Verarbeitung von Informationen unvollständig entwickelt ist, daß geistige Beweglichkeit, die er «psychische Mobilität» nennt, der Bestärkung bedarf, daß weder Methoden des Lernens noch bildungsökonomische Bewertungen bedacht werden oder gar auf die neuen Techniken Bezug nehmen, so zielen seine Darstellungen immer wieder darauf, zu neuem Denken anzuregen und nicht etwa falschen Alternativen zu folgen. Es geht eben nicht um Angriff – etwa auf den personenbezogenen Unterricht – sondern um jene Befreiung von Routine, die es den Menschen möglich macht, ihre schöpferischen Kräfte intensiver einzusetzen. Haefner hält ein überzeugendes Plädoyer für den computerunterstützten Unterricht, dessen Chancen in der Tat noch nicht voll entdeckt sind. Dabei sollte den internationalen Ergebnissen mehr Beachtung geschenkt und nationale Zusammenarbeit verbessert werden. Das Rad muß nicht neu erfunden werden, aber es sollte auf neuen Wegen rollen!

Wir können uns den Vorwand, wir seien zu sehr mit der Routine belastet und beschäftigt, nicht mehr leisten. Mit Haefners Behauptung, daß unser Bildungswesen besondere Schwierigkeiten hätte, sich auf eine neue angemessene, reflektierte Balance zwischen menschlicher und technischer Informationsverarbeitung einzustellen, sollte der Leser sich kritisch auseinandersetzen.

Haefners Forderung, den Umgang mit dem Computer dem Benutzen des Autos gleichzustellen, bei dem derjenige, der es benutzt, nicht zugleich der Konstrukteur sein muß, wird jedem Leser dieses Buches nahegebracht. Dies Buch kann der Anstoß sein, um die begonnenen Bemühungen weiterrollen zu lassen.

Man mag Haefner in der einen oder anderen Einzelheit widersprechen wollen, man mag als Laie über einige Facheinzelheiten stolpern, aber man sollte nicht erschrecken – und weiterlesen. Es verdient höchste Aufmerksamkeit, daß hier zur Mitarbeit aufgerufen wird, daß die Fähigkeit des Menschen, seine verfügbare Zeit zu gestalten, angesprochen wird und er so den Bildschirm als Gestaltungshilfe und nicht als Instrument, um die Zeit totzuschlagen, erfährt. Leitlinie ist, und ich zitiere Haefner: «wie man letztlich wieder zu einem Homo socialis und einem Homo politicus wird.»

H.-R. Laurien

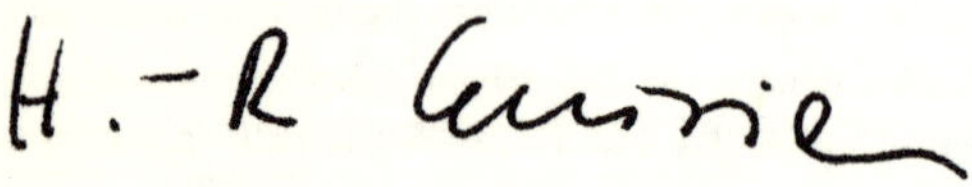

Einleitung

In den letzten Jahren begann der Computer immer dichter an den Menschen heranzurücken. Während in den fünfziger Jahren einige wenige Rechenzentren für Super-Spezialisten arbeiteten, in den sechziger Jahren Time-Sharing-Systeme für normale Spezialisten zugänglich waren, begann mit den siebziger Jahren die Welt der persönlichen Computer. Heute haben wir derartige Systeme zu geringen Kosten verfügbar, die Zahl der weltweit verkauften Systeme beläuft sich auf viele Millionen pro Jahr.

Gleichzeitig wandelte sich die Funktion technischer Informationsverarbeiter. Waren sie zunächst reines Werkzeug («Rechner»), wurden sie zunehmend auch zum Medium («Informations-Systeme») und neuerdings zum *Denkzeug*, welches die Leistung des Gehirns im Hinblick auf Verarbeitung und Speicherung von Information ergänzen kann.

Eine neuere Umfrage zeigt allerdings, daß die meisten Europäer und seltsamerweise auch die meisten befragten Amerikaner die Computer als «notwendiges Übel» betrachten. Unterschiede zeigten sich jedoch in der Perspektive: 57% der befragten Bundesbürger haben Angst vor einer komplett registrierten, numerierten und kontrollierten Computergesellschaft – obwohl nur 50% bisher Kontakt zu einem Computer haben; dagegen ist diese «Big-Brother-Furcht» bei den US-Amerikanern viel geringer – dort haben aber auch bereits 80% Erfahrung mit Computern!

Woran liegt das? Vielleicht an der Ausbildung? Bei uns wird weiterhin über *Computer* geredet – nicht über Werkzeuge und schon gar nicht wie über persönliche Denkzeuge oder Lernzeuge. Noch immer wird der Computer als «heilige» Kuh und nicht als selbstverständliches persönliches Hilfsmittel betrachtet.

Der internationale Wettbewerb und der Wettbewerb derjenigen, die Computer nutzen, mit denen, die sie noch nicht nutzen können, zwingt uns, die Informationstechnik auf breiter Basis zur Kenntnis zu nehmen. *Jeder* braucht heute Grundkenntnisse, um die neue

Technik zu nutzen, er muß sie erwerben. Ein Vergleich soll dies etwas klarer machen: Früher mußte ein «Autolenker» bei seiner Führerscheinprüfung nachweisen, daß er die Funktionsweise des Autos (Motor, Getriebe usw.) kennt, versteht und eventuell Fehler beheben kann, auch wenn er mit dem Auto nur «fahren», es also nur «gebrauchen» wollte. Heute hat man eingesehen, daß zum Benutzen des «Werkzeuges Auto» ein Verständnis der Technik nur sehr begrenzt notwendig ist. Das Denkzeug Computer kann so genutzt werden wie das Automobil.

In dieser Situation versucht das vorliegende Buch, eine Einführung in die Nutzung des Computers als persönliches Denk- und Lernzeug zu geben. Damit wenden sich die folgenden Ausführungen an den *informationstechnischen Laien,* der grundsätzlich über die Nutzung derartiger Denkzeuge nachdenkt, an den Lehrer, der mehr und mehr mit dem Rechner in der Schule umgehen muß, und schließlich an diejenigen, die heute versuchen, problemlösende Software und computerunterstützten Unterricht zu erstellen. Obwohl alle wichtigen Ideen des CUU bereits in den sechziger und siebziger Jahren durchgearbeitet wurden, entdecken die Softwareproduzenten das Rad häufig neu.

Mit dem vorliegenden Überblick über die Nutzung des Denkzeuges wird der Versuch unternommen, den gleitenden Übergang zwischen informationstechnisch unterstütztem Lernen einerseits und Problemlösen andererseits darzustellen. Während in der «schönen heilen Welt» ohne Informationstechnik notwendigerweise alles im Kopf «auf Vorrat» gelernt werden mußte, bevor es operativ vollzogen werden konnte, ist es heute möglich, viele Probleme in einer angemessenen Abstimmung zwischen menschlicher und technischer Informationsverarbeitung effizient zu lösen. Hierbei wird der Rechner zum einen als Informationsspeicher, zum anderen als Problemlösungsinstrument, aber auch als Lehrsystem genutzt. Die Übergänge sind fließend. Für diese neue Welt müssen angemessene Konzeptionen entwikkelt werden. Es kommt darauf an, zu Konzepten der Integration von menschlicher und technischer Informationsverarbeitung zu kommen. Das Buch versucht, die wichtigsten Grundlagen für diesen Prozeß vorzulegen.

Der wesentliche Strang von Argumenten wird im Hauptteil des Buches vorgelegt. Für den an Details und praktischen Hinweisen Interessierten wird ein umfangreicher Anhang vorgelegt. Es wurde – wegen der Überfülle an Material – auf das Zitieren von Einzelarbeiten bewußt verzichtet. Der Leser findet aber fast zu jedem Abschnitt Literaturhinweise, die es ihm gestatten, Quellen nachzulesen.

Wenn auch der erste Entwurf des Manuskriptes von einem

Hochschullehrer geschrieben wurde *(K. Haefner)*, so war es doch von Anfang an klar, daß praktische Erfahrungen mit dem Problemlöser Computer und dem computerunterstützten Unterricht von großer Wichtigkeit sind. Deshalb arbeitete ein Praktiker *(E. Eichmann)*, der seit vielen Jahren Erfahrungen mit dem am weitesten verbreiteten System für computerunterstützten Unterricht (PLATO) hat, an diesem Buch mit.

Schier unüberschaubar ist die Aufgabe, die relevante Literatur zusammenzutragen, die heute über den Bereich des Lernens und Problemlösens mit dem Computer vorliegt. Diese Fleißarbeit wurde von einer Lehrerin bewältigt *(Frau C. Hinze)*; sie zeichnet für den selektiven Auszug aus der Literatur verantwortlich. Es würde den Umfang dieses Buches sprengen, wenn alle maßgeblichen Literaturstellen angegeben würden. Eine ausführliche Literatursammlung soll daher in einer gesonderten Veröffentlichung erscheinen.

Bremen und Frankfurt
Dezember 1986

K. H.
E. E.
C. H.

Kapitel I
Computer als Denkzeuge zum Problemlösen und Lernen

Computer sind schon lange keine zentralen, durch Rechenzentrumsmauern abgetrennten Systeme mehr. Heute ist es dem persönlichen Computer vielmehr möglich, überall und individuell Probleme zu lösen und zu lernen. Im ersten Kapitel werden wichtige Beispiele für diese Entwicklung aufgezeigt.

Denkt man die Möglichkeit der persönlichen Nutzung der modernen Informationstechnik konsequent zu Ende, so ergibt sich das Konzept der Psychischen Mobilität mit Informationstechnik. Mensch und Computer sollten nicht im Widerspruch, sondern als sich bewußt ergänzende Systeme gesehen werden. Es gilt, sich den technischen Sklaven Computer – vergleichbar mit dem Kraftfahrzeug – emanzipiert anzueignen und gleichzeitig die menschlichen Qualifikationen jenseits der Leistungen der Informationstechnik deutlich zu entfalten. Diese Grundidee wird im folgenden ausführlicher dargestellt; erste Konsequenzen für Bildung und Ausbildung werden gezogen.

Die zweite kopernikanische Wende

Vergegenwärtigen wir uns die Geschichte unserer informationellen Umwelt, so müssen wir feststellen, daß hier in den letzten Jahrzehnten mehrere dramatische Umbrüche stattgefunden haben. Der erste Umbruch betrifft die Art und Weise, wie wir Informationen heute *speichern* können. Während über Jahrtausende ausschließlich die sequentielle Aneinanderreihung von Zeichen in Form des Skriptes und des Buches als Informationsspeicher diente, sind wir heute in der Lage, durch Nutzung von Datenbanken und Expertensystemen Informationen nach Begriffen direkt zugreifbar zu ordnen. Damit hat der Mensch erstmals die Möglichkeit, gezielt an informationstechnische Systeme Fragen zu stellen, die direkt beantwortet werden (wenn auch bisher nur mit einer mittleren Qualität), während das Buch stets vom Menschen interpretiert werden mußte.

Eine zweite gravierende Veränderung stellt die Verfügbarkeit von informations*verarbeitender* Technik dar. Während über Jahrtausende das menschliche Gehirn der einzige leistungsfähige Informationsverarbeiter war und seit Urzeiten Denken, Rechnen, Argumentieren und das Entwickeln neuer Ideen ausschließlich vom menschlichen Gehirn durchgeführt wurden, sind wir zunehmend dabei, Computer unmittelbar zur Lösung von Problemen einzusetzen. Dabei überflügelt die Leistung des Rechners die des menschlichen Geistes an vielen Stellen, ohne daß man allerdings von «künstlicher Intelligenz» sprechen muß.

Drittens haben sich die Geschwindigkeiten, mit denen wir Informationen auf der Welt übertragen können, dramatisch erhöht, während über Jahrtausende hinweg nur der physikalische Transport von geschriebener Information möglich war. Ein kaiserlicher Reiter z. B., mit der päpstlichen Bulle unter dem Arm auf einer Pferdestafette dahinhetzend, erreichte nur Datenübertragungsraten im Bereich von etwa einem Zeichen pro Sekunde. Heute sind wir technisch in der Lage, mit Glasfaser- oder Satellitentechnik *Milliarden von Zeichen pro Sekunde* zu übertragen. Das weltumspannende Telephonnetz verbindet einige 600 Millionen Menschen ständig miteinander. Rechner werden zunehmend in diese Netze integriert; sie kommunizieren miteinander und erlauben gleichzeitig den unmittelbaren Zugriff des Menschen auf Daten in der ganzen Welt.

Schließlich müssen wir zur Kenntnis nehmen, daß die Menge der auf der Welt *verfügbaren Informationen in einer kaum noch überschaubaren Form zunimmt*. Schätzungen gehen davon aus, daß sich das weltweite Wissen alle drei Jahre verdoppelt (Redundanzen schon ausgeklammert). Dabei liegt die Weltbibliothek heute bei einem Volumen von etwa einer Milliarde Bänden, während eine Klosterbibliothek noch vor einigen hundert Jahren mit 1000 Bänden gut ausgestattet war.

Alle diese Veränderungen haben uns besonders stark in den letzten Jahrzehnten beschäftigt und getroffen; die moderne Informationstechnik ist erst nach dem zweiten Weltkrieg verfügbar geworden. In nur wenigen Jahrzehnten haben wir die informationelle Umwelt des Menschen mit Fernsehen, Telephon, Videorecordern und einer zunehmenden Computerisierung dramatisch verändert. Es vollzieht sich ein sehr grundsätzlicher Strukturwandel, den die amerikanische Soziologin Sherry Turkle mit dem Schlagwort der *zweiten kopernikanischen Wende* gekennzeichnet hat: während in der ersten kopernikanischen Wende durch Leistungen des menschlichen Geistes erkannt wurde, daß die Erde nicht im Zentrum des Weltalls steht, sondern ein Planet unter vielen Planeten eines Sonnensystems von – wie wir heute wissen – Milliarden von Sonnensystemen ist, so sind wir in der zweiten kopernikanischen Wende heute mit dem menschlichen Geist dabei, neben (dem Homo sapiens) die bisherige Spitze der Evolution informationsverarbeitender Systeme informationstechnische Systeme zu stellen.

Der Homo sapiens ist nicht mehr allein. Ihm begegnet die «intelligente» Maschine! War er bisher der einzige Informationsverarbeiter, der einzige Denker mit hoher Leistung auf Erden, so sieht er sich zunehmend umgeben und konfrontiert mit informationstechnischen Systemen, die in einzelnen *Teil*bereichen wesentlich höhere Leistungen als er selbst zeigen.

Noch gibt es auf der Welt zwar über vier Milliarden Menschen und sicher nicht mehr als einige Zigmillionen leistungsfähiger Rechner. Aber dieses Zahlenverhältnis verschiebt sich von Tag zu Tag. Insbesondere in den Industrienationen ist erkennbar, daß der Rechner zunehmend zum Persönlichen Informations- und Telekommunikations-System, zum Denkzeug wird, welches jedermann verfügbar hat – wie dies schon heute beim Taschenrechner der Fall ist.

Damit geht die Dominanz des autonomen, allein operierenden menschlichen Gehirns zu Ende! Daß dieser Wandel bisher kaum verstanden, geschweige denn konstruktiv bewältigt wurde, ist nur zu einleuchtend, wenn man sich die Zeiten vergegenwärtigt, die nach der ersten kopernikanischen Wende gebraucht wurden. Die katholische Kirche hat erst 350 Jahre später Galilei rehabilitiert!

Die zweite kopernikanische Wende darf nicht zu einer neuen

Klassengesellschaft führen, in der neben den vorhandenen sozialen Differenzierungen zusätzlich noch von *außen bestimmte* intellektuelle Differenzen treten. Ein ungenügend vorbereiteter und unreflektierter Einsatz der Informationstechnik birgt die *Gefahr* einer intellektuellen Entmündigung vieler in sich.

In dieser neuen Situation ergibt sich insbesondere die prinzipielle Frage: *«Was soll und was muß der Mensch lernen, um in einer computerisierten Gesellschaft qualifiziert, sinnvoll und menschlich zu leben?»* Wir brauchen dringend bildungs- und gesellschaftspolitische Antworten auf diese Frage! Aber niemand hat bisher eine schlüssige Antwort. Wir stecken mitten in der «Neuen Bildungskrise», und es wird sicher Jahrzehnte dauern, bis wir erste Ansätze zur Bewältigung dieser Krise umsetzen können.

Gerade aber in der «Übergangszeit» – von der Welt autonomer Menschen zu einer Welt der Integration menschlicher und technischer Informationsverarbeitung – kommt es darauf an, rasch zu leistungsfähigen «Übergangskonzeptionen» zu gelangen. In diesem Kapitel wollen wir versuchen, einige zentrale Ansätze zur Bewältigung der Folgen der zweiten kopernikanischen Wende zusammenzustellen.

Typische Leistungen heutiger persönlicher Computer

Wenn man entweder mehr spekulierend über die Zukunft des Verhältnisses von Mensch und Computer nachdenkt oder ganz konkret versucht, moderne problemlösende Software zu entwickeln, so muß man sich vergegenwärtigen, welchen Stand der Leistung heutiger persönlicher Computer wir bereits erreicht haben. Auch für bildungspolitische und didaktische Überlegungen gilt es nicht nur, zukünftige Möglichkeiten des Rechners ins Auge zu fassen, sondern zunächst zur Kenntnis zu nehmen, welche Rechnerleistungen hier und jetzt bereits verfügbar sind und genutzt werden!

Deshalb soll hier zunächst ein kurzer Überblick über einige typische Systeme gegeben werden:

Der Taschenrechner. Wir sind heute in der Lage, in einem einzigen (billigen) Chip alle wesentlichen arithmetischen Funktionen abzuwickeln. Gießt man diesen Chip in Plastik ein, fügt eine Solarzelle hinzu und gestaltet die Oberfläche tastempfindlich, so erhält man ein Gebilde in der Größe einer Kreditkarte, welches heute in der Lage ist, das gesamte Spektrum arithmetischer Operationen mit relativ hoher Präzision abzuwickeln. Die Rechengeschwindigkeiten liegen dabei im Bereich von einigen hundert bis einigen tausend Operationen pro Sekunde. – Angesichts der großen Verbreitung von Taschenrechnern liegen die Preise heute für ein derartiges System im Bereich von einigen zehn DM bis zu einigen fünfzig DM bei hochleistungsfähigen Systemen. Das Multiplizieren zweier sechsziffriger Zahlen kostet Pfennige, ein Mensch arbeitet daran bei Stundenlöhnen von 20 bis 30 DM viele Minuten.

Frei programmierbare Tisch-Computer (PC = *P*ersönlicher *C*omputer). Es existiert heute auf den Märkten eine breite Palette von Computern, die als Arbeitsplatz-Rechner genutzt werden können und frei programmierbar sind. Seit dem Einstieg von IBM in den Markt gibt es auch eine relativ einheitliche Oberfläche für derartige Systeme, die fast alle auf dem MS-DOS-Standard aufbauen (Industriestandard). In dieser Welt der Tisch-Computer sind mittlerweile Tausende von leistungsfähigen Programmen entwickelt und vertrieben worden, z. B. für das Führen von Konten, die Erstellung von Texten, die Kalkulation einfacher Zusammenhänge, die Simulation von Vorgängen verschiedenster Art (z. B. Flug-Simulator), die Steuerung von Produktionssystemen, die Auswertung von einfachen Bildern. – Vor allem aber sind Tisch-Computer in verschiedenen Programmiersprachen frei programmierbar. Damit sind viele grundsätzlich in der Lage, eine wohlbeschriebene Problemlösung auf den Rechner abzubilden und dann jederzeit direkt eigene Probleme zu lösen.

Expertensysteme. Seit einigen Jahren existieren – auch auf Arbeitsplatz-Rechnern – Systeme, die es erlauben, im direkten Dialog mit dem Rechner das vorgespeicherte Wissen eines Experten abzufragen. Erste Implementationen fanden in der Medizin (MYCIN), in der Mathematik (MACSYMA) oder in der chemischen Analyse (DENDRAL) statt. Mittlerweile existieren weltweit einige hundert derartige Abbildungen von Experten auf technischen Systemen. – Angesichts der zunehmenden Leistung auch tragbarer persönlicher Computer ist erkennbar, daß diese Systeme vielen Menschen unmittelbar verfügbar gemacht werden können!

Am Beispiel des mathematischen Expertensystems muMATH sei die Leistung heutiger Expertensysteme vorgestellt. In **Tabelle 1** sind einige typische mathematische Probleme (von ca. 50 in muMATH verfügbaren Klassen) und deren Lösungszeiten auf einem *tragbaren* Rechner (Data General, System One) zusammengestellt.

Mathematisches Problem	Lösungszeit auf dem *portablen* PC DG/One (in Sek.)
$(D+25B+C+D)^4$	33
$\int \cos(x) \sin^2(x)\, dx$	4
$\lim_{x \to O} \frac{(2-x)e^x - x - 2}{x^3}$	12
$dy(x)/dx = 1 + 5 \sin(y/(x+1))$ $y(x) = ?$	29
$a^2x+y=3$ $x-y-2=0$ $x,y=?$	3
$12345678912345678 9^{96}$ (*ohne* Rundung!)	39

Tabelle 1
Typische Ausdrücke, die von dem Expertensystem muMATH gelöst werden können. Es handelt sich hier um eine Auswahl aus einigen 50 unterschiedlichen Anwendungsbereichen von muMATH. Die Lösungszeiten beziehen sich auf das *portable* PC-System Data General One. Auch für andere Ausdrücke werden Bearbeitungszeiten in diesem Bereich benötigt. Größere mathematische Expertensysteme erlauben natürlich wesentlich kürzere Reaktionszeiten und einen noch umfangreicheren Raum der Bearbeitung von mathematischen Ausdrücken.

Man sieht, daß ein derartiges Programmsystem (welches ein Volumen von nur einigen hunderttausend Zeichen hat) fast alle Operationen, deren Lösung wir heute mühsam in der Oberschule und in den ersten Semestern des Nebenfaches Mathematik zu vermitteln versuchen, mühelos löst!

Zugang zu Datenbanken. Fast alle Mikrocomputersysteme erlauben es heute, unmittelbar über das Telephonnetz Zugang zu Datenbanken herzustellen. Hierzu bedarf es in der Regel nur einer geeigneten Steckkarte für den PC und eines Zugangs zum Postnetz, z. B. über einen Audio-Koppler oder ein Modem. Damit kann prinzipiell jedermann heute in den ca. 2800 weltweit verfügbaren Datenbanken recherchieren. Das Wissen der Welt – früher nur in wenigen Universitätsbibliotheken zugänglich – kann heute von jedem Arbeitsplatz und aus jedem Haus der Industrienationen abgerufen werden.

(Daß das Wissen zunehmend in englisch aufbereitet und bereitgehalten wird, ist dabei ein spezielles Phänomen, dem wir Rechnung tragen müssen, wenn wir Zugang zur informationellen Umwelt haben wollen. Hier liegt eine wichtige kulturpolitische Herausforderung für den deutschsprachigen Raum. Es ist jedoch schon abzusehen, wann «Übersetzer» in PC-Kartengröße vorhanden sein werden, die den englischen Text automatisch ins Deutsche übersetzen. Für die Eingabe neuer Informationen gilt entsprechendes in umgekehrter Richtung.)

Graphik-Systeme. Persönliche Computer in der Preisklasse von einigen tausend D-Mark erlauben es heute, hochauflösende farbige Graphiken zu erstellen und zu manipulieren. Damit kann zum einen eine völlig neue Form der Repräsentanz der informationellen Umwelt gewählt werden. Wir sind nicht mehr allein auf das sequentiell zu organisierende Wort angewiesen, sondern können viele Zusammenhänge in Form eindrucksvoller graphischer Bilder zusammenstellen. Zum anderen eröffnen die graphischen Systeme völlig neue Möglichkeiten für die Animation (Trickfilm) und die Simulationen komplizierter Zusammenhänge. Die Spitze derzeitiger graphischer Entwicklungen liegt heute wohl im synthetischen Film. Mit (sehr aufwendigen) Software-Systemen ist es möglich, die Bilder realer Menschen im Rechner zu simulieren und damit synthetische Filme zu produzieren. Die so erstellten Programme können dann auch auf einfachen Systemen zum Laufen gebracht werden.

Der «literarische» Computer. Schon in den sechziger Jahren hat man versucht, mit Computerprogrammen literarische Konstrukte zu erzeugen. Dies ist mittlerweile zur Routine geworden, ganze Bücher können von Programmen generiert werden – man muß heute aufpassen, daß man auf dem Buchmarkt realen Autoren begegnet und nicht Belletristik erwirbt, die computergeneriert ist. Ein kleines Beispiel findet sich in **Tabelle 2**. Es handelt sich hierbei um eine Prosa, die auf einem Commodore C64 (in englisch) erzeugt wurde. Der Text der Tabelle gibt einen Auszug aus einem computergenerierten Buch wieder; die deutschsprachige Fassung stammt aus einer Übersetzung, die «Die Zeit» im Mai 1985 publizierte.

Inzwischen flatterte Mark herein und flüsterte: «Ein Abendessen, ein Frühstück, eine Mahlzeit, schnell; sie kann wohlschmeckend oder gut zubereitet oder köstlich sein; das ist mir gleich; ich darbe vor Hunger. Ich bin durch einige saubere Straßen geschlendert; ich dachte an Yachten, die See und den Ozean; ich bin erschöpft.»

«Yachten?» sagten alle.

«Ja, Yachten, eine auf See dahingleitende Rotte von Yachten. Diese Yachtüberlegungen schützten mich vor einer Verletzung, während ich hierher sprang.»

«Lieber Yachten auf See als ein schwach werdendes Elektron in einer sich drehenden Galaxis», murmelte Helene.

Tabelle 2
Prosa generiert vom Computerprogramm RACTER.
Es handelt sich um einen Auszug aus einem größeren Prosa-Band, der mit dem Computer-Programm RACTER generiert wurde. Diese deutsche Übersetzung stammt aus DIE ZEIT, 3. Mai 1985. Das Original ist erschienen unter «The Policeman's Beard is Half Constructed»; Warner Books, New York 1984.

Der «Kontrolleur». Im industriellen Bereich werden Rechner zur Steuerung von Bandstraßen, zur Materialwirtschaft, zur Überwachung von Umweltmeßdaten und zu ähnlichem eingesetzt. Im privaten Bereich kann die gesamte Hauselektronik (von der Schließanlage bis zum Wecken) von einem PC übernommen werden. Interessant ist für viele Fans auch das Steuern der elektrischen Eisenbahn, des eigenen Baukastenmodells oder eines Windkraftwerkes.

In Krankenhäusern werden auf der Intensivstation Puls, Atmung, Blutdruck und andere kritische Werte laufend erfaßt, gespeichert, ausgewertet und eventuell notwendige therapeutische Maßnahmen sofort eingeleitet. (Dieser Einsatz des Computers zur Unterstützung der Ärzte wird – in diesem zutiefst menschlichen Bereich – von einigen sogar als Segen empfunden, kaum jemand spricht von einer «Enthumanisierung» der Gesellschaft.)

Lernen mit dem Computer

Neben der Möglichkeit unmittelbarer Problemlösung mit dem Computer kann dieser zur *Vermittlung von Fähigkeiten und Fertigkeiten* genutzt werden. Es existiert ein breites Angebot von computerunterstütztem Unterricht (CUU) – vor allem in den angelsächsischen Ländern – mit hoher Leistungsfähigkeit. Systematische Analysen haben gezeigt, daß die Nutzung derartiger Programme gute Lernerfolge sicherstellen kann – wenn ausreichend in die Lehrprogramme und die Hardware investiert wird!

Allerdings hat sich diese Methode des Lernens im *öffentlichen* Bildungswesen kaum durchgesetzt, da – insbesondere in der Bundesrepublik – der Unterricht durch Lehrer erbracht wird, die Beamtenstellen auf Lebenszeit innehaben. Unter diesen Umständen werden bildungsökonomische Bewertungen von CUU alternativ zur personalen Lehre sowie didaktische Überlegungen kaum ernsthaft angestellt. Schule ist vielmehr einfach identisch mit dem Handeln von Lehrern. Unabhängig davon findet die Wechselwirkung von Bildung und Computer weder an bundesdeutschen Hochschulen in der Lehrerausbildung noch in den Seminaren der Lehrerausbildung für das zweite Staatsexamen Berücksichtigung.

Diese Situation wird sich angesichts einer breiten Kohorte von heute etwa vierzigjährigen Lehrern auf der einen Seite und abnehmenden Schülerzahlen auf der anderen Seite in der Bundesrepublik auch – leider – kaum ändern. Im privaten und insbesondere im betrieblichen Bereich setzt sich der Computer allerdings zunehmend als Lehrsystem durch.

Aus der großen Fülle von interessanten Beispielen computerunterstützten Unterrichts sollen hier nur einige wenige zitiert werden:

Der arithmetische Trainer. In Systemen dieser Art (auf PCs oder Taschenrechnern) bekommt der Lernende eine arithmetische Aufgabe ausgegeben, die er entweder sofort richtig lösen kann oder für die er eine Hilfe anfordert, die ihm auch bei Fehlern ausgegeben wird. Mit zunehmenden Fortschritten durch das Programm steigern sich die Anforderungen an den Lernenden entsprechend seinem Fortschritt. Damit wird sichergestellt, daß dem Lernenden die Grundfertigkeit der Bewältigung arithmetischer Probleme vermittelt wird; es kommt nur durch, wer die Aufgaben beherrscht! Die Art der Darbietung richtet sich nach den Möglichkeiten des Rechners. Bei einem einfachen, nur alphanumerischen Bildschirm werden die Aufgaben wie in einem Buch präsentiert. Ist graphische Ausgabe möglich, kann der Autor des Programms ganz andere Unterrichtsstrategien einsetzen, die mit den alten Medien nicht möglich sind (z. B. Animation). Er kann z. B. ein Autorennen vorführen: nur bei richtiger Lösung des Lernenden fährt das Auto schneller, sonst bleibt es stehen oder fällt bei groben Fehlern sogar deutlich zurück.

Derartige Programme sind in amerikanischen Schulsystemen seit vielen Jahren im breiten Einsatz, sie richten sich an Schüler der ersten bis sechsten Klasse. Sie helfen vor allem lernbehinderten Kindern, relativ rasch arithmetische Qualifikationen zu erwerben. Offen bleibt die Frage, welchen Sinn haben heute noch arithmetische Qualifikationen, wenn doch in der Praxis immer mit dem Taschenrechner gearbeitet wird? Hält man sie jedoch für wichtig, so ist CUU ein ausgezeichneter didaktischer Ansatz.

Der computerunterstützte Sprachtrainer. Die Beherrschung der Muttersprache oder einer Fremdsprache setzen zum einen die Kenntnis eines entsprechenden Vokabulars und zum anderen dessen Schreibweise voraus. Zweitens wird gefordert, daß Grammatiken beherrscht werden. Drittens kommt es darauf an, phonetisch richtig zu sprechen. In allen drei Bereichen gibt es heute leistungsfähige Trainings-Systeme mittels CUU – für Schüler und Erwachsene. Insbesondere zum Erwerb der Orthographie ist der computerunterstützte Unterricht außerordentlich geeignet, erlaubt er doch z. B. sicherzustellen, daß beim Diktat durch den Rechner (akustische Ausgabe) vom Lernenden jeweils nur das Richtige auf der Tastatur geschrieben werden kann (alle anderen Tasten lassen sich sperren, so daß das «Lernen von Fehlern» ausbleibt). Das Trainieren eines größeren Wortschatzes ist heute bereits mit handgehaltenen Geräten (z. B. das System alpha 8 von Langenscheidt) möglich. – Das computerunterstützte Sprachlabor erlaubt es, über akustische Ausgaben und die Verarbeitung von Eingaben des Lernenden festzustellen, inwieweit eine phonetisch richtige Aussprache erfolgt.

Vermittlung von motorischen Fertigkeiten. Beim Steuern von Fahrzeugen aller Art bedarf es eines komplizierten Zusammenspiels von sensorischen, kognitiven und motorischen Prozessen. Diese können in der Praxis nur langsam, auf Simulatoren jedoch sehr erfolgreich unterrichtet werden. Die Fluggesellschaften führen seit Jahren einen großen Teil ihrer Pilotenausbildung auf Simulatoren durch, weil diese zum einen sehr viel billiger als reale Flugzeuge sind und zum anderen das Trainieren von Piloten-Leistung in *extremen* (Not-)Flugsituationen ermöglichen. Ähnliche Systeme stehen heute in der Bundeswehr für die Ausbildung von Panzerfahrern zur Verfügung. Auch das Steuern technischer Anlagen (z. B. Kraftwerke, Produktionsanlagen) wird zunehmend über Simulatoren vermittelt. (Leider haben wir die Nutzung des Rechners zum Erwerb und zur Auffrischung von Fertigkeiten im Straßenverkehr bisher nicht genutzt; das Ergebnis ist nur zu evident: jährlich ca. 10 000 Tote, ca. 30 000 Schwerstverletzte und ein volkswirtschaftlicher Schaden von 50 Milliarden DM!)

Ausbildung in Nutzung von Rechnersystemen. Zunehmend wird der CUU benutzt, um zukünftigen Nutzern von Rechner-Systemen (Schülern, Sachbearbeitern, Managern) diese zu erklären («selbsterklärende Systeme»). Vorreiter dieser Entwicklung waren vor vielen Jahren die Luftfahrtgesellschaften, die ihr gesamtes Bodenpersonal ausschließlich mit computerunterstütztem Unterricht in die Bedienung der Terminals für die Flugreservierung und später auch das Ausstellen von Tickets eingewiesen haben und heute noch einweisen. – Mit ähnlichen Verfahren werden heute Operateure der verschiedensten informationstechnischen Systeme qualifiziert, z. B. im Betrieb von Prozeß-Rechnern, in der Qualifizierung der Bedienung von Bankterminals oder bei der Nutzung von Datenbankensystemen.

Vermittlung von spezifischen Fachkenntnissen. Besonders geeignet ist der computerunterstützte Unterricht dann, wenn *vor Ort kein* geeigneter Spezialist verfügbar ist, aber ein persönlicher Computer genutzt werden kann, um spezifische Fertigkeiten von einem Programm zu erwerben. So gibt es weltweit in den verschiedensten Bereichen heute qualifizierte Ausbildungssysteme, die den Erwerb von Spezialkenntnissen erlauben (z. B. in der Genetik, in der Medizin, in den Ingenieurwissenschaften, in der Psychologie, in seltenen Sprachen). Die Open University in Großbritannien bietet über ihr Rechnernetz in allen ihren Studieneinrichtungen und den angeschlossenen persönlichen Computern zu Hause eine Vielzahl derart unterstützender Materialien. – Man kann heute auch weltweit in das PLATO-System der Firma Control Data hineinwählen und aus diesem Spezial-Lehrprogramme «tanken» und diese z. B. auf seinem persönlichen Rechner abwickeln. – Insbesondere in der amerikanischen Armee wird CUU zur Vermittlung von speziellen technischen Fähigkeiten und Fertigkeiten genutzt.

Vermittlung von Kenntnissen in sonst «unzugänglichen» Bereichen. Der computerunterstützte Unterricht eröffnet völlig neue Möglichkeiten und Wege in der Ausbildung, da auch Bereiche *praktisch* zugänglich gemacht werden können, über die ohne CUU nur theoretisch gesprochen werden kann. Einige Beispiele sollen das verdeutlichen:

Kernphysikalische Experimente, die wegen ihrer Gefährlichkeit sonst in der Ausbildung nie durchgeführt werden können, sind heute in Form von Simulationen in jedem Klassenzimmer auf einem PC möglich. – Experimente im astrophysikalischen Bereich, die sonst wegen der «räumlichen Restriktionen» und wegen der hohen Kosten für Ausbildungszwecke nicht durchgeführt werden können, lassen sich auf dem PC durchführen. – Vererbungsgänge, der Einfluß von Mutationen und die Wirkung von Selektion in der Evolution, die Steuerung von Erbinformationen usw. können mit dem Computer gut simuliert und dargestellt werden. – In der Computersimulation können innerhalb von Sekunden viele Populationen und Generationen erzeugt werden, Ökosysteme sind so zu «erfahren»; in Wirklichkeit würde dies Wochen oder Jahre dauern und einen riesigen Aufwand erfordern. – Der Medizinstudent kann mit dem Computer erlernen, eine gute Anamnese zu erstellen, auch bei seltenen Krankheiten die richtige Diagnose zu stellen und eine effektive Therapie zu nutzen. (Weizenbaums berühmtes Programm «ELIZA» aus den sechziger Jahren ist nur ein einfaches Beispiel für «freie Gespräche» mit einem Computer, man ist heute auf dem Gebiet schon sehr viel weiter.)

Das Konzept der psychischen Mobilität mit Informationstechnik

Die bisher nur sehr knapp beschriebenen Möglichkeiten des Rechners als Problemlöser einerseits und als Lehrsystem andererseits lassen erkennen, daß sich ein neues Konzept für die sinnvolle Komplementarität menschlicher und technischer Informationsverarbeitung entwickeln läßt.

Diese Vorstellungen lassen sich im Konzept der *psychischen Mobilität mit Informationstechnik* ausformulieren. Die Grundidee ist relativ einfach; sie besteht aus zwei Komponenten: (A) *Jedermann nutzt sein Persönliches Informations- und Telekommunikations-System,* sein Denkzeug (tragbare persönliche Computer mit Anschluß an das Netz, siehe **Abbildung 1**), um seine eigenen *kognitiv-verbalen* Leistungen durch Informationstechnik zu komplementieren. Er greift dabei auf eine informationstechnische Infrastruktur zurück, die zum einen Information verfügbar hält und zum anderen Informationsverarbeitungsleistungen anbietet, die über das hinausgehen, was im persönlichen Computer möglich ist: (B) *Jedermann versucht sich möglichst umfassend «jenseits» der Leistungen der Informationstechnik zu qualifizieren* (z. B. im Sozialen, Affektiv-Musischen, Kommunikativen).

Legende siehe nächste Seite

Abbildung 1
Persönliche Computer, die heute auf den Weltmärkten verfügbar sind.
Die Abbildung zeigt typische Systeme, die sich dadurch auszeichnen, daß sie voll portabel sind und in der Regel mit einem flachen Bildschirm arbeiten, der über der Tastatur ruht, wenn das Gerät geschlossen ist und aufgeklappt wird, um das System zu benutzen. Systeme dieser Größe erreichen die Leistungsfähigkeit eines IBM-PC, unter Umständen sogar die des IBM-PC-AT, Speicherausbau bis ca. 1 Mbyte. Festplattenlaufwerke mit ca. 10 Mbyte können implementiert werden. In der Regel benutzen die Systeme Floppy-Disk als Zugang. Über Schnittstellen ist es möglich, zum einen weitere Peripherie anzuschließen und zum anderen in Datennetze hinein zu wählen.

Das Konzept der psychischen Mobilität mit Informationstechnik ist also – auf höherer Ebene – ein Pendant zur «physischen Mobilität mit Verkehrstechnik». Im Bereich der körperlichen Mobilität haben wir durch die Nutzung der Verkehrstechnik sowohl eine dramatische Leistungssteigerung erreicht als auch breiten Schichten der

Bevölkerung die gleiche Möglichkeit gegeben, sich mobil zu machen. Dazu brauchten wir einerseits eine leistungsfähige Verkehrstechnik und andererseits eine Infrastruktur aus Straße, Schiene und Flughäfen. Obwohl es fast ein Jahrhundert gedauert hat, bis diese Struktur verfügbar war, ist sie heute eine unabdingbare Voraussetzung unseres Lebens. Sie befriedigt den alten Traum vieler Menschen, sich rasch und kostengünstig von Ort zu Ort zu bewegen.

Mit dem Konzept der psychischen Mobilität mit Informationstechnik soll eine vergleichbare Gleichheit der Chancen auch für die Welt der kognitiven Prozesse realisiert werden: jedermann soll – mit einem Persönlichen Informations- und Telekommunikations-System ausgestattet – in der Lage sein, sich *frei* in der informationellen Umwelt zu bewegen und dort hohe Leistungen zu erbringen.

Hierzu ist es zum einen notwendig, daß jedermann eine Grundqualifikation in der Nutzung der neuen Technik erhält («Informationstechnikführerschein» oder, wie die Bund-Länder-Kommission für Bildungsplanung es nennt, «informationstechnische Grundbildung»). Zum anderen müssen das staatliche, das betriebliche und das «private» Bildungswesen sowie die Deutsche Bundespost dafür Sorge tragen, daß ein geeignetes telekommunikatives Netzwerk und ein geeignetes System von «kognitiven Diensten» verfügbar wird. (Das heutige Telephonnetz und das Bildschirmtext-Angebot sind hier nur allererste Schritte in die richtige Richtung.)

Noch wichtiger als die technische Komponente ist jedoch die Qualifizierung des Menschen *«jenseits» der Leistung der Informationstechnik*. Ähnlich wie das Kraftfahrzeug nicht dadurch besser beherrscht wird, daß man das Laufen trainiert – es sind vielmehr ganz andere, neue Qualifikationen im Straßenverkehr gefordert –, so braucht eine neue Mobilität «typisch-menschliche» Qualifikationen, die eben «jenseits» der Leistungen der Technik liegen, sonst könnte diese sie ja selbst erbringen!

Das Bildungswesen muß außerordentliche Anstrengungen unternehmen, diesen Teil der psychischen Mobilität zu entfalten. Das bedeutet insbesondere eine grundsätzliche curriculare Revision aller Lehrangebote, mit denen es eine Antwort auf die Frage geben muß, was soll der Mensch lernen, wenn der Computer in der Praxis so viele Funktionen übernimmt? Nur wenn diese Entwicklung Hand in Hand mit der Einführung der «persönlichen Informationstechnik» einhergeht, besteht eine Chance, das Konzept der psychischen Mobilität wirklich zu realisieren.

Es ist nur zu einsichtig, was passieren würde, wenn wir auf psychische Mobilität als generelles Prinzip verzichteten: einige wenige würden die neue Technik intensiv nutzen, die anderen hätten keine Chance, mit ihr umzugehen, die «Zwei-Klassen-Gesellschaft» wäre programmiert. Die «Informationsreichen» würden immer reicher und die «Informationsarmen» immer ärmer werden! Alle unsere bildungspolitischen Bemühungen haben aber bisher darauf abgezielt und müssen auch in Zukunft darauf abzielen, daß eine solche Entwicklung verhindert wird!

Dies erscheint auch – zumindest technisch – möglich, weil die notwendige Technik heute bereits zu günstigen Preisen verfügbar ist; der vor uns liegende Preisverfall der Informationstechnik erlaubt es, sie als Massentechnik für jedermann zu nutzen.

Es gilt sich davor zu hüten, über eine «sich selbst erfüllende Prophezeiung» immer wieder zu verkünden, daß die neue Technik die Menschheit spaltet. Wenn nun lange genug so argumentiert wird – und das erfolgt leider häufig in Lehrerkreisen –, so hat man natürlich eine Chance, daß es auch passiert. Insbesondere, da ja Lehrer hier einen deutlichen Einfluß haben. Wenn andererseits die Lehrer selbst engagiert Qualifikationen für eine psychische Mobilität mit Informationstechnik aufnehmen und sich um die Erziehung des Menschen «jenseits» der Leistungen der Computer bemühen, so ergäbe sich mittelfristig ein gravierender Fortschritt in der Geschichte geistiger Leistungen des Menschen.

Literaturhinweise

Academician Blagovest Sendov and Dr. Stancher (Ed.): Children in an Information Age – Tomorrows Problems Today. Oxford 1986.

Badre, A. and Shneiderman, B.: Directions in Human Computer Information. Norwood, N. Y. 1982.

Card, S.; Moran, T. and Newell, A.: The Psychology of Human Computer Interaction. Hillsday, N. J. 1983.

Ebert, W.: Bildungspolitik in einer Zeit des Umbruchs. Trostberg 1986.

Ellis, K.: The Use an Missuse of Computers in Education. New York 1984.

Epie Institute: TESS – The Educational Software Selector. New York 1986.

Feigenbaum, E. and McCorduck, P.: Die fünfte Computer-Generation. Künstliche Intelligenz und die Herausforderung Japans an die Welt. Basel 1984.

Gergely, S.: Wie der Computer den Menschen und das Lernen verändert – Ein kritischer Ratgeber für Eltern, Lehrer und Schüler. München 1986.

Grout, B.: Athanasopoulos, I. and Kutlin, R.: Desktop Publishing from A to Z. Osborne Mc Graw-Hill 1986.

Haefner, K.: Mensch und Computer im Jahr 2000. Basel 1986 (3. Auflage).

Haefner, K.: Die neue Bildungskrise – Lernen im Computer Zeitalter. Reinbeck 1985.

Harbeck, G. et. al.: Metzler Informatik. Stuttgart 1984.
Hostmann, N.: Das Verschwinden der Kindheit. Frankfurt a. M. 1983.
Kaiser, E.: Lehren, Lernen und Computer – Eine Einführung in die Datenverarbeitung in Schule, Aus- und Weiterbildung. Stuttgart 1977.
Kursbuch Verlag: Kursbuch 75: Computerkultur. Berlin 1984.
Lofthus, G. and E.: Mind at Play – The Psychology of Video Games. New York 1983.
Lohmar und Lichtenberg (Hrsg.): Gutenbergs Erben – Die Bundesrepublik Deutschland auf dem Weg zur Informationsgesellschaft. Bonn 1986.
Mandl, H. und Fischer, P.: Lernen im Dialog mit dem Computer. München 1985.
Martin, J.: Manifest für die Informationstechnologie von morgen. Düsseldorf 1985.
Melvyn, P.: The Impact of the Information Society and New Technologies on the Family. European Social Development Program. Wien 1986.
Michie, D. und Jonston, R.: Der kreative Computer. Hamburg 1985.
Ministère de l'éducation Nationale: Informatique pour tous. Paris 1985.
Moser, H.: Der Computer vor der Schultür – Entscheidungshilfen für Lehrer, Eltern und Politiker. Zürich 1986.
Nelson, T. H.: Computer Lib + Dream Machines. Michigan 1977.
O'Shea, T. und Self, J.: Lernen und Lehren mit Computern – Künstliche Intelligenz im Unterricht. Basel 1986.
Papert, S.: Mindstorms – Kinder, Computer und neues Lernen. Basel 1982.
Park, C.: Interactive Microcomputer Graphics. Reading, MA. 1985.
Schank, R. und Childers, P.: Die Zukunft der künstlichen Intelligenz – Chancen und Risiken. Köln 1986.
Sherman, B.: The new Revolution – the Impact of Computers on Society. New York 1985.
Simon, H.: Verändert der Computer unser Leben? Bild der Wissenschaft, 6, 61, 1982.
Smith, H. and Green, T.: Human Interaction with Computers. London 1980.
Turkle, S.: Die Wunschmaschine – Vom Entstehen der Computerkultur. Hamburg 1984.
Weizenbaum, J.: Kurs auf den Eisberg oder Nur das Wunder wird uns retten, sagt der Computerexperte. Zürich 1984.
Weizenbaum, J.: Die Macht der Computer und die Ohnmacht der Vernunft. Frankfurt a. M. 1978.

Kapitel II
Prinzipien der modernen Informationstechnik

Dieses Kapitel hat die Aufgabe, dem informationstechnischen Laien einen Überblick über Grundeigenschaften und Potenzen moderner Computer und digitaler Nachrichtensysteme zu geben. Im Gegensatz zu traditionellen Darstellungen, in denen in der Regel einzelne Systemkomponenten aufgeführt und erklärt werden, wird hier die moderne Informationstechnik in einem neuen Ansatz in nur fünf Hauptsätze zusammengefaßt; diese stellen einen neuartigen Einstieg in die Welt der technischen Informationsverarbeitung dar.

Als Quintessenz der angestellten Überlegungen ergibt sich die Aussage, daß im Jahr 2000 jedermann ein Persönliches Informations- und Telekommunikations-System als Denkzeug für Problemlösungen und computerunterstützten Unterricht nutzen kann; dies ist sowohl technisch als auch ökonomisch möglich – es gilt jetzt, den Menschen auf diese Situation vorzubereiten.

Informatik und Informationstechnik

Im Gegensatz zum Verhältnis von Erkenntnissen klassischer Naturwissenschaften und den daraus nach vielen Jahrzehnten oder Jahrhunderten entstandenen technischen Systemem gibt es zwischen der realen *Informationstechnik* und der sie beschreibenden und vorantreibenden Wissenschaft – der *Informatik* – eine sehr enge zeitliche und inhaltliche Verflechtung. Die Newtonschen Gesetze z. B. wurden erst Jahrhunderte später für die Raumfahrt genutzt, die Maxwellschen Gesetze der Elektrizitätslehre waren lange bekannt, bevor Elektrotechniker und Elektroniker Elektromotoren und Schaltungen erfanden. In der Chemie gab es einen langen Weg von chemischen Grundeinsichten in das periodische System der Elemente bis zur großtechnischen Chemie. Biologische Kenntnisse der Genetik werden erst heute in die Biotechnik überführt.

Beim Wechselspiel zwischen Informatik und Informationstechnik liegt die Führung in Forschung und Entwicklung bei einer kommerziell-pragmatisch vorgehenden Industrie und vielen («unwissenschaftlichen») Anwendern. Die «reine» Informatik kann gegenüber diesem schnellen Fortschreiten der Technik nur mühsam Schritt halten. So kommt es zu vielerlei Überlappungen zwischen der praktischen Realisierung neuer Systeme und den ihnen zugrunde liegenden theoretischen Konzeptionen: Zum einen werden gute Ideen aus der Forschung nicht umgesetzt, weil sie industriell schlecht verwertbar erscheinen, zum anderen liefert umgekehrt die Industrie Produkte, die erst viel später von der Informatik analysiert und kategorisiert werden. So entwickelte die Industrie z. B. Rechner-Architekturen (etwa «Pipeline-Rechner», «Array-Prozessoren»), für die erst sehr viel später gute Betriebssysteme und Programmiersprachen entwickelt wurden.

So bleibt die Informatik z. Z. in einer gewissen Zwitterrolle: einerseits ist sie eine analytisch-systematische Wissenschaft, die versucht, Verfahren der Verarbeitung von Information in technischen Systemen zu verstehen und zu durchdringen, andererseits erzeugt sie aber auch ständig neue technische Konstrukte und Verfahrensvorschriften für neue Prozesse der Informationsverarbeitung. Die Informatik ist also auch eine Ingenieurwissenschaft im klassischen Sinne.

Sie ist ferner (zunehmend) eine Methodenlehre, ein Fach, welches anderen Disziplinen Prinzipien an die Hand gibt, wie sie mit Information umgehen können. Insbesondere das Verstehen von realen Prozeduren im Sinne wohlbeschreibbarer Algorithmen oder «vager»

Prozesse (Heuristiken) erlaubt es zunehmend, Prozesse technisch zu realisieren, die bisher außerhalb des menschlichen Gehirns *undenkbar* waren.

Alle modernen Ingenieurwissenschaften werden in ihrer Arbeitsweise zunehmend durch Verfahren der Informatik geprägt (z. B. computerunterstützte Konstruktion [CAD], computerunterstützte Produktion [CAM], computerunterstützte Materialwirtschaft [JIT]). – Die betriebswirtschaftliche Organisation von Handelsketten und Kredit-Instituten wird durch Konzepte der Wirtschafts-Informatik geprägt. (Diese Liste ließe sich beliebig verlängern.)

Es ist heute nicht einfach, die wichtigsten Teildisziplinen der Informatik systematisch zu ordnen, im wesentlichen unterscheiden wir vier große Bereiche:

1. **Kern-Informatik.** In diesem Wissenschaftsbereich wird die Theorie informationsverarbeitender Automaten entwickelt. Hier entstehen neue Ideen zu Rechner-Architekturen, hier werden die Grundprinzipien algorithmischer und heuristischer Verfahren erarbeitet. In diesem Bereich wird über die Theorie der Organisation von Daten (z. B. Datenbanksysteme) nachgedacht. Die Kern-Informatik ist letztlich auch verantwortlich für die Entwicklung neuer Programmiersysteme sowie der Grundkonzepte für die Mensch-Maschine-Kommunikation.

2. **Praktische Informatik.** In diesem Wissenschaftsbereich geht es um das eigentliche «Software-Engineering», d. h. um systematische und ökonomische Verfahren zur Produktion großer Software-Systeme. Ein besonders wichtiger Bereich der praktischen Informatik ist die Konzeption und Realisierung von verteilten Systemen (siehe z. B. die «vollautomatische» Fabrik) bzw. die Integration bereits existierender Teilsysteme zur Verarbeitung von Information zu Gesamtstrukturen (siehe z. B. Vernetzung von Büro-Kommunikations- mit Produktions-Systemen).

3. **Angewandte Informatik.** Wenn es gilt, Probleme des Anwenders von Informationstechnik zu lösen, so bietet dieser Wissenschaftsbereich geeignete Konzepte. Es geht hier häufig um die Systemanalyse von Anwendungsproblemen, um die Auffindung geeigneter Prozeduren und Datenstrukturen und um die Erstellung konkreter, u. U. sehr großer Software-Systeme. (Bei der Konzeption des Battlefield-Managements in SDI geht man z. B. von einem Volumen von 20 Millionen Zeilen aus!) – Die angewandte Informatik muß stark anwendungsbe-

zogen arbeiten, daraus ergeben sich Konzeptionen zum einen für «kognitive Systeme» (z. B. Expertensysteme), zum anderen aber für unter Real-Zeit-Bedingungen arbeitende «Prozeß-Systeme» (z. B. Steuerungsanlagen für einen Kernreaktor).

4. Telematik (aus *Tele*kommunikation und Infor*matik*). In den letzten Jahren ist es zunehmend zu einer Verschmelzung von Konzepten der klassischen Nachrichtentechnik und der modernen Informationstechnik gekommen. Die Telematik versucht, Prinzipien zu erarbeiten, nach denen die Integration informationstechnischer Systeme in nachrichtentechnische Strukturen erfolgen kann. Es ist eine moderne «Hybrid-Wissenschaft» zwischen klassischer (noch stark durch analoge Technik geprägter) Nachrichtentechnik und moderner (digital arbeitender) Informatik. Ein wichtiges Anwendungsfeld ist z. Z. der Aufbau des ISDN (*I*ntegrated *S*ervice*s* *D*igital *N*etwork). Dieses Netz soll langfristig das heutige analoge Fernsprechnetz ersetzen.

Bedingt durch ihre große Breite und Heterogenität bedient sich die Informatik sehr unterschiedlicher Verfahren und Methoden. Die Mathematisierung von Problemlösungen ist weit verbreitet, aber keineswegs flächendeckend ausgearbeitet, in vielen Fällen muß die Theoriebildung mit «umgangssprachlichen Formulierungen» arbeiten. Wir sind heute – leider – weit davon entfernt, eine konsistente Theorie der Verarbeitung und Information zu haben, vielmehr gibt es viele konkurrierende und sich überlappende Vorstellungswelten.

Überraschend – wenn auch nicht ganz unverständlich – ist die Tatsache, daß sich die Informatik (bisher) praktisch überhaupt nicht um die Arbeitsweise des menschlichen Gehirns gekümmert hat. Hardware (Geräte) und Software (Programme) entstanden und entstehen immer noch im wesentlichen ohne Zurkenntnisnahme der Funktion biologischer Systeme. – Dieses beginnt sich allerdings langsam zu ändern. Bei den Entwicklungen zur «künstlichen Intelligenz» und deren Einsatz (z. B. Expertensysteme oder «sehende» Roboter) werden Ergebnisse der kognitiven Psychologie mehr und mehr auch in Kreisen der Informatik zur Kenntnis genommen. So stehen wir vor einer gewissen Konvergenz von Kenntnissen über die Funktion des Gehirns einerseits und der Struktur moderner Computer («Vth Generation Machine») andererseits. Mittelfristig wird es zur Bildung einer «Cognitive Science» kommen, die biologische und technische Informationsverarbeitung gleichermaßen umfaßt.

Für unsere weiteren Überlegungen wollen wir uns auf die Darstellung der heute bereits verfügbaren, kommerziell nutzbaren *Infor-*

mationstechnik konzentrieren. In dieser schlagen sich die Konzepte der Informatiker und der Hersteller unmittelbar nieder. Diese Informationstechnik stellt sozusagen die «geronnene Substanz» der Informatik dar. Bei dieser pragmatischen Begrenzung bleiben allerdings viele interessante Konzepte unerwähnt, zu breit ist die Fülle der Potenzen der Informatik!

Um gleichzeitig auch zukünftige Entwicklungslinien der Informationstechnik zu erkennen, sollen im folgenden die zentralen Prinzipien in Form von *fünf zentralen Hauptsätzen* dargestellt werden. Hierbei handelt es sich um sehr grundsätzliche Aussagen über die Struktur der entstehenden Informationstechnik. Begründungen bzw. Beweise dieser Hauptsätze sind nur zum Teil mit streng-wissenschaftlichen Verfahren möglich: in der Regel handelt es sich hier um praktisch-pragmatische Erfahrungssätze – allerdings mit großer Reichweite!

Erster Hauptsatz der Informationstechnik

Nach vier Jahrzehnten der Abbildung von Prozessen der Informationsverarbeitung in *technischen* Verfahren und auf informations*technische* Systeme kann man heute festhalten:

> *Jeder wohlbeschreibbare, praktizierte Prozeß der Speicherung, des Transports oder der Verarbeitung von Information kann technisch realisiert werden.*

Unter «wohlbeschreibbar» sind hier Prozesse zu verstehen, die in allen Details bekannt sind, d. h. für die im Detail bekannte endliche Prozeduren («Algorithmen») und genau abgrenzbare Daten vorliegen. Unter «praktiziert» sind Prozesse zu verstehen, die in der Realität bereits ohne Informationstechnik grundsätzlich abgewickelt werden oder abwickelbar sind, wenn sie auch bisher – in der Regel – nur mit großem Aufwand realisiert werden konnten.

Das heißt, mit diesem ersten Satz wird keineswegs behauptet, daß die Informationstechnik *alle denkbaren* wohlbeschreibbaren Prozesse abbilden könnte; daß dies nicht der Fall ist, läßt sich auch theoretisch leicht zeigen. Es gibt dazu genügend einschlägige Beispiele: Obwohl sich das Schachspiel als wohlbeschreibbarer algorithmischer Prozeß darstellen läßt, ist es nicht möglich, einen derartigen Schach-Computer zu bauen; die Zahl der zu berechnenden Züge würde heutige Rechnerleistung weit übersteigen, da von einer Ausgangsposition ungefähr 10 hoch 120 Züge möglich sind.

In der Informationstechnik wird stets zunächst nach Prinzipien gesucht, die die abbildbaren Prozesse derart formal charakterisieren, daß aus der Gesamtheit der wohlbeschreibbaren Prozesse diejenigen isoliert werden können, die einer informationstechnischen Behandlung nach dem ersten Hauptsatz unterzogen werden können.

Die Ausnutzung des ersten Hauptsatzes erfordert in der Regel umfangreiche Arbeiten: Zunächst ist eine System-Analyse des entsprechenden Problems und der Problemlösung vorzunehmen. Diese muß dazu führen, daß die relevanten Prozeduren (Algorithmen) und Daten (Datenstrukturen) präzise bestimmt werden. Es folgt eine systematische Erörterung der möglichen Abbildungen auf Hardware und Betriebssoftware. Hierbei kommt es im wesentlichen darauf an, *ökonomisch* sinnvolle Methoden zu nutzen.

Als nächster Schritt wird dann die Realisierung des Problems in einer Programmiersprache in einer Programmier-Umgebung vorgenommen, hierbei ist auf die zu nutzende Hardware Rücksicht zu nehmen. Das derart entstandene Programm ist dann intensiv zu testen und schließlich in Betrieb zu nehmen. Leider bietet die Informatik bisher keine allgemeingültigen «Verifikations»-Verfahren zur Überprüfung der Richtigkeit beliebiger Programme an; es wird in der Regel nur getestet, ob sich ein Programm unter den zu erwartenden Bedingungen richtig verhält. Entsprechend den Testergebnissen werden Veränderungen an den System-Strukturen vorgenommen, bis schließlich die gewünschte Leistung des Systems vorliegt.

Alle Erfahrung zeigt, daß die Abbildung von Problemlösungen auf die Informationstechnik auch nach vielen Tests keineswegs völlig fehlerfrei möglich ist, so bedürfen informationstechnische Systeme auch im Betrieb ausgiebiger Wartung und einer als «Pflege» bezeichneten Weiterentwicklung.

Wenn es sich um Programme handelt, die weltweit in Hunderttausenden oder sogar Millionen Exemplaren genutzt werden, so bietet dies die Möglichkeit, Fehler relativ schnell zu finden und auszumerzen, da viele Anwender am Betrieb beteiligt sind, auch seltene Fehler werden so bald gefunden. Dies sieht bei Programmen, die nur von wenigen Benutzern betrieben werden, ganz anders aus, hier kommen – leider – auch nach langen Laufzeiten immer wieder Fehler zum Vorschein.

Zweiter Hauptsatz der Informationstechnik

Während der erste Hauptsatz der Informationstechnik im wesentlichen in den fünfziger und sechziger Jahren als Basis der Realisierung neuer Systeme genutzt wurde, beginnen wir seit Mitte der sechziger Jahre zunehmend, eine neue informationstechnische Welt zu erschließen, die durch den zweiten Hauptsatz charakterisiert wird:

> *Auch jeder nur «im Prinzip» beschreibbare Prozeß der Informationsspeicherung, Informationsübertragung und Informationsverarbeitung kann informationstechnisch realisiert werden; das Ergebnis ist allerdings in der Regel nicht hundertprozentig richtig – aber brauchbar.*

Bei Prozessen, die nur «im Prinzip» beschreibbar sind, handelt es sich um Verfahren, die wir nicht *im Detail* präzise angeben können, die also nicht durch den ersten Hauptsatz zu bewältigen sind. Dies beruht entweder darauf, daß die Prozeduren nicht genau bekannt sind oder aber bei genauer Beschreibung zu Rechenzeiten führen, die mit heutiger Informationstechnik nicht zu realisieren sind. Ferner handelt es sich oft um Prozesse, bei denen der Bestand an Daten (Wissen), der zur Lösung des Problems benötigt wird, nicht im Detail bekannt ist.

Ein Beispiel der ersten Klasse «nur im Prinzip» beschreibbarer Prozesse ist das oben bereits erwähnte Schachspiel; da die algorithmischen Verfahren nicht nutzbar sind, kommt es darauf an, «möglichst gute» Gewinn*strategien* (als heuristische, also «wägende», aber nicht hundert Prozent richtige Verfahren) zu implementieren. Diese ergeben dann *keinen* hundertprozentig sicheren Sieg des Schach-Computers, aber in der Regel gute Ergebnisse. Ein Schach-Computer für ca. 800 DM spielt heute gegen ca. 98% der deutschen Bevölkerung erfolgreich.

In der zweiten Gruppe «unvollständiges Wissen» sind z. B. entscheidungsunterstützende Systeme zu nennen: Wir wissen heute z. B. über die Gesamtheit der Information, die ein Manager bei der Entscheidung über ein neues Produkt nutzt, zu wenig Bescheid, um eine Abbildung nach dem ersten Hauptsatz zu realisieren. Möglich ist jedoch, eine Reihe von Informationen derart zusammenzutragen und heuristisch auszuwerten, daß das System zu besseren Ergebnissen kommt als ein «mittlerer» Manager.

Der zweite Hauptsatz der Informationstechnik führt uns zunehmend zu einer Gruppe neuer Produkte, die sich grundsätzlich von dem unterscheiden, was Technik bisher primär angestrebt hat. Ziel aller technischen Systeme war es grundsätzlich, *hundertprozentig* sicher zu funktionieren – wenn dies nicht erreicht wurde, so galt es als «Panne». Bei der Nutzung des zweiten Hauptsatzes nimmt man *bewußt* in Kauf, daß ein Produkt nicht hundertprozentig sicher arbeitet. Man weiß aber, daß dieses in der Regel besser ist als die «mittlere Leistung» menschlicher Informationsverarbeitung! Da der Mensch – wie wir aus leidvoller Erfahrung nur zu gut wissen – häufig Fehler macht, ist ein «etwas besseres System» durchaus geeignet, kommerziell erfolgreich zu sein.

Während die Produkte des ersten Hauptsatzes heute bereits intensiv weltweit genutzt werden (Marktvolumen einige hundert Milliarden Dollar), sind wir erst an der Schwelle einer breiteren Nutzung von Produkten des zweiten Hauptsatzes (Marktvolumen 1985 mehrere hundert Millionen Dollar). Der Schach-Computer war nur ein erster Erfolg. Neuere Entwicklungen – insbesondere im Bereich der Expertensysteme, wo man versucht, das Wissen und die Argumentationslinien von Experten derart in technischen Systemen zu organisieren, daß diese Fragen beantworten können – sind hier durchaus vielversprechend.

Auch Software für den computerunterstützten Unterricht *(Courseware)* wird häufig nach dem zweiten Hauptsatz gestaltet. Wir sind bisher – leider – nicht in der Lage, eine für *alle* Lernenden erfolgreiche Lehrstrategie anzugeben, deshalb sind Programme für den computerunterstützten Unterricht in der Regel von einer Struktur, daß sie nur mit einer gewissen Wahrscheinlichkeit einen Lernerfolg sichern – wie die personale Lehre! Ob und inwieweit wirklich mit derartigen Programmen gelernt werden kann, hängt zum einen von der Konzeption des Programms, zum anderen aber von der Heterogenität der Lernenden ab.

Dritter Hauptsatz der Informationstechnik

Die ersten beiden Hauptsätze der Informationstechnik stellen die Rahmenbedingungen dar, unter denen ökonomisches Handeln mit Informationstechnik stattfinden kann. Allerdings wird *keineswegs* all das gemacht, was technisch möglich ist. Es gilt nämlich der dritte Hauptsatz:

> *Es werden nur informationstechnische Systeme realisiert, die ökonomisch oder militärisch sinnvoll sind.*

Hiermit wird deutlich gemacht, daß die informationstechnische Industrie, die Software-Häuser und die Anwender bei der Nutzung der Informationstechnik in gleicher Weise scharf rechnen wie die Wirtschaft bei allen anderen Gütern und Dienstleistungen. Aus der breiten Palette potentieller informationstechnischer Systeme sind deshalb bisher nur diejenigen realisiert worden, die sich auf den Märkten rechnen. Dies ist zum einen häufig der Fall, wenn es um ganz *neue Märkte* geht, wo durch informationstechnische Produktinnovation Kaufkraft abzuschöpfen ist (siehe z. B. Compact Disk), oder aber, wenn durch Grenz-Kosten-Betrachtungen deutlich zu machen ist, daß informationstechnische Lösungen ökonomischer als tradierte Systeme sind (siehe z. B. Bankautomat gegenüber Bankangestellten). So ist reale Informationstechnik eine Mischung aus innovativ-neuen Konzepten und Rationalisierung bzw. Automatisierung vorgegebener Strukturen.

Viele neue Produkte einerseits und die breite Palette der Prozeß-Innovationen andererseits haben dazu geführt, daß der gesamte Bereich um ca. 10% Umsatz real pro Jahr wächst. Eine so schnelle Expansion einer einzelnen Branche ist – bei stagnierender gesamtwirtschaftlicher Entwicklung – sonst kaum beobachtet worden. Wichtig ist ferner, daß die Branche z. Z. ca. 10 % vom Umsatz in neue Produkte investiert und pro anno nach Steuern Reingewinne von ca. 10 % vom Umsatz macht.

Fast alle Nationen der Welt fördern die Nutzung und Entwicklung von Informationstechnik durch staatliche, zivile und militärische Programme.

Insbesondere bei der Entwicklung neuer (teurer) Hardware- und Software-Systeme helfen der informationstechnischen Industrie Investitionen aus den Militärhaushalten erheblich. Auch am Grundumsatz der Informationstechnik ist das Militär nicht unwesentlich beteiligt. Schätzungen zeigen, daß jährlich für einige dreißig Milliarden Dollar Informationstechnik vom westlichen Militär weltweit gekauft werden – wenn man digitale nachrichtentechnische Systeme angemessen mitrechnet.

Zwei militärische Förderinitiativen sind z. Z. von besonderer Bedeutung: 1. Das «Strategic Computing Program» der USA von 1983 fördert eine breite Palette von Forschungsvorhaben der «fortgeschrittenen Nutzung» von Informationstechnik (2. Hauptsatz). In diesem Programm werden z. B. vollautomatische Panzer mit dem Ziel des weltweiten Einsatzes mit Geschwindigkeiten bis zu 70 km/h entwikkelt. 2. Das «Battlefield Management» des «Strategic Defence Initiative Program» (SDI) stellt völlig neuartige Anforderungen an Quantität und Qualität der Soft- und Hardware-Technologie. Obwohl es unklar ist, inwieweit die Ziele von SDI wirklich realisiert werden können, sind z. Z. zahlreiche Unternehmen aktiv an geeigneten Entwicklungen beteiligt und erhalten hierfür im wesentlichen eine Hundert-Prozent-Förderung.

In der Bundesrepublik Deutschland sind die informationstechnischen Märkte – trotz aller «skeptischer Diskussion» – in den letzten Jahren stetig um ca. 20 bis 25 % pro anno gewachsen. Hierbei handelt es sich häufig um importierte Systeme oder um Technik, die von Firmen gefertigt wird, deren Muttersitz nicht in der Bundesrepublik liegt.

Insbesondere sind die Märkte für persönliche Computer in der Bundesrepublik gut vorangekommen, neuere Schätzungen verweisen auf einen Bestand von ca. 1 800 000 «persönlichen Computern» im privaten Bereich und einigen 300 000 Arbeitsplatz-Rechnern bzw. Terminals in professionellen Umgebungen, neben 1000en großen und 100 000en mittleren Rechnern.

Vierter Hauptsatz der Informationstechnik

Die im dritten Hauptsatz definierten limitierenden Randbedingungen für Entwicklung und Penetranz der Informationstechnik werden durch ein weiteres Grundprinzip zum Teil kompensiert:

> *Alle zentralen Elemente der Informationstechnik werden bei konstanter Leistung – real gerechnet – ca. 10 % pro Jahr billiger.*

Mit diesem Grundsatz lassen sich die Entwicklungen der letzten Jahrzehnte zusammenfassen, in denen durch Mikro-Miniaturisierung, große Stückzahlen und intensive Prozeß- und Produktions-Innovationen dramatische Kosten-Reduktionen bei konstanter Leistung erreicht wurden. Gleiche Trends sind in Zukunft zu erwarten.

Insbesondere durch die Verdichtung der elektronischen Schaltkreise auf Chips sind weitere Leistungssteigerungen bei konstanten Kosten zu erwarten, da die eigentlichen Produktionskosten für Speicher und Prozessoren in großen Stückzahlen relativ gering sind – wenn es einmal gelingt, die jeweils nächste Generation in ihrer Komplexität zu entwickeln. Auch im Bereich der Eingabesysteme ist mit dem Übergang von der Tastatur zum Mikrophon («Sprechschreiber») ein neuer

Kosteneinbruch zu erwarten. – Ausgabegeräte sind durch Nutzung moderner Drucker/Plotterverfahren bereits sehr viel billiger geworden. – Der heute noch teure flache Bildschirm (in Flüssigkristall- oder Elektrolumineszenztechnik) wird zunehmend die Kathodenstrahlröhre ablösen, die dann in der Produktion teurer sein wird als der flache Bildschirm, der als Halbleiter gefertigt werden kann.

Wichtig sind auch die dramatischen Kosteneinbrüche im Bereich der *Halbleiter-Speicher.* Der z. Z. laufende Übergang zum 4-Mbit-Chip und in Zukunft zum 8-, 16-Mbit-Chip wird auch für diesen Bereich die im vierten Hauptsatz niedergelegte Kostendegression sichern. Parallel dazu entwickelt sich die Nutzung der optischen Massenspeicher, welche zunächst mit der Einführung der CD-ROM (*C*ompact *D*isk *R*ead *O*nly *M*emory) dafür gesorgt haben, daß hier Kostenreduktionen (bezogen auf das gespeicherte Byte) um den Faktor fünf bis zehn innerhalb weniger Jahre aufgetreten sind. Neben den schon marktgängigen rotierenden optischen Bereich (10 hoch 9) werden diese jetzt auch in Form kreditkartengroßer Speicher im ZigMByte-Bereich angeboten, die besonders handlich sind und einen schnellen Umgang mit gespeichertem Wissen erlauben. (1 Byte ist die Bezeichnung für die Imformationseinheit, die es erlaubt, ein Zeichen unserer Sprache zu speichern und zu verarbeiten.)

Die intensive Nutzung der Nachrichtensatelliten kombiniert mit der Digitalisierung von telekommunikativen Netzen wird auch hier weiterhin zu deutlichen Kostendegressionen führen. Damit wird auch die Telekommunikation derart billig werden, daß man um die Jahrtausendwende einen welteinheitlichen Telephontarif erwartet. Wesentliche Kosten entstehen dann nur noch im Nahbereich und sind in allen Ländern der Welt vergleichbar. Die eigentlichen Datenübertragungskosten für Ton, Bild oder Text via Satellit schlagen demgegenüber kaum zu Buche.

Der vierte Hauptsatz führt insbesondere dazu, daß *Persönliche Informations- und Telekommunikations-Systeme* in Form *tragbarer* hochleistungsfähiger Rechner («Vth Generation Machine») verfügbar werden. In einigen Jahren werden heutige Mini-Rechner mit einer Leistung von Millionen von Operationen pro Sekunde für jedermann in den Industrienationen preislich erschwinglich sein – wie heute Fernseher, Videorecorder, Fahrräder oder ein Urlaub mit dem Flugzeug.

Fünfter Hauptsatz der Informationstechnik

Mit dem letzten Hauptsatz soll auf eine Besonderheit hingewiesen werden, die sonst in der Geschichte der Technikentwicklung nie beobachtet wurde:

> *Jedes informationstechnische System kann – bei konstanter Leistung – grundsätzlich verkleinert werden.*

Verdichtungen von Elektronenröhren-Schaltungen über Platinen mit Bauelementen zum integrierten Chip erlaubten es, daß wir immer höhere Integrationen und damit immer kleinere Volumina realisiert haben. Dieser Prozeß wird sich auch in den nächsten Jahren fortsetzen können, da die notwendigen Innovationen verfügar sind. Diese Aussage gilt erstens für die Prozessoren, zweitens für Speicher und drittens auch für die Mensch-Maschine-Kommunikation, wo die unhandliche Tastatur durch ein kleines Mikrophon substituiert werden kann («Talkwriter» = «Sprechschreiber»).

Insbesondere im Bereich der Speicher-Technologie sind erhebliche Verdichtungen durch die Chip-Integration einerseits und die optische Massenspeicher-Technik (CD-ROM) andererseits zu erwarten. Dies wird insbesondere dazu führen, daß es möglich ist, im Persönlichen Informations- und Telekommunikations-System auf einem optischen Speicher eine eigene Bibliothek von einigen hundert Büchern bzw. Expertensystemen stets mit sich zu führen.

Neue persönliche Computer des Jahres 2000

Aus der Kombination des vierten und des fünften Hauptsatzes ergibt sich die zukünftige Verfügbarkeit persönlicher Computer als persönliche Denkzeuge. Der erste und der zweite Hauptsatz lassen deren Leistungsfähigkeit erahnen:

> *Im Jahre 2000 wird jedermann in den westlichen Industrienationen für einen Preis von ca. 1000 DM (heutiger Kaufkraft) ein hochleistungsfähiges Rechner-System zur Verfügung haben können. Dieses wird den Charakter eines Persönlichen Informations- und Telekommunikations-Systems (Denkzeug) annehmen können.*

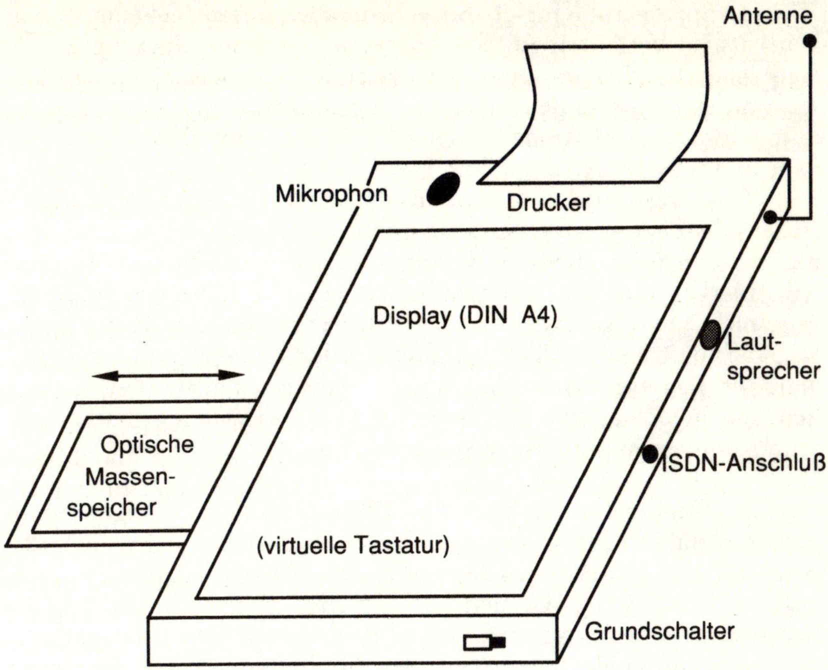

Abbildung 2
Prototyp eines in der Entwicklung befindlichen Denkzeuges.
Im Gegensatz zu den heutigen portablen Persönlichen Computern handelt es sich hier um ein flaches Gerät, welches im wesentlichen durch die flache Anzeige bestimmt wird. Eine Tastatur wird nur noch über Software auf der Oberfläche der Anzeige generiert. Das Display ist tastempfindlich, so daß man durch Berühren der Stelle, auf der die Tastatur erzeugt wurde, Eingaben machen kann. Durch diese Anordnung ist es grundsätzlich möglich, beliebige problemorientierte Eingabespezifikationen vorzunehmen. Alphanumerische Texte werden im wesentlichen über das Mikrophon gesprochen (Sprechschreiberfunktion). Eine wesentliche Komponente dieser flachen Persönlichen Computer ist der optische Massenspeicher, ein auf der Basis der CD-Technologie aufbauender Speicher, der es erlaubt, einige Hundert Mbyte Information im schnellen Zugriff im System verfügbar zu haben. In einer weiteren Ausbaustufe haben diese Systeme eine Antenne, die es erlaubt, drahtlos über Satelliten weltweit zu kommunizieren.

Abbildung 2 zeigt die Struktur derartiger Systeme, wie sie z. Z. in den Labors vorbereitet und entwickelt werden. Im Hinblick auf die in diesem Buche angesprochenen Fragen nach einer potentiellen psychischen Mobilität mit Informationstechnik sind insbesondere folgende System-Komponenten des Persönlichen Informations- und Telekommunikations-Systems von großer Wichtigkeit:

1. Sprecherabhängige Spracheingabe. Durch leistungsfähige heuristische Verfahren zur Spracherkennung unter Nutzung großer Datenspeicher für Grammatik, Wortschatz und Bedeutung von Sätzen und dem Ansatz des Trainierens des individuellen Informations- und Telekommunikations-Systems wird die unmittelbare Spracheingabe in das System ermöglicht.

Das Persönliche Informations- und Telekommunikations-System kann so über die Sprache unmittelbar gesteuert werden, und man kann größere Texte unmittelbar eingeben. Eine kleine Tastatur wird hierbei unterstützend genutzt, sie braucht allerdings im Denkzeug nicht mehr hardware-mäßig realisiert zu werden, da der flache Bildschirm tastempfindlich gestaltet werden und eine geeignete Software die Tastatur generieren kann. Hiermit ist es insbesondere möglich, beliebige Eingaben zu erlauben (z. B. Einzelzeichnen, mathematische Notationen, graphische Symbole).

2. Flacher tastempfindlicher Bildschirm. Der heutige Kathodenstrahl-Bildschirm ist zwar qualitativ hochwertig, hat jedoch den Nachteil, daß er weder wirklich portabel ist noch flach (wie Papier) auf den Tisch gelegt werden kann. Demgegenüber hat der flache tastempfindliche Bildschirm, integriert ins Persönliche Informations- und Telekommuniktions-System, den Charakter eines Stücks Papier, welches beliebig beschrieben, aber auch zur Wiedervorlage bereits abgelegter Akten und Informationen genutzt werden kann. Vergleichende Untersuchungen haben heute schon ergeben, daß für die persönliche Nutzung der «Tastschirm» jeder anderen Eingabeform überlegen ist. (Seltsamerweise werden diese Erkenntnisse von vielen Herstellern bisher nicht zur Kenntnis genommen.)

Das heißt, das Persönliche Informations- und Telekommunikations-System mit flachem Bildschirm substituiert die klassische Kombination von Schreibblock und Bleistift. In dieser Form haben auch Schüler und Studenten jederzeit Zugang zu breitem Wissen. (Ein derzeit marktgängiges Produkt zeigt **Abbildung 3**

3. Der optische Massenspeicher. Mit der in der Compact Disk genutzten Technologie gelingt es, sehr dicht gespeicherte Information verfügbar zu machen. Während bisherige Systeme im wesentlichen lesen können («Read Only Memory», ROM), werden in Zukunft auch Schreib- und Lese-Speicher mit dieser Dichte verfügbar sein. Im Persönlichen Informations- und Telekommunikations-System benutzt man eine optische Read-Only-Karte oder aber auch eine «Read-Write-Karte», um Information aufzunehmen oder zu verarbeiten.

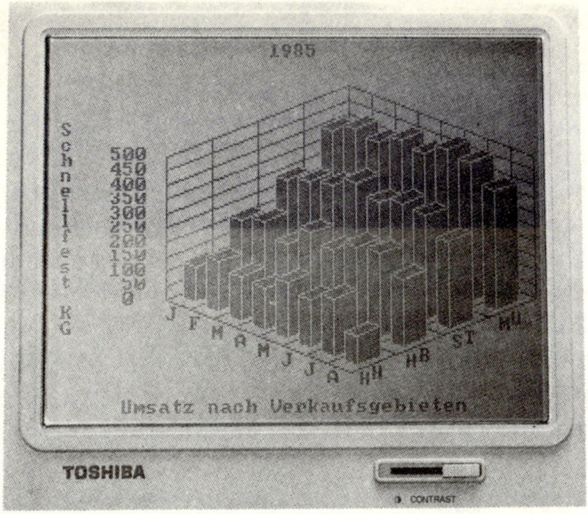

Abbildung 3
Typischer flacher Bildschirm, wie er heute kommerziell als Ausgabe-Medium verfügbar ist.
Derartige Schirme werden in Elektrolumineszenz, Plasmatechnik oder als LCD-Bildschirme angeboten. Bisher sind die ca. DIN-A 4 großen Schirme zwar nicht farbtauglich, aber im Kontrast mittlerweile mit guten Schwarzweißmonitoren vergleichbar.

4. **Anschluß an weltweite Netze.** Das Persönliche Informations- und Telekommunikations-System kann über eine Standard-Schnittstelle (ISDN) unmittelbar ins (ISDN-)Telephonnetz integriert werden und stellt dann ein intelligentes Endgerät dar. Es wird damit zum einen ein «Super-Komfort-Telephon» und zum anderen zu einem Zugangssystem zu nationalen und internationalen Datenbanken. Ferner beinhaltet es natürlich alle Funktionen eines Anruf-Beantworters.

Parallel zur Entwicklung leichter, tragfähiger und billiger Informations- und Telekommunikations-Systeme stehen wir in den nächsten Jahren vor dem Aufbau eines leistungsfähigen *Integrierten Systems des Informationszugangs und der Telekommunikation*. In diesem wird das Wissen der Welt zunehmend in elektronischer Form repräsentiert und in «Zentren stabiler Information» und «Zentren aktueller Information» vorgehalten. Aus den Zentren stabiler Information kann Information in Form von Kopien auf traditionellen oder auf modernen Medien (insbesondere dem optischen Massenspeicher) kopiert werden. Zu Zentren aktueller Information wird über drahtgebundene oder drahtlose Telekommunikations-Systeme zugegriffen.

Wichtig sind heute «Vorläufer» der entstehenden *Zentren aktueller Information* im Bildschirmtext-System sowie die Bemühungen der Verlage, ihre Information in elektronischer Form zu repräsentieren und neben der Print-Form unmittelbar elektronisch anzubieten. Auch das weltweit existierende System der ca. 2800 Datenbanken paßt in diese Gesamtkonfiguration hinein. Allerdings ist für den deutschsprachigen Raum eine geeignete Deutsch-Englisch/Englisch-Deutsch-Simultanübersetzung vorzusehen. Mit den erkennbaren Leistungen von sprachübersetzenden Programmen (z. B. LOGOS, SYSTRAN, EUROTRA) kann man davon ausgehen, daß zumindest eine Rohübersetzung in jedem Persönlichen Informations- und Telekommunikations-System unmittelbar abgewickelt werden kann. Ferner verfügt ein zukünftiges Denkzeug natürlich über eine gespeicherte Benutzerumgebung, die das Arbeiten mit wichtigen Datenbanken einfach gestaltet: Dialoge werden automatisch geführt, Syntax-Fehler bei der Eingabe verbessert usw.

Resümee

Faßt man die jetzt erkennbaren Trends der Informationstechnik zusammen, so ist festzuhalten, daß wir in den nächsten Jahren insbesondere im Bereich Persönlicher Informations- und Telekommunikations-Systeme (Denkzeuge) bei fallenden Kosten deutliche Leistungssteigerungen erleben werden. Neben vielen anderen wichtigen Anwendungen der Informationstechnik (z. B. Mustererkennung, Prozeß-Steuerung, Wissensverarbeitung) besteht also die Chance, den Computer *dicht* an den Menschen heranzuholen. Damit rückt das Konzept der psychischen Mobilität mit Informationstechnik in greifbare Nähe – wenn es gelingt, den Menschen zu qualifizieren, sich in einer technisch bestimmten informationellen Umwelt angemessen zu bewegen!

Wir können heute also festhalten, daß die Zukunft einer mit Informationstechnik ausgestatteten psychisch mobilen Gesellschaft *nicht* von den Entwicklungspotentialen der Technik bestimmt werden wird, sondern von der Frage, inwieweit *der Mensch* in der Lage und Willens ist, sich die neuen Denkzeuge emanzipiert und kritisch anzueignen.

Literaturhinweise

Bauer, F. und Goos, G.: Informatik I und II. Berlin 1982.

Belli, F.: Einführung in die logische Programmierung mit Prolog. Mannheim 1986.

Brauer, W. und Radig, B. (Hrsg.): Wissensbasierte Systeme, GI-Kongress 1985. Berlin 1985.

Clocksin, W. and Mellish, C.: Programming in Prolog. Berlin 1981.

Coy, W.: Industrieroboter – Zur Archäologie der zweiten Schöpfung. Berlin 1985.

Freund, G.; Kayser, P. und Schuh, P.: RKW-Handbuch Mikroelektronik – Einsatzmöglichkeiten, Anwendungen und Auswirkungen der Mikroelektronik in der Praxis. Berlin 1983.

Hansen, H.: Wirtschaftsinformatik I – Einführung in die betriebliche Datenverarbeitung. Stuttgart 1986.

Hayes-Roth, F.; Waterman, D. and Lenat, D.: Building Expert Systems. London 1983.

Hiltz, S.: Online Communities, A Case Study of the Office of the Future. Norwood, N. J. 1985.

Hollnagel, E.; Mancini, G. and Woods, D.: Intelligent Decision Support in Process Environments. Berlin 1985.

Hosseus, W. (Hrsg.): Programmiersprachen im Unterricht – Abschlußbericht. Mainz 1983.

Hunt, V.: Smart Robots – A Handbook of Intelligent Robotic Systems. New York 1985.

Karcher, H.: Büro der Zukunft – Einflußfaktoren der Marktentwicklung für innovative Bürokommunikations-Terminals. Baden-Baden 1983 (3. Auflage).

Kobsa, A.: Benutzermodellierung in Dialogsystemen. Berlin 1985.

Koreimann, D.: Systemanalyse. Berlin 1972.

Lockemann, P., Schmidt, J. (Hrsg.): Datenbank-Handbuch. Berlin 1987.

Martin, J.: Future Developments in Telecommunications. Englewood Cliffs, N. J. 1977.

Mertens, P. und Griese, J.: Industrielle Datenverarbeitung I und II. Wiesbaden 1984.

Savory, S.: Künstliche Intelligenz und Expertensysteme – Forschungsbericht der Nixdorf Computer AG. München 1985.

Schefe, P.: Künstliche Intelligenz – Überblick und Grundlagen. Mannheim 1986.

Schulz, A. (Hrsg.): Die Zukunft der Informationssysteme – Lehren der 80er Jahre. Berlin 1986.

Spur, G. und Krause, F.: CAD-Technik, Lehr- und Arbeitsbuch für die Rechnerunterstützung in Konstruktion und Arbeitsplanung. München 1984.

Stetter, F. und Balzert, H.: Programmierung. Mannheim 1986.

Tomek, I. and Muldner, T.: A Pascal Primer with PMS. New York 1986.

Torrero, E. (Ed.): Next-Generation Computers. Piscataway, N.J. 1986.

Kapitel III
Geschichte der persönlichen Nutzung der Informationstechnik

Wir stehen in der persönlichen Nutzung des Computers keineswegs völlig am Anfang einer neuen Entwicklung, sondern bereits mitten drin; es ist wichtig, sich klarzumachen, daß Denkzeuge heute bereits in vielen Bereichen eine wesentliche Rolle spielen. Aus diesen Erfahrungen können wir für andere Felder lernen.

Das Kapitel gibt Beispiele aus verschiedenen Gebieten und versucht darzustellen, daß die technische Informationsverarbeitung zwar eine, historisch gesehen, sehr junge Entwicklung ist, daß sie aber in der Gesellschaft sehr schnell akzeptiert und umgesetzt wurde. Daraus ergibt sich die begründete Hoffnung, daß auch in Zukunft die unmittelbar beim Menschen verfügbare Informationstechnik den Charakter eines persönlichen Denk- und Lernzeuges annehmen kann.

Notwendige Rückbesinnung

Wenn wir heute über die *zukünftige* Nutzung der Informationstechnik als persönliches Denkzeug diskutieren, so wird häufig die bereits hinter uns liegende Geschichte der Entwicklung «Persönlicher Informations- und Telekommunikationstechnik» heruntergespielt. Es scheint so, als sei die Nutzung dieser Technik etwas ganz Neues. Gemessen an der Menschheitsgeschichte ist dies sicher richtig, aber wir müssen auch zur Kenntnis nehmen, daß wir seit etwa 30 Jahren auf unterschiedlichen Ebenen individuell mit der neuen Technik umgehen. In vielen Bereichen haben wir Automatisierung und Rationalisierung längst hingenommen, ohne dieses noch zu diskutieren. Insbesondere haben wir uns an den Komfort der «intelligenten» Benutzeroberflächen vieler technischer Geräte gewöhnt, ohne dabei zu reflektieren, daß dieser ohne Informationstechnik völlig unmöglich wäre.

Wenn wir in diesem Buch versuchen, moderne Nutzungen des persönlichen Computers zu beschreiben und Hinweise zu geben, wo relevante Anwendungsfelder mit welchen Techniken realisiert werden können, so scheint es wichtig, sich auf diese zwar kurze Vergangenheit zu besinnen. Dieses Kapitel versucht, einen Überblick über die Entwicklung der individuellen Nutzung der Informationstechnik zu geben. Hierbei wird deutlich, daß insbesondere im Bereich des computerunterstützten Unterrichts Konzepte der Benutzerfreundlichkeit sehr viel älter sind, als dies heute erscheint.

Es muß unser Anliegen sein, in der Gestaltung der Mensch-Computer-Kommunikation die bereits existierenden Ergebnisse zur Kenntnis zu nehmen und bei neuen Software- und Hardware-Produkten zu verwenden. Leider erleben wir jedoch häufig «Neuerfindungen» «uralter» Formen, z. B. im computerunterstützten Unterricht. Leider werden viele Fehler immer wieder neu gemacht. Eine Besinnung auf die wesentlichen – auch wissenschaftlich begründeten – Konzepte der Mensch-Computer-Interaktion sollten helfen, Fehler zu vermeiden und – ausgehend von dem bereits erreichten Stand – moderne Ansätze der Komplementarität menschlicher und technischer Informationsverarbeitung zu realisieren.

Entlastung von numerischen Routinen

Der Umgang mit quantitativen Größen und Verfahren wurde in der Menschheitsgeschichte bedeutsam, als sich der Handel ausdehnte und mit der beginnenden Schiffahrt die Navigation notwendig wurde. Unter diesen Umständen war es unabdingbar, zunächst kleinere, aber bald immer größere Zahlenkolonnen zu bewältigen und neben den einfachen Grundoperationen auch kompliziertere arithmetische Funktionen zu behandeln. Die Einführung eines brauchbaren Zahlensystems stellte die erste Rationalisierung auf diesem Wege dar: mit den arabischen Zahlen war es möglich, Grundoperationen relativ einfach abzuwickeln, das römische Zahlensystem erlaubte dies nicht.

Aber es fehlte bis in die jüngste Geschichte der Menschheit die Fähigkeit, automatische Rechner zu bauen, wenn auch Rechenhilfen in Form der Rechenbretter und des Abakus schon lange verfügbar waren. Die ersten automatischen Rechner des vorigen Jahrhunderts waren gewaltige mechanische Systeme, die nur selten funktionierten. Erst mit den Erfindungen von Konrad Zuse und den angelsächsischen Entwicklungen nach dem Zweiten Weltkrieg begann die Geschichte der automatisierten Arithmetik.

Für den persönlichen Gebrauch wurden zunächst mechanische und dann elektrische Tischgeräte für die Grundoperationen in den fünfziger und sechziger Jahren auch kommerziell interessant. Diese noch recht teuren Geräte wurden in den siebziger Jahren durch elektronische Taschenrechner abgelöst. Die revolutionäre Erfindung des Mikroprozessors – ausgehend von den Potenzen der integrierten Schaltkreise (IC = *I*ntegrated Circuit) – machte dies möglich.

Seit dieser Zeit nutzen wir nun – ob wir es zur Kenntnis genommen haben oder nicht – einen «persönlichen Computer». Dieser gestattet es allerdings nur, eine ganz bestimmte Klasse menschlicher Probleme schnell und richtig zu lösen, nämlich die Gesamtheit explizit formulierter arithmetischer Probleme. Die Weltmärkte der Taschenrechner zeigen, daß in den Industrienationen mittlerweile jeder Verbraucher ca. 2,8 Taschenrechner besitzt – oder besessen hat.

Insbesondere in der jüngeren Generation, die von Anfang an mit dem Taschenrechner aufgewachsen ist, existiert die persönliche Fertigkeit, arithmetische Operationen mit *hoher Leistung* richtig im Kopf abzuwickeln, schon seit einem Jahrzehnt kaum noch. Wir haben also den Taschenrechner als ein Komplement der Funktion des menschlichen Gehirns in der betrieblichen und privaten Praxis – bis auf seltene Ausnahmen – total akzeptiert, und wir haben uns auch an die manchmal auftretenden Nachteile gewöhnt: wenn der Rechner der Kassiererin z.B. nicht funktioniert, müssen wir warten; per Hand oder im Kopf addieren kann sie nicht – oder darf sie es schon nicht mehr?

Für die Geschichte persönlicher Informations- und Telekommunikations-Systeme interessant ist, daß bereits die ersten Taschenrechner eine Reihe mathematischer Funktionen anboten, die von den Konsumenten intensiv gekauft wurden, ohne daß sie selber diese Funktionen nutzen konnten (z. B. «sinus» oder «ln»). Es war damals – und auch heute noch – ein Bewußtsein vorhanden, doch «möglichst viel arithmetische Leistung» für einen angemessenen Preis zu erwerben, um «im Falle eines Falles» dann jeweils die richtigen Funktionen nutzen zu können.

Mit der Verbreitung des frei programmierbaren *persönlichen Computers* (PC) seit Anfang der achtziger Jahre steht vielen ein Hochleistungs-Rechner-System zur Verfügung. Allerdings ist dabei die arithmetische Nutzung des PC außerordentlich begrenzt, in der Regel bringen PCs keinen unmittelbaren Zugang zur Arithmetik mit, man muß fast immer sehr umständlich über ein Programmiersystem (z. B. BASIC) zu den arithmetischen Routinen zugreifen.

Erst in jüngster Zeit beginnt sich eine neue Art des Umgangs mit arithmetischen Operationen durchzusetzen, die Technik der Tabellenkalkulation (z. B. VisiCalc, Lotus, Symphony): bei dieser bekommt der arithmetische Anwender des PC eine Software bereitgestellt, die es ihm erlaubt, einen Tabelle mit Zahlen zu füllen und diese untereinander mit bestimmten Grundoperationen zu verknüpfen. Diese werden in dem Tabellenfeld, in dem ein Ergebnis abgelegt wird, unmittelbar angezeigt, so daß man jederzeit weiß, welche arithmetische Routine auf welche Tabellen-Elemente zugreift. Diese Technik erlaubt es heute, auch ziemlich komplizierte kaufmännische Aufgaben auf einem PC zu lösen. Jedermann hat damit die Möglichkeit, sich schnell einen Überblick über ein relativ großes Volumen von Zahlen und deren Abhängigkeiten voneinander zu verschaffen.

Parallel dazu entstand Ende der siebziger Jahre der frei programmierbare *Taschen*rechner, der es heute insbesondere durch die Nutzung vorgespeicherter Programme auf Magnetkarten erlaubt, auch komplizierte arithmetische und mathematische Operationen «vor Ort» abzuwickeln. Es gibt mittlerweile für fast alle wichtigen Bereiche – auch für das uralte Problem der Navigation – entweder spezielle Programme für frei programmierbare Taschenrechner oder sogar schon spezifisch angepaßte Hardwaresysteme (z. B. das elektronische Wörterbuch von Langenscheidt).

Faßt man diese Entwicklung zusammen, so muß man festhalten, daß nach vielen Jahrtausenden intensiven Kopfrechnens arithmetische Aufgaben heute fast ausschließlich von informationstechnischen Systemen abgewickelt werden. *Der Mensch (der Industrienationen) hat sich der «arithmetischen Last» entledigt, er wickelt sie im wesentlichen technisch ab.* – Diese Aussage wird besonders deutlich, wenn man sich das Gesamtvolumen der in den Banken- und Versicherungsrechnern heute laufenden arithmetischen Operationen vergegenwärtigt. Aber auch in vielen anderen Branchen ist diese Entwicklung weit fortgeschritten, so sind z. B. fast alle Lohnbuchhaltungen an die Rechner übergeben worden.

Unterstützung der Sachbearbeitung

Neben dem Umgang mit Zahlenwerken gab es in der Geschichte der Menschheit schon immer eine Vielzahl von Dokumenten und Verfahrensvorschriften, die von «Schreibern» und «Verwaltern» bearbeitet werden mußten. Auch hier war der Mensch bis vor wenigen Jahrzehnten ausschließlich auf das menschliche Gehirn angewiesen. Wann immer es galt, ein Organisationsmodell, eine Verwaltungsvorschrift oder ein militärisches Konzept in die Tat umzusetzen, so *mußte* dies von Sachbearbeitern, Fachleuten und Managern ausgeführt und durchgesetzt werden. Das Papier spielte dabei seit der Frühantike eine wichtige Rolle; es stellt einen Informationsspeicher dar, der zum einen als Erweiterung des (nur sehr begrenzt leistungsfähigen) Arbeitsspeichers des Gehirns diente und dient. Zum anderen bildete es die Basis der Kommunikation zwischen verschiedenen gesellschaftlichen Bereichen und zwischen den Generationen.

Textbearbeitung (d. h. Modifikation vorhandener Texte) und Textverarbeitung (d. h. das Umsetzen eines Textes in einen anderen Text) waren immer schon zentrale Standard-Prozeduren, die die Menschheit seit Jahrtausenden abwickelt. Standen schon für die arithmetischen Routinen keine leistungsfähigen technischen Hilfsmittel zur Verfügung, so war dies im Bereich der Bearbeitung von Texten erst recht nicht der Fall. Das Büro – gemeint ist hier generell der Arbeitsplatz des «Geistes-Arbeiters», von der Sekretärin bis zum Spitzenpolitiker – war immer eine Stätte, in der ausschließlich der menschliche Geist die Arbeit verrichtete.

Diese (uralte) Situation geht mit dem Entstehen der modernen Informationstechnik zu Ende. Wir sehen heute, daß der Rechner in fast *alle* Bereiche geistiger Arbeit eindringt und insbesondere die Sach- und Fachbearbeitung zunächst unterstützt und häufig schließlich ganz übernimmt. An einigen Beispielen läßt sich dies besonders deutlich zeigen:

Im *Bankwesen* wurden zunächst in den sechziger Jahren die arithmetischen Operationen der Kontenbewirtschaftung von Rechnern abgewickelt, dann begann die automatische Kontenführung, und schließlich wurde z. B. auch der Verkehr zwischen den Banken (SWIFT = Society for Worldwide Interbank Financial Telecommunications = Telenetz der Banken) und den Banken und dem Kunden automatisiert. Die Anfang der achtziger Jahre einsetzende Nutzung von Bank-Automaten führte ferner dazu, daß auch die «persönlichen» Transaktionen am Bankschalter an Automaten übergeben werden. Das «Home-Banking» – heute z. B. im Bildschirmtextsystem verfügbar – stellt eine weitere Intensivierung der automatischen Bankdienste dar, bei gleichzeitiger Verlagerung der Arbeit aus der Bank zum Kunden! (Die Arbeiten, die früher von Bankbeamten gemacht wurden, wie z. B. Überweisungen auszufertigen, führt heute der Kunde mit Rechnerhilfe selbst aus.)

Ähnliche Entwicklungen sind bei den *Versicherungen* – etwas später beginnend, aber mittlerweile ähnlich erfolgreich – vorangetrieben worden. Auch dort wurden Policenerstellung, Policenverwaltung und zunehmend auch die Schadensregulierung computerisiert. Der Mensch zieht sich dabei mehr und mehr auf kontrollierende und steuernde Funktionen zurück; die Last des Umgangs mit den einzelnen Routinevorgängen im Detail übergibt er dem Rechner.

Noch später – in den siebziger Jahren – setzte die Nutzung des Rechners in der *Konstruktion* ein, zunächst in der Flugzeug- und Automobilindustrie. Ende der siebziger Jahre wurden die ersten wirklich leistungsfähigen Computer-*A*ided-*D*esign-Systeme (CAD) installiert, die mittlerweile nicht nur die großen, sondern auch kleinere und sogar kleinste Unternehmen erreicht haben. Mit diesen wird der Mensch von der aufwendigen Routine der Anfertigung sauberer Zeichnungen entlastet und bei der Nutzung von Standardkomponenten (z. B. im Maschinenbau, im Schaltwerksentwurf) und der Berücksichtigung von Normen intensiv unterstützt.

Der jetzt einsetzende kontinuierliche Übergang vom eigentlichen CAD über das Computer *A*ided *M*anufacturing (CAM) bis hin in die Welt des Computer *I*ntegrated *M*anufacturing (CIM) und schließlich die vernetzte Computer *A*ided *I*ndustry (CAI) führt in der industriellen Produktion zu einer immer weitergehenden Übergabe von Sach- und Fachbearbeiterfunktionen an den Rechner; bei gleichzeitiger «Vorverlagerung» von Aufgaben aus der Produktion in Entwicklung und Konstruktion. Speziell in Bereichen, wo die Prozesse weitgehend transparent sind, zeigt der erste Hauptsatz der Informationstechnik besondere Wirkungen. Es entstanden informationstechnische Systeme mit einer Leistung, die noch vor Jahrzehnten fast undenkbar waren.

Ein weiteres Nutzungsgebiet der Informationstechnik durch den Geistesarbeiter ist z. B. die *zunehmende Nutzung graphischer Systeme in der Kunst und insbesondere im Bereich des synthetischen Filmes.* Während noch bis vor wenigen Jahren auch komplizierte Trickfilme ausschließlich manuell gefertigt werden mußten und alle normalen Spielfilme mit «natürlichen» Schauspielern aufgenommen wurden, sind wir z. Z. dabei, den Rechner auch als Hilfsmittel des Regisseurs unmittelbar zu nutzen. Dies begann mit relativ einfachen graphischen Unterstützungen im Layout von Werbefilmen und lief dann über die Unterstützung mit komplizierteren graphischen Systemen, mit denen im Film kompliziertere Zusammenhänge graphisch dargestellt werden konnten. Heute sind wir soweit, daß der Regisseur, an einem Computerterminal sitzend, mit den im Rechner gespeicherten Bildern realer Personen ganze Szenen komponieren kann. Auf der Leinwand oder dem Fernseher betrachtet, lassen sich derartig produzierte Filme nicht mehr von den mit traditionellen Mitteln erstellten Filmen unterscheiden.

Eine besondere Unterstützung der «Sachbearbeitung» ist bei den *Piloten* der Fluglinien zu beobachten. Während die Fliegerei bis in die fünfziger Jahre im wesentlichen auf einfache elektromechanische Systeme zurückgriff, begann in den sechziger Jahren der Siegeszug der Elektronik im Flugzeug («fly-by-wire») die Ablösung mechanischer Steuerung durch elektronische. Autopiloten wurden eingeführt, um den Piloten in der Navigation und in der Kontrolle des Flugzeuges zu unterstützen.

Heute sind wir so weit, daß ein System redundanter Computer im wesentlichen die gesamte Flugleistung organisiert, vom Start am Startbahnanfang bis zum Stopp am Ende der Landebahn kann das Flugzeug vollautomatisch bewegt werden. Der (auf Simulatoren intensiv trainierte) Pilot hat im Flug im wesentlichen noch die Funktion eines für den «allerernstesten» Notfall relevanten «Reserve-Systems». (Die Fluggesellschaften müssen zunehmend dafür sorgen, daß durch eine bedienerfreundliche Organisation des Informationsstroms im Flugzeug die Piloten während des Fluges aktiv gehalten werden, um im «Ernstfall» sofort die Kontrolle übernehmen zu können.)

Am weitesten fortgeschritten ist die computerisierte «Sachbearbeitung» wohl bei *strategischen Waffensystemen*. Während über die Jahrtausende der Soldat stets dafür zu sorgen hatte, daß das von ihm «abgefeuerte» Waffensystem sein Ziel auch wirklich erreichte, haben wir zunächst durch Raketen-Systeme, dann durch eine immer besser werdende Raketen-Steuerung und schließlich durch vollautomatisch ins Ziel findende strategische Systeme diese «Sachbearbeitung» immer mehr an die Computer abgegeben. Heutige Steuer-, Kontroll- und Navigationssysteme erlauben es ferngelenkten Systemen, ihre Ziele mit einem Genauigkeitsradius von ca. 30 Metern über Tausende von Kilometern zu erreichen. «Soldatische Sachbearbeitung» reduziert sich auf die Bereitstellung des Waffensystems und die Programmierung des Zielortes, die gesamte Detail-Steuerung, d. h., die frühere Arbeit des Feuerns und Nachführens wird von Elektronik übernommen.

Haben wir eingangs bei der Betrachtung der Geschichte der Informationsverarbeitung eine fast vollständige Ablösung menschlicher Leistungen beim reinen Rechnen durch technische Systeme festgestellt, so sind analoge Entwicklungen auch in allen Bereichen der *nicht-arithmetischen* Sach- und Fachbearbeitung in den letzten Jahren dramatisch vorangekommen. Für eine breite Palette menschlicher Informationsverarbeitungsleistungen existieren heute technische Systeme, die menschliche Arbeit unterstützen oder den Menschen auch gänzlich substituieren.

Dies gilt nicht nur für den kommerziellen, sondern intensiv auch für den privaten Bereich. So ziehen immer mehr Mikroprozessoren in die Haushalte ein, in Form von programmierbaren Videorecordern, mit Mikroelektronik gesteuerten Herden und Waschmaschinen, fernbedienbaren und programmierbaren High-Fidelity-Anlagen, Komfort-Telephon usw. Es ist nur zu deutlich: der Mensch zieht sich aus der Verarbeitung von Routinen – auch aufwendiger – immer stärker zurück!

Die Geschichte computerunterstützter Lehr- und Lernsysteme

Während sich die computerisierten *Problemlöser* – in Form von Taschenrechnern, Textsystemen oder prozeßgesteuerten Automaten – relativ rasch und *auf breiter Front* durchgesetzt haben, ist die

Geschichte des computerunterstützten Unterrichts (CUU) durch vielerlei Schwierigkeiten gekennzeichnet.

Diese liegen zum einen in dem schwierigen Problem einer angemessenen Abbildung von Lehr- und Lernstrategien auf den Rechner. Zum anderen vor allem aber darin, daß der «Homo oeconomicus» eben eher dazu neigt, ein Problem von einem Automaten gelöst zu bekommen, als selber zunächst die Problemlösungsstrategien vom Automaten zu erlernen, um sie dann später nutzen zu können! Auch die große Macht des personellen Bildungs- und Ausbildungswesens – in der Bundesrepublik mit 600 000 beamteten Lehrern und einer Gruppe von weiteren 700 000 Ausbildern in Wirtschaft, Industrie und öffentlicher Verwaltung – hat *nicht* dazu beigetragen, daß computerisierte Lehrsysteme die Resonanz fanden, die ihnen eigentlich zusteht. Zu klar wurde bald, daß sich hier deutliche Rationalisierungschancen anbieten, die angesichts der Einkommensinteressen der Lehrer und Ausbilder kaum von diesen realisiert werden. «Macher» und «Betroffene» sind – bei relativ stabilen Märkten für Bildung und Ausbildung – die gleichen Personen.

Der computerunterstützte Unterricht begann Ende der fünfziger, Anfang der sechziger Jahre mit den ersten Systemen in den USA bei der MITRE Corp., bei IBM und an der University of Illinois in Urbana. Damals hatte man – ausgehend von verschiedenen theoretischen Ansätzen der Pädagogik («Behaviorismus», «kybernetische Pädagogik») – erkannt, daß es möglich ist, Lehrstrategien auf den Rechner zu bringen.

Zur Realisierung dieses Vorhabens ging man jedoch verschiedene Wege: Während man bei der IBM für vorhandene Hardware eine neue Sprache, die noch sehr assemblerartig war (COURSEWRITER), entwickelte, ging die University of Illinois mit dem System PLATO von Anfang an den «Ausbildungs-System-Weg» (Integration von Schüler-, Autoren- und Verwaltungssystem). Im Vordergrund stand dort die Frage: «Was brauche ich, um mit einem Computer Ausbildung zu betreiben?» Die Antwort wurde nicht von Informatikern, sondern von Lehrern verschiedener Fachrichtung (z. B. Biologen, Physikern, Elektrotechnikern, Juristen, Musikern) erarbeitet. Dies führte zwangsläufig zu der Erkenntnis, daß weder die vorhandene Hardware – insbesondere die Dialogstationen – noch die vorhandene Software (Betriebssystem für Multi-User-Verwaltung, Sprache zum Erstellen von Lektionen, Verwalten der Bibliothek usw.) für ein leistungsfähiges Ausbildungssystem ausreichten.

Es ist auch verständlich, daß sich eine Universität solch eine Frage stellte, die nicht unbedingt auf ein schnelles «Return-Of-Investment» achten mußte. So setzte man bei PLATO sofort Bildschirme (am Anfang Fernseher, später «Plasma-Schirme») mit beweglicher Tastatur ein und stellte Überlegungen über weitere Ein-/Ausgabemöglichkeiten an, die zu tastempfindlichen Schirmen, Microfiches für gute Bilder und Geräten für Tonausgabe führten (**Abbildung 4**). Gleichzeitig entstand die heute weit verbreitete «Autorensprache» TUTOR, die es dem Autor einer «Courseware» (= Kurs-Ware, Lehrprogramm) erlauben soll, selbst die beste Strategie zu realisieren.

Beim ersten IBM-System mußte der Gesamtdialog zwischen Lernenden und Computer noch über eine elektrische Schreibmaschine geführt werden, die Ausgaben erfolgten über Papier, die Eingaben über eine normale Tastatur. – Eines der ersten Programme, welches bei IBM in New York entstand, war interessanterweise ein Trainingsprogramm für Amerikaner in der Fremdsprache Deutsch. (Man sieht dies heute noch an einigen Besonderheiten der Sprache Coursewriter,

Abbildung 4
Ansicht eines Lernzentrums, in dem das PLATO-II-System der University of Illinois genutzt wird.
Man beachte die Ausgabe über Kopfhörer, die es erlaubt, neben der Information auf dem Bildschirm auch auditive Angebote zu nutzen. Ferner erkennt man Mikroskope auf dem Tisch links hinten, die darauf hinweisen, daß es sich hier um eine integrierte Lernumgebung handelt, in der auch experimentiert werden kann.

welche die Veränderung von Wortendungen – notwendig für die deutsche Deklination und Konjugation – stark unterstützt.)

Selbst in diesen «technisch traurigen» Umgebungen entstand eine Vielzahl interessanter Courseware, die sehr bald Pädagogen und Psychologen herauslockten, ihre Strategien mit diesem neuen Instrument zu erproben.

Angesichts eines *damals* bestehenden weltweiten Bedarfs an Lehrern und eines großen «Bildungsbooms» entschloß sich die IBM – im Gegensatz zu ihrer sonst eher zurückhaltenden Geschäftspolitik – Mitte der sechziger Jahre die ersten dedizierten Lehrsysteme in Form der *IBM 1500* auf den Markt zu bringen. Obwohl insgesamt nur ca. 20 Stück produziert und im wesentlichen in Forschungsprojekten genutzt wurden, umfaßte die IBM 1500 bereits *alle* Komponenten modernen computeruntersützten Unterrichts: es gab eine moderne Autorensprache (COURSEWRITER II), eine visuelle Unterstützung des Lehrangebotes durch einzeln adressierbare Filmbilder sowie eine Tonausgabe über Lautsprecher bzw. Kopfhörer (**Abbildung 5**).

Mit diesem System ausgestattet, machten sich in den USA viele Gruppen auf den Weg, die Möglichkeiten des computerunterstützten Unterrichts systematisch zu erproben. Gleichzeitig wurde in Urbana das System PLATO weiterentwickelt; in Santa Monica bei SDC entstand das System ICU/PLANIT aus militärischen Vorläufern für das computerunterstützte Training von Radar-Beobachtern.

Die sechziger und frühen siebziger Jahre waren weltweit stark geprägt durch einen wissenschaftlich orientierten Ansatz der *Erprobung* moderner Informationstechnik für das Lehren und Lernen. Bereits in dieser Zeit wurde sehr deutlich, daß die «ruhigen», «geduldigen» und sich individuell an den Lernenden anpassenden Lehr-Automaten für viele Lernbereiche brauchbar waren. Es stellte sich insbesondere heraus, daß die CUU bei heterogenen Lern-Gruppen einen höheren Anteil der Lernenden zu einem angestrebten Lernziel führte als der traditionelle Klassenunterricht. Die Lernenden akzeptieren den CUU in aller Regel ohne Schwierigkeiten.

In den frühen sechziger Jahren wurde auch bereits die Unterstützung von behinderten Kindern durch Computer intensiv erprobt. Aus dieser Zeit existieren noch Programme der Stanford University, die – modern verpackt – auch heute noch zur Grundqualifikation an amerikanischen Schulen genutzt werden.

Es entstand eine große Anzahl von Untersuchungen, die CUU mit traditionellem Unterricht und einzelne CUU-Systeme untereinander (z. B. TICCIT und PLATO) verglichen, die den Einsatz von CUU in verschiedenen Situationen kritisch beurteilten (z. B. Grundschule,

High School, Basic-Skill-Training beim Militär u. a.) oder einzelne Komponenten des CUU beurteilten (z. B. Autorensprachen). Die Ergebnisse dieser Untersuchungen sollten bei allen, die sich heute mit CUU befassen und Neuentwicklungen starten, bekannt sein – leider ist das nicht der Fall, das Rad wird immer wieder neu entdeckt!

Die vielen Untersuchungen der sechziger und siebziger Jahre zeigten aber auch relativ bald, daß keine Hoffnung bestand – und besteht –, *die* («allein selig machende») Lehrstrategie zu finden, mit der man CUU realisieren muß, um stets erfolgreich zu sein. Vielmehr ergab sich sehr bald die Einsicht, daß es eben *sehr unterschiedliche* Ansätze in der Lehre gibt, die zu *sehr unterschiedlichen* Erfolgen im Lernen – sei dies nun im Klassenzimmer oder beim Lerndialog mit dem Rechner – führen.

Anfang der siebziger Jahre begann auch in der Bundesrepublik eine systematische Erprobung und Entwicklung des computerunter-

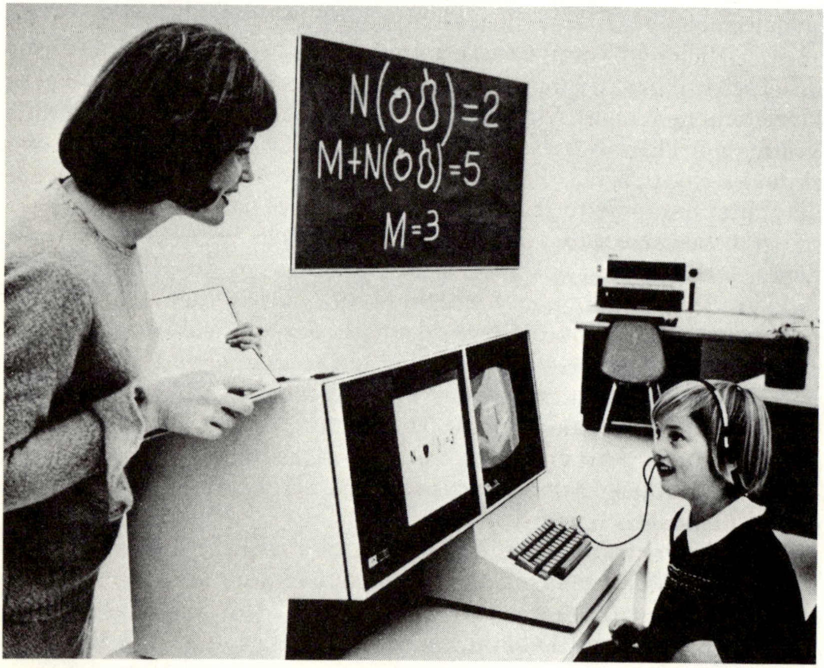

Abbildung 5
Blick auf eine Lernsituation im Coursewriter-II-System.
Auch hier erkennt man bereits die Nutzung des Bildschirms, einer Projektion von Filmen (linker Bildschirm) sowie die Nutzung von auditiven Ausgaben (Kopfhörer). (Aus dem IBM Foto-Archiv dankenswerter Weise überlassen.)

stützten Unterrichts unter Nutzung amerikanischer Systeme, z. T. auch mit der SIEMENS-Entwicklung LIDIA (*L*ernen *i*m *Dia*log). Evaluationen zeigten unter anderem, daß die Akzeptanz des CUU bei den *Lernenden* in der Regel gut war. Fast alle Untersuchungen ergaben, daß Lernende mit Interesse und mit Erwartung eines guten Lernerfolges am Rechner arbeiten und am CUU interessiert sind.

Diesen objektiv feststellbaren Tatsachen standen die *Lehrenden* allerdings skeptisch gegenüber; sie hatten sehr bald – reflektiert oder unreflektiert – erkannt, daß ihnen hier ein ernstzunehmender Mitwettbewerber in der Vermittlung von Fähigkeiten und Fertigkeiten erwächst. Deshalb gelang es im öffentlichen Bildungswesen – weltweit – in den siebziger Jahren nicht, den CUU in das Bildungs-Angebot zu integrieren.

Bildungsökonomische Überlegungen sprachen damals auch noch eindeutig zugunsten der personalen Lehre. Computerunterstützter Unterricht war in der Regel teurer als Klassen-Unterricht – wenn er auch manchmal erfolgreicher war! Diese Kostenüberlegungen haben aber letztlich im Bildungswesen kaum eine Rolle gespielt. – Im öffentlichen deutschen Bildungswesen sind selten objektive Kosten-Nutzen-Betrachtungen über alternative Lehrformen angestellt und daraus Konsequenzen gezogen worden. Dies gilt wohl auch heute noch, wo trotz des eindeutig zugunsten des CUU ausfallenden Kosten-Nutzen-Verhältnisses das – unbewiesene – Dogma «Persönlicher Unterricht ist stets besser als computerunterstützter Unterricht!» praktiziert wird.

In der Bundesrepublik folgte nach der wissenschaftlich orientierten Erprobung verschiedener Systeme bis in die Mitte der siebziger, dann Ende der siebziger Jahre eine völlige Verdrängung des computerunterstützten Unterrichts. Das Problem der «Lehrerschwemme» wurde aktuell, und kaum noch ein Bildungspolitiker hatte den Mut, Lehrsysteme anstelle von Lehrern zu favorisieren. Hierbei wurden die objektiv erfaßten Daten über die positiven Aspekte des CUU mit einem Handstreich vom Tisch gewischt, gab es doch immer auch genügend Argumente, daß diese Form der Lehre in der einen oder anderen Situation nicht funktionierte – wie beim personalen Unterricht gang und gäbe.

Es hat z. B. in der Bundesrepublik *nie* großflächige Versuche gegeben, in denen systematisch computerunterstützter Unterricht mit personellem Unterricht verglichen wurde – wie dies in den USA mit Zehntausenden von Lernenden gemacht wurde. Die aus dem vom Bundesminister für Forschung und Technologie im Rahmen des Forschungsprogramms «Datenverarbeitung im Bildungswesen» geförderten Arbeiten haben die «Bildungsbasis» nie erreicht. Dies konnte wohl auch nicht anders sein, wenn man das Verhältnis der bewegten Finanzvolumina betrachtet: das gesamte Förderungsprogramm umfaßte insgesamt ca. 70 Millionen DM, während in den siebziger Jahren der Bildungshaushalt der öffentlichen Hände im Bereich von 50 bis 70 *Milliarden* DM jährlich lag, also etwa das 1000fache betrug.

Aber zurück nach den USA: während die IBM nach Einstellung der Produktion des Systems 1500 in den sechziger Jahren das COURSE-WRITER-System nur noch auf ihren normalen Time-Sharing-Rechnern «mitlaufen» ließ, entschied sich die Firma Control Data, das von ihr mitfinanzierte PLATO-System aus der University of Illinois in die kommerzielle Anwendung zu transportieren. Seit dieser Zeit entsteht weltweit ein Netzwerk von PLATO-Terminals (z. Z. – August 1986 – ca. 35 000 Endgeräte), welches durch über 100 Großrechner unterstützt wird und heute eine Zahl von über 40 000 Lektionen mit dem Mehrfachen an Lehrstunden aus über 250 verschiedenen Gebieten umfaßt.

CDC ist es gelungen, PLATO jeweils den Hardware-Entwicklungen und -Verbesserungen anzupassen: Lektionen, die vor fünfzehn oder mehr Jahren – als es noch keine PCs gab – geschrieben wurden, laufen heute auch auf dezentralen PLATO-Stationen.

Nachdem Ende der siebziger, Anfang der achtziger Jahre leistungsfähige Mikrocomputer (persönliche Computer, PC) entwickelt und weltweit erfolgreich vermarktet wurden, begann eine zweite, jetzt *stark kommerzialisierte* Welle des computerunterstützten Unterrichts. Praktisch jedermann versuchte und versucht nun, mit z.T. abenteuerlichen Methoden, Lehrprogramme «zusammenzuschustern», diese auf einen transportablen Speicher (Floppy Disk) zu übertragen und zu verkaufen. Hierbei wurden und werden die primitivsten Programmiersprachen (z.B. BASIC) genutzt und *keinerlei* Rücksicht auf die umfangreichen Erfahrungen aus der «wissenschaftlichen Phase» des computerunterstützten Unterrichts genommen.

War noch Mitte der siebziger Jahre ein breiter Konsens zwischen den Fachleuten des computerunterstützten Unterricht vorhanden, tutorielle Programme nur begrenzt einzusetzen, so lebte diese Form des CUU mit dem Mikrocomputer wieder intensiv auf. Auch primitive «Umblätter-Maschinen» wurden und werden massenhaft produziert. An die Stelle einer echten Lehrstrategie trat und tritt nur noch die nackte Übertragung von Buchseiten auf den Rechner.

Diese «schöne neue CUU-Welt» wurde didaktisch noch weiterhin dadurch konterkariert, daß jedermann – mit billigen farbigen Bildschirmen – in seine primitiven Lehrprogramme einige «schicke

Figuren» einfügte und glaubte, damit ein erfolgreiches Lehrsystem entwickelt zu haben. Kaum einer der «Neuentwickler» hatte eigene praktische Erfahrung mit computerunterstütztem Unterricht, weder in der Produktion von Lehrprogrammen noch in dem Einsatz vorhandener Courseware – und schon gar nicht in der eigenen Ausbildung! – Kaum jemand machte sich auch die Mühe, wirklich Geld in Entwicklungen zu investieren. Verlage kauften häufig Angebote wie Manuskripte – und waren dann über Flops überrascht. Sie hatten schlicht die hohen Entwicklungskosten unterschätzt!

Als dann in den achtziger Jahren auch Verbindungen zwischen Mikrocomputern und Videorecordern bzw. Bildplatte sowie mit auditiven Systemen über einfache Prozessor-Schnittstellen kommerziell verfügbar wurden, entstand die audiovisuelle Unterstützung, die – fast beliebig – in Programme eingemischt wurde.

Mit der Einführung des Bildschirmtextsystems (vgl. Kap. 5 Abb. 13) («Interactive Videotext») begann Ende der siebziger, Anfang der achtziger Jahre auch der Versuch, dieses neue telekommunikative System – zum Teil in außerordentlich primitiver Art und Weise – für Unterricht zu nutzen.

Obwohl sich gerade der externe Rechner (das sind die nicht von der Post betriebenen, dialogfähigen Systeme, die jedermann ins Bildschirmtextsystem einbringen kann) als Lehrsystem sehr geeignet hätte, wurde zunächst im wesentlichen das der Post eigene «Blätter-System» genutzt. Die didaktischen Konzepte waren entsprechend katastrophal, die Nutzung praktisch gleich Null.

Heute nun leben wir in einer Zeit, in der es in der Bundesrepublik eine ziemlich klare Dreiteilung der Strategie des Umgangs mit CUU gibt: 1. Im öffentlichen Bildungswesen wird der computerunterstützte Unterricht als Routine von breiten Schichten der Lehrerschaft und von den Bildungspolitikern abgelehnt oder zumindest links liegengelassen. Dabei wird verkannt, daß eine gezielte Nutzung des computerunterstützten Unterrichts die Verfolgung von kulturell zentralen Lernzielen (z. B. das Lesenkönnen, Schreibenkönnen) durchaus intensiv fördern würde und damit mehr Menschen besser qualifiziert werden könnten. 2. Im privaten Bereich nutzen Schüler zunehmend auf Mikrocomputern das begrenzte und in aller Regel qualitativ schlechte Angebot der Verlage und Courseware-Anbieter. Die Lernenden erkennen dann allerdings relativ bald, daß es sich nicht um ernsthafte Lehrangebote handelt. Sie verwerfen den angebotenen CUU auch deswegen, weil er in der Regel nicht in den sonstigen Lehrplan paßt – wie das Schulfernsehen der sechziger und siebziger Jahre! 3. In der betrieblichen Umgebung wird CUU heute zunehmend genutzt, allerdings auch nur unter bestimmten Voraussetzungen und in der Regel in Betrieben, die auch sonst breiten Zugang zur Datenverarbeitung haben. Dort gibt es einige elaborierte und pädagogisch ausgefeilte Lehrsysteme, die mittlerweile von Ausbildern und Lernenden akzeptiert werden und recht erfolgreich sind – insbesondere natürlich in größeren Unternehmen mit ausgebauter Datenverarbeitung.

Persönliche Denkzeuge – historisch gesehen eine völlige Neuheit

Blicken wir zurück in die Geschichte der Menschheit, so war – auch durch die Religionen unterstützt – das Bild des *autonomen, selbstverantwortlichen* arbeitenden Menschen immer ein Leitziel von Bildung und ganz generell von menschlicher Entwicklung. Gerade im Abendland waren Individualisierung und das «Sich-gegenüber-den-anderen-abheben-Können» ein wichtiges Ziel von Bildung und Ausbildung. Es galt – und gilt auch heute noch – der Mensch als gebildet, der in der Lage ist, allein und *ohne* Hilfsmittel möglichst viel zu wissen, möglichst viel zu verstehen und möglichst viel zu verarbeiten – siehe z. B. die blöden Quiz-Sendungen mit hohen Einschaltquoten, wo das beste «Lexikon auf Beinen» hoch prämiert wird. Die Nutzung von kognitiven Hilfsmitteln – seien dies nun Lehrbücher, Monographien oder Lexika – wurde und wird auch heute noch in allen Prüfungen verboten; der autonome Einzelkämpfer soll sich beweisen! Auch wenn später im privaten Leben, in der beruflichen Arbeit und im gesellschaftlichen Leben informierende Hilfsmittel immer gestattet sind, zunächst wird der autonome Einzelkämpfer ausgebildet.

In diese «heile» Welt brach in den späten siebziger Jahren der persönliche Computer ein. Da er damals noch ein relativ plumpes Instrument war, welches man nur auf einem Schreibtisch bedienen konnte, war der Charakter einer unmittelbaren Nutzung als jederzeit verfügbares Denkzeug allerdings noch kaum zu erkennen. Seit 1982/83 gibt es – wie wir gesehen haben – portable Systeme, mittlerweile in außerordentlich kompakter Form, die unmittelbar zum Problemlösen und zum Lernen in vielen Lebenslagen genutzt werden können. Ein großer Teil der Software, die für Mikrocomputer verfügbar ist, kann heute auch auf portablen Systemen genutzt werden; dies gilt insbesondere auch für einen großen Teil der Courseware.

Die optische Massenspeicher-Technik (CD-ROM) erlaubt es seit kurzem, auch große Informationsmassen im Bereich von Hunderten von Millionen Zeichen in derartig portablen Systemen dialogfähig mitzuführen. Wir treten also in eine Welt ein, in der die frühere Notwendigkeit, den autonomen Menschen zu qualifizieren, immer mehr relativiert wird. Jedermann kann praktisch ein portables Hochleistungsrechner-System in den nächsten Jahren nutzen – ähnlich wie er heute für die «arithmetische Mobilität» den Taschenrechner oder zur physischen Mobilität das Kraftfahrzeug verwendet.

Insbesondere erlauben moderne portable Rechner den Anschluß an das Telephonnetz oder – z. Z. noch im Laborzustand – sogar die unmittelbare Satelliten-Kommunikation. Damit öffnet sich für jedermann eine völlig neue Strategie des Zugangs zur Information. Man muß *keineswegs* mehr alles auf Vorrat lernen, was man in Problemlösungs-Situationen wissen muß. Man kann es auch – im Gegensatz zur Benutzung von Bibliotheken – von Informations-Systemen im Denkzeug oder in Datenbanken zum Zeitpunkt der Problemlösung abfordern. Die optische Massenspeicher-Technik gestattet z. B., ein Fachlexikon oder geeignete Expertensysteme unmittelbar bei sich zu haben.

Besonders deutlich wird das heute schon im Bereich der Mathematik: Dort existieren – wie wir gesehen haben – portable Expertensysteme (z. B. muMATH), die einen großen Teil der bis zum Abitur relevanten operativen Fertigkeiten unmittelbar verfügbar machen. Hier gibt es also bereits ein «Denkzeug» im eigentlichen Sinne – ohne daß allerdings die Schule dieses zuläßt, geschweige denn bewußt nutzt und in den Unterricht integriert. Wir trainieren weiterhin «Computer auf Beinen», ohne zur Kenntnis zu nehmen, daß ein Mensch, ausgerüstet mit einem persönlichen Computer, sehr viel höhere Leistungen erbringen kann als ein autonomer «Computer auf Beinen». Oder können Sie im Kopf in 30 Sekunden die Lösung $y(x)$ der Differentialgleichung $dy/dx = 1 + 5 \sin(y/x + 1)$ angeben?

Eine Vielzahl von Entwicklungen moderner Expertensysteme lassen erkennen, daß auch in anderen Bereichen (z. B. Medizin, Steuerwesen, Finanzwirtschaft, Recht, Verbraucher-Information) ähnliche Systeme entstehen – stellen sie doch einen attraktiven Markt dar! In wenigen Jahren werden dort ähnliche Angebote wie heute in der Mathematik vorliegen.

Für die Hardware des Denkzeuges ist erkennbar, daß die notwendigen Leistungen bereits verfügbar sind oder in wenigen Jahren realisierbar sein werden: *Multi-Prozessor-Architekturen,* moderne Mensch-Computer-Kommunikationsflächen und die Massenspeicher-Technik erlauben es, menschliche Informationsverarbeitung in vielen Teilbereichen durch technische Informationsverarbeitung zu erweitern, zu ergänzen und damit höhere Gesamtleistungen des Menschen zu ermöglichen.

Leider sind wir heute, auch in betrieblichen Umgebungen, noch weit davon entfernt, dieses neue – mächtige – Werkzeug angemessen zu nutzen. Zu groß ist die Sorge des Menschen um seine Autonomie, zu groß sind insbesondere die Berührungsängste der Bundesrepublikaner mit der modernen Informationstechnik. Zu groß sind die Schwierigkeiten des Bildungswesens, sich auf eine neue angemessene, kritische und reflektierte Balance zwischen menschlicher und technischer Informationsverarbeitung einzustellen. Das Denkzeug bleibt nicht deshalb «Neuigkeit», weil es zu teuer ist, sondern weil der Mensch bisher unfähig ist, sich *sein* Denkzeug anzueignen! (Die *einmalige* Ausstattung aller wahlberechtigten Deutschen würde z. B. nur ca. 40 Millionen mal 1000 DM (Denkzeug-Preis bei großen Stückzahlen) gleich 40 Milliarden DM kosten, dies ist wesentlich weniger als der *jährliche* Alkohol- und Tabakwaren-Konsum in der Bundesrepublik!)

Literaturhinweise

Annino, R. and Driver, R.: Personal Computers in Scientific and Engineering Applications. Chichester 1986.

Beech, G. (Ed.): Interactive Learning on the IBM – PC. Cheshire 1986.

Brunnstein, K., Haefner, K. und Händler (Ed.): Rechnergestützter Unterricht. Berlin 1974.

Davies, D. (Ed.): Intelligent Information Systems. Chichester 1986.

Döbler, H.: Schrift, Buch, Wissenschaft, Döblers Kultur- und Sittengeschichte der Welt. München 1974.

Duncon, K. and Harris, D. (Ed.): Proceedings of the 4th World Conference on Computers in Education WCEE 1985 Part I and II. Amsterdam 1985.

Edwards, J. et al.: How effective is CAI? A Review of the Research. Educational Leadership, 33,147, 1975.

Effertz, F. A. et al.: Computerunterstützter Unterricht. Essen 1973.

Eichmann, E. H.: CUU über Btx? Btx-Fachtagung. Stuttgart 1982.

Eyferth, K. et al.: Computer im Unterricht, Formen, Erfolge und Grenzen einer Lerntechnologie in der Schule. Stuttgart 1974.

Ganzhorn, K. und Walter, W.: Die geschichtliche Entwicklung der Datenverarbeitung. Stuttgart 1975.

Glass, G., McGaw, B. and Smith, M.: Meta-analysis in social research. Beverly Hills, CA 1981.

Knopf, P.: Forschungs- und Entwicklungsprojekte zum Einsatz von Taschenrechnern im Unterricht: Überblick und Auswertung. Bildungsforschung und Bildungspraxis, 3, 1980.

Kusper, P. und Spanhel, D.: Jugendliche vor dem Bildschirm. Uni Nürnberg 1986.

Lecarme, O. and Lewis, R. (Ed.): Computers in Education, Informatique et Enseignement, IFIP, 2nd World Conference Internationale. Amsterdam 1975.

Lewis, B. and Tagg, D. (Ed.): Computers in Education, Proceeding of the IFIP TC-3,

3rd. World Conference on Computers in Education-WCCE 81 Part I and II. Amsterdam 1981.
OECD (Ed.): New Information Technologies – A Challenge for Education. Paris 1986.
Petzold, H.: Rechnende Maschinen, Eine historische Untersuchung ihrer Herstellung und Anwendung vom Kaiserreich bis zur Bundesrepublik. Düsseldorf 1985.
Reeves, T.: Research and Evaluation Models for the Study of Interactive Video. Journal of Computer-Based Instruction 13, 102, 1986.
Shelly, D. and Smith, P.: Genetics and Learning Disabilities. London 1986.
U.S. Governement Printing Office: Computers and Learning Society. Washington 1978.
Vorndran, E.: Entwicklungsgeschichte des Computers. Berlin 1986.
Walker, D.: The Evaluation of Computer-Assisted Learning. World Yearbook of Education p. 42 London 1982.

Kapitel IV
Zur Methodik des Problemlösens und Lernens mit dem Computer

Es scheint so, als seien informationstechnische Problemlösungen ad hoc gewählt und von Technologie getrieben in die Welt gesetzt; dies ist jedoch nicht wahr. Man kann leicht zeigen, daß moderne Informationstechnik an vielen Stellen als Krücke zur menschlichen Informationsverarbeitung dient. Weil der menschliche Geist vieles nicht kann, wurde und wird die Informationstechnik entwickelt und akzeptiert.

Um diese Gedanken auszuformulieren, wird in dem Kapitel zunächst intensiver auf die menschliche Informationsverarbeitung, ihre Leistungen und ihre Defizite eingegangen. Es werden dann die wesentlichen Verfahren des Lernens und Problemlösens mit dem Computer im Dialog dargestellt. Dabei wird erkennbar, daß es einen gleitenden Übergang zwischen der problemlösenden Nutzung der Informationstechnik einerseits und dem Lernen mit Computerunterstützung andererseits gibt.

Leistungen menschlicher Informationsverarbeitung

Wenn man ernsthaft versucht, menschliche und technische Informationsverarbeitung durch eine angemessene Nutzung des Computers zu ergänzen, so kommt es zunächst darauf an zu verstehen, wo Schwerpunkte und wo Defizite menschlicher und technischer Leistungen liegen. Zur Zeit sind wir mit der Informationstechnik im wesentlichen rein technisch dabei, dieses mit einer Strategie von «Versuch und Irrtum» zu erproben: wir entwickeln ein neues informationstechnisches System und versuchen, es zu vermarkten; hat es Erfolg, so war es offensichtlich eine akzeptable Komplementierung der menschlichen Informationsverarbeitungsleistung, war es ein Flop, so wird es verworfen, ohne daß den Ursachen weiter nachgegangen wird.

Dieser Einstieg ist natürlich völlig unbefriedigend, wenn wir über die psychische Mobilität ernsthaft nachdenken wollen und wenn wir in Bildung und Ausbildung, am Arbeitsplatz oder zu Hause zu einer *reflektierten* Komplementarität menschlicher und technischer Informationsverarbeitung kommen wollen. Wir müssen uns nicht nur um den technischen Teil, sondern *primär* um die Funktionen und Leistungen menschlicher Informationsverarbeitung bemühen.

Leider herrscht jedoch eine große Unkenntnis über Leistungen, Funktionen und Strukturen menschlicher Informationsverarbeitung. Zum einen begegnet man einer idealistisch-überhöhten Vorstellung vom ganzheitlichen «Ebenbild Gottes», vom intelligenten Wesen, zum anderen wissen wir nur zu gut, welche zahlreichen Schwächen das menschliche Gehirn aufweist. Insbesondere wissen wir auch, daß verschiedene Menschen zu *sehr* unterschiedlichen Leistungen befähigt sind – sei dies nun genetisch oder durch das Milieu der frühen Jugend bedingt. Auf alle diese Aspekte gilt es besonders Bezug zu nehmen, wenn wir darüber nachdenken, wie wir moderne Informationstechnik in einer Art und Weise gestalten, daß sie wirklich zum *Sklaven des Menschen* wird. d. h. Arbeiten übernimmt, die der Mensch selbst entweder gar nicht oder nur schlecht ausführen kann – oder will.

Was also kann das menschliche Gehirn, was kann der Geist wirklich? Hierauf gibt es natürlich keine allgemeinverbindliche Antwort. Die erste wichtige Feststellung ist, daß es *das* menschliche Gehirn natürlich sowieso nicht gibt, vielmehr existiert eine *außerordentlich* breite Palette von Leistungen menschlichen Denkens und menschlichen Handelns.

Wissenschaftlich ist bisher aus diesem Kontinuum nur ein relativ schmales Band intensiver durch die kognitive Psychologie auf der *funktionellen Ebene* bearbeitet worden. In diesem Band der «normalintelligenten» Amerikaner und West-Europäer wissen wir über die zentralen Funktionen des menschlichen Gehirns einiges und sollten dies nutzen, wenn es darum geht, Informationstechnik *angemessen* zu gestalten. (Ideal wäre es z. B., die Ergebnisse kognitiver Psychologie beim Entwerfen von CUU-Lektionen heranzuziehen.)

Natürlich wäre es wünschenswert und sinnvoll, auch die Ergebnisse anatomisch-morphologischer Arbeiten über die Gehirnfunktion mit zu berücksichtigen. Hier ergeben sich aber z. Z. noch erhebliche Schwierigkeiten: obwohl wir im Gehirn über die zentralen Verarbeitungszentren für primäre Sinneseindrücke relativ gut Bescheid wissen, mangelt es uns noch immer an einer Kenntnis über die morphologische Organisation des Gedächtnisses und die eigentliche Verarbeitung von bereits gespeichertem Wissen. Noch viel schlechter steht es um die Kenntnisse der Leistung des menschlichen Informationsverarbeitungssystems auf der Ebene molekularer und zellbiologischer Prozesse. Hier beginnen wir gerade erst aus den Ergebnissen an sehr primitiven Organismen mit einfachen Nervensystemen die ersten Grundphänomene kennenzulernen, deren Übertragbarkeit auf den Menschen allerdings große Schwierigkeiten bereitet.

In dieser mißlichen, aber – aufgrund der geringen Förderung von Grundlagenforschung in diesem Bereich – auch verständlichen Situation wollen wir uns hier auf eine Erörterung der *funktionellen* Zusammenhänge und Prinzipien im menschlichen Gehirn konzentrieren. Dabei gehen wir von den Ergebnissen der *kognitiven Psychologie* aus, die im wesentlichen experimentell erhoben wurden und die es heute erlauben – trotz vieler Widersprüche über die Details –, ein erstes Bild der Leistungsfähigkeit des *M*enschlichen *I*nformationsverarbeitungs-*S*ystems (MIS) zu zeichnen.

Topologie der Funktionen. Versucht man, die zentralen Funktionen des menschlichen Informationsverarbeitungssystems in einem übersichtlichen, d. h. aber auch *sehr* primitiven Schaubild mit allen notwendigen Verkürzungen zusammenzufassen, so kommt man zur **Abbildung 6**. Dieses Bild stellt *keinerlei* Zusammenhang zu der morphologisch-anatomischen Schichtung des Gehirns her, es ist eine *rein* funktionelle Repräsentation der wichtigen Speicher-Funktionen und der zentralen Informationsflüsse im MIS.

Wir wollen zunächst zentrale Eigenschaften beschreiben und dann einige typische Prozesse betrachten:

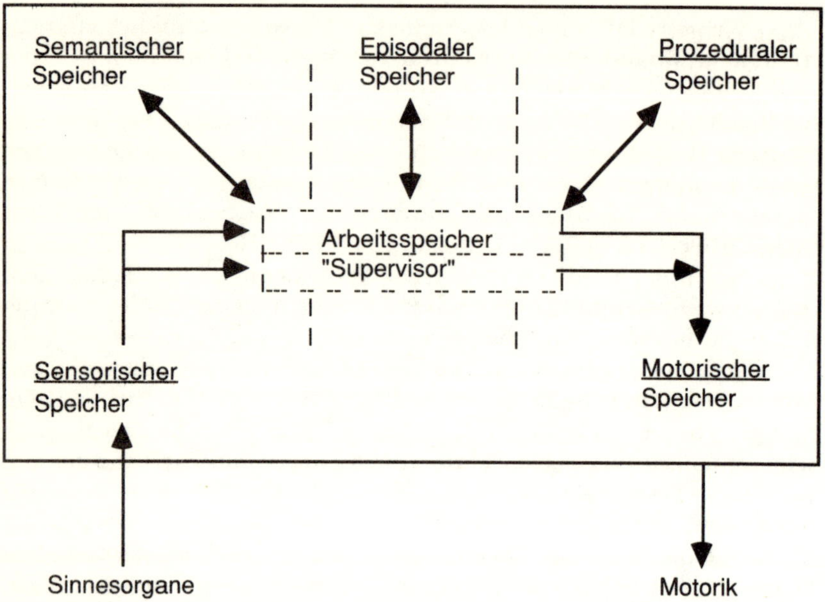

Abbildung 6
Topologische Darstellung der Funktion des menschlichen Gehirns.
In der Abbildung finden sich die wesentlichen Speicherbereiche, die man aufgrund von Ergebnissen der kognitiven Psychologie im Gehirn vermuten kann. Bei der Abbildung handelt es sich um eine stark vereinfachte Darstellung der Zusammenhänge. Eine bessere Darstellung würde berücksichtigen, daß es sich bei der Informationsverarbeitung im Gehirn um die Verarbeitung auf unterschiedlichen Ebenen handelt. Man muß sich dann die Speicherelemente hintereinander angeordnet vorstellen und die Verarbeitungstiefe als einen Fluß von Information durch die «oberen» (z. B. sensorischer Speicher) in die «unteren» Bereiche (z. B. prozeduraler Speicher).

1. Das menschliche Informationsverarbeitungssystem wertet grundsätzlich Informationen aus, die aus den verschiedenen Sinnesorganen und dem menschlichen Körper in Form von bereits «vorverarbeiteten» und «verdichteten» primären Nachrichten an das Gehirn übertragen werden. (Informationen sind in dieser Begriffswelt jeweils Nachrichten, die für ein informationsverarbeitendes System *eine Bedeutung* haben, *dieses verändern* sowie in der Regel *Aktionen anstoßen*.) Dabei wird im Gehirn im wesentlichen mit einer *antizipatorischen Muster-Erkennung* gearbeitet, die dazu führt, daß auch komplizierte Primär-Signale letztlich in begrifflich «einfacher Form» repräsentiert, gespeichert und verarbeitet werden. Man kann sich

diese Arbeitsweise mit einem einfachen Experiment selbst leicht vorführen: Man lasse sich für ca. ½ Sekunde das Photo einer unbekannten Szene zeigen. Danach versuche man, möglichst viel von dem Photo zu beschreiben. In aller Regel ist man nur in der Lage, einige wenige Begriffe benennen zu können, über die Einzelheiten des Photos aber weiß man kaum Bescheid – obwohl, wie verfeinerte Untersuchungen gezeigt haben, durchaus *alles* gesehen und vorverarbeitet wird. Das menschliche Informationsverarbeitungssystem ist jedoch nicht in der Lage, nach der Verdichtung der visuellen Information alle Einzelheiten weiterzuverfolgen.

2. Zur Speicherung von Informationen gibt es *funktionell* unterscheidbare Speicher-Bereiche bzw. Speicher-Ebenen, die allerdings in mannigfaltiger Form miteinander verschränkt arbeiten: (A) Den *semantischen Speicher,* (B) den *episodalen Speicher,* (C) den *prozeduralen Speicher* und (D) den *Arbeitsspeicher* (mit dem «Kurzzeit-Gedächtnis»).

Im *semantischen Speicher* wird das sich im Leben akkumulierende Wissen individuell in Form von Begriffen (sprachlicher, akustischer oder visueller Repräsentanz) gespeichert. Die Begriffe («Knoten») sind – entsprechend dem erworbenen Wissensstand – durch verschiedene Beziehungen («Kanten») in Form eines komplizierten *semantischen Netzwerkes* sinnvoll miteinander verknüpft. Aus Reaktionszeitexperimenten, in denen der «Abstand» von Begriffen getestet wurde, kann man derartige Netzwerke sogar – mit Einschränkungen – «kartieren». – «Eintragungen» in das semantische Netz erfolgen aus dem Arbeitsspeicher mit sehr geringen Übertragungsraten (Größenordnung: Transfer eines «sicher nutzbaren» neuen Begriffes bzw. einer neuen Beziehung ca. alle 10 Sekunden). Daher ist es z. B. so schwer, viele neue Vokabeln in kurzer Zeit zu lernen.

Im *episodalen Speicher* wird die Gesamtheit der erlebten «Episoden» des eigenen Lebens zeitsequentiell gespeichert, allerdings keineswegs in Form eines «Videofilms», sondern ebenfalls in begrifflichen Strukturen. Die Eintragungen in den episodalen Speicher erfolgen ständig und parallel zur begrifflichen Abstraktion und Verarbeitung einlaufender Information im semantischen Speicher. Dies bewirkt z. B., daß wir häufig wissen, *wann* wir etwas gelernt haben, ohne *das Gelernte selbst* noch zu beherrschen. – Man kann auch dies leicht prüfen, wenn man sich fragt, *wann* man das Verfahren des Wurzelziehens gelernt hat, und danach versucht, mit der damals gelernten Prozedur eine konkrete Wurzel (bitte «im Kopf» ohne Taschenrechner!) zu errechnen.

Auch der «Zugang» zum episodalen Speicher (Erinnern und Wiedererkennen) «verblaßt» wie bei allen anderen Speichern in einer noch weitgehend ungeklärten Art und Weise, so daß man zeitsequentiell nicht alle Details angeben kann. Außerdem nutzt der episodale Speicher die sich ständig verändernden Begriffe und Beziehungen des semantischen Speichers – ein Grund für die vielerlei Schwierigkeiten, die in Strafprozessen mit Zeugen auftreten: Richter, Ankläger, Zeugen und Verteidiger versuchen, mit *sehr* unterschiedlichen Begriffs-Apparaten ein Wiedererkennen im episodalen Speicher zu realisieren.

Der *prozedurale Speicher* ist bisher am schlechtesten verstanden; er scheint im wesentlichen aus einer großen Zahl von Produktionen (*«wenn ... dann ...»*-Beziehungen) aufgebaut zu sein, die entsprechend der aktuellen Situation von Begriffen (im Arbeitsspeicher) in einer «aktiven Liste» zusammengehalten werden und damit – im wesentlichen heuristisch ablaufende – Lösungen kognitiver Probleme gestatten.

Wenn wir z. B. an einer Verkehrsampel stehen, dann sind die Produktionen «*wenn* rot, *dann* stehenbleiben» und «*wenn* grün, *dann* gehen» aktiv, aber auch weitere, wie z. B. «*wenn* Bekannten sehen, *dann* grüßen». Tritt das «Wenn-Ereignis» ein, «feuert» die jeweils relevante Produktion, sie kann damit auch weitere Produktionen aktivieren. (Für die Steuerung der menschlichen Motorik gibt es stärker algorithmisch arbeitende Prozeduren.)

Eine besondere Struktur besitzt schließlich der *Arbeitsspeicher.* Er hat – im Gegensatz zu der praktisch unbegrenzten Kapazität der drei anderen Speicher – eine nur *sehr begrenzte* Kapazität. Viele Untersuchungen belegen, daß nur *zirka* zehn «begrifflich geschlossene Strukturen» («Chunks») (z. B. Ziffern, Worte, Satzbedeutungen) simultan in ihm gehalten werden können. Kommen im Sekundentakt neue Begriffe aus der Vorverarbeitung in den Arbeitsspeicher, so fallen früher aufgenommene (wie aus einer Röhre) wieder heraus, sie sind nicht mehr verfügbar.

Durch den Arbeitsspeicher muß sich die *gesamte* vom menschlichen Informationsverarbeitungssystem zu verarbeitende Information «hindurchquälen». Dies gilt insbesondere für gleichzeitig eintreffende auditive und visuelle Informationen, die nicht wirklich parallel, sondern eher sequentiell im «Zeitscheiben-Verfahren» ineinander verschachtelt durch den Arbeitsspeicher geführt werden.

Die begrenzte Kapazität dieses Speichers wird einem nur zu oft vorgeführt: z. B. wenn es darum geht, eine neue Telephonnummer mit Vorwahl *schnell* zu behalten – d. h., ohne genügend Zeit zu haben, Transfers in den semantischen Speicher vorzunehmen (zu lernen). –

Die begrenzte Speicher-Kapazität des Arbeitsspeichers spielt auch für alle Problemlösungs-Prozesse eine zentrale Rolle und wirkt dort in der Regel sehr störend: Versuchen Sie z. B. rasch, in einem gerade gehörten Satz auszuzählen, wie häufig die verschiedenen Buchstaben des Alphabets dort vorkommen, und versuchen Sie *danach* schnell, die Häufigkeit der Buchstaben alphabetisch geordnet aufzuschreiben! (Eine fast hoffnungslose Aufgabe, weil man nicht die notwendigen ca. 20 Häufigkeiten der Buchstaben parallel im Arbeitsspeicher behalten kann.)

Durch die Struktur des Arbeitsspeichers ist das menschliche Informationsverarbeitungssystem also nur in der Lage, mit einer kleinen Zahl von Begriffen («Adressen») *simultan* umzugehen; treten mehr Informationen auf, als dort unterzubringen sind, so ist das Problem entweder für das «mittlere» menschliche Informationsverarbeitungssystem unlösbar, oder man muß Bleistift und Papier als eine *sehr sinnvolle* Erweiterung des Arbeitsspeichers benutzen.

Dort können dann Adressen zu Informationen im semantischen Speicher «abgelegt» werden, der «Problemlösungs-Raum» läßt sich dadurch dramatisch erweitern. (Dies ist wohl der Grund für den rasanten Anstieg von «Problemlösungen», für die Explosion der Informationsproduktion, nachdem so viele Menschen nach der Aufklärung gelernt haben, mit Bleistift und Papier umzugehen!)

3. Das *menschliche Problemlösen* kann funktionell als die Abarbeitung von Produktionen verstanden werden, die auf das semantische Netzwerk und die dort abgespeicherten Beziehungen zugreifen, wobei alle Adressen der relevanten Produktionen und Begriffe jeweils aktuell im Arbeitsspeicher gehalten werden müssen. (Man nennt die Gesamtheit aller in dieser Situation an einer Problemlösung beteiligten Komponenten den «Problemlösungs-Raum».)

Viele Untersuchungen zeigen, daß das MIS in der Regel längere Zeit in einem einmal aufgebauten Problemlösungs-Raum verweilt. Es wird dabei eine Gruppe von «Adressen» genutzt, die nach einiger Zeit aus dem Arbeitsspeicher – zumindest zum Teil – in den semantischen Speicher übertragen («gelernt») wird, ein Herausgehen aus diesem Raum ist deshalb schwierig («Brett vor dem Kopf»). Kreativitäts-Training versucht deshalb, Produktionen zu vermitteln, die es erlauben, alte Problemlösungs-Räume zugunsten neuerer schnell «zu zerschlagen».

4. Im MIS werden aus den im antizipatorischen «Vorverarbeitungs-System» gebildeten Informationen laufend drei neue Gruppen

von Information erzeugt: (A) Information zur *Steuerung der Motorik* (inklusive Sprache), (B) *«temporäre» Informationen,* die nur im Arbeitsspeicher genutzt werden und (C) Informationen, die zu *neuen Strukturen* im semantischen, episodalen oder prozeduralen Speicher führen. Der Prozeß (C) setzt sich wiederum aus intentionellem Lernen und «spontanem Weiterverarbeiten» zusammen.

5. Es ist eine wichtige Einsicht der modernen Psychologie, daß das menschliche Informationsverarbeitungssystem keineswegs nur auf externe Informationen reagiert, wie es Abbildung 6 eventuell suggeriert. Vielmehr ist das MIS auch bei völligem Abschluß von der informationellen Umwelt stets *außerordentlich aktiv.* Ständig wird im menschlichen Informationsverarbeitungssystem aus Information neue Information erzeugt. Es gibt *keinerlei* wirklich stabile funktionelle Bereiche. (Ein Grund für die *Kreativität* aber auch für die *Unzuverlässigkeit* des Menschen!)

6. Der «moderne» Teil unseres Gehirns ist anatomisch in *zwei Gehirn-Hemisphären* aufgeteilt, die zwar intensiv miteinander kommunizieren, aber unterschiedliche «Aufgaben» abwickeln. In der einen Hemisphäre (bei ca. 85 % der Bevölkerung in der linken) werden bevorzugt kognitiv-rational-verbale Prozesse verarbeitet, in der anderen laufen räumliche, affektive, ganzheitliche, kommunikative, «vage» Verarbeitungsprozesse ab. (Wir wissen dies aus ausführlichen Untersuchungen der Funktion des Gehirns gehirnchirurgischer Patienten.)

Während man über die Detailleistung der linken Gehirn-Hemisphäre relativ gut Bescheid weiß – dort läßt sich der klassisch-verbale Apparat der Leistungs- und IQ-Tests gut nutzen –, so sind die Funktionen und Leistungsgrenzen der rechten Gehirn-Hemisphäre bisher kaum im Detail verstanden, hier gibt es kaum ein leistungsfähiges Test-Instrumentarium. (Insbesondere fehlen uns auch systematische Methoden, um die Leistung der rechten Gehirn-Hemisphäre zu entfalten!)

Diese bekannten Unterschiede müssen beim Aufbau eines «Denkzeugkastens» berücksichtigt werden; es darf z. B. auf keinen Fall bewirkt werden, daß die Bildaufnahmebereitschaft der rechten Hemisphäre überbeansprucht und die «Bildverarbeitung» der linken Hemisphäre eingestellt wird. Als bekanntes – negatives – Beispiel sei hier auf die Manipulationsmöglichkeit durch sehr kurz gezeigte Werbespots verwiesen.

7. Es muß deutlich darauf hingewiesen werden, daß die inhaltliche Organisation des menschlichen Informationsverarbeitungssystems in jedem einzelnen Individuum verschieden aussieht. *Jeder Mensch lernt individuell in seiner persönlichen Entwicklung,* dementsprechend bilden sich sein semantisches Netzwerk, sein episodaler Speicher und sein prozedurales System heraus. Auch die spezifischen Leistungen des Arbeitsspeichers sind individuell-persönlich.

8. Es gibt schließlich – ohne daß wir darüber im Detail Bescheid wissen – Beobachtungen, die zeigen, daß es möglich ist, eine Fremdkontrolle mittels eines zweiten menschlichen Informationsverarbeitungssystems auf ein vorgegebenes MIS auszuüben und dabei bestimmte Bereiche gezielt zu steuern, ggf. sogar zu modifizieren. Dies deutet auf die Funktion des «Unterbewußten» als einen besonderen «Monitor-Bereich» hin.

Folgt man insgesamt diesen – hier *sehr grob* skizzierten – Funktionen des menschlichen Informationsverarbeitungssystems, so lassen sich gewisse Schwerpunkte und evidente Schwächen in der Leistung dieses Systems angeben:

Besondere Leistungen kann das MIS *erstens* immer dann erbringen, wenn es gilt, Muster zu verarbeiten, da dann der hochentwickelte Apparat der antizipatorischen Mustererkennung, der mit Hilfe des semantischen Speichers abgewickelt wird, zum Einsatz kommt. Muster können dabei optische, akustische, aber auch die Kombinationen verschiedener Informationen aus dem Gedächtnis und aus der Umwelt sein.

Zweitens zeigt das menschliche Informationsverarbeitungssystem Spitzenleistungen, wenn es darauf ankommt, *heuristische Verfahren* zu nutzen, also sehr verschiedene Produktionen miteinander zu verknüpfen und diese mit einer angemessenen Bewertung («Meta-Wissen») zu gebrauchen. Allerdings müssen wir dabei zur Kenntnis nehmen, daß heuristische Verfahren des Menschen häufig zu Fehlern führen. Wir sehen dies im Straßenverkehr besonders eindrucksvoll, wo in der Bundesrepublik jedes Jahr ca. 10 000 Menschen totgefahren und einige 30 000 schwer verletzt werden – bei insgesamt ca. 300 000 *Unfällen mit Personenschäden.*

Drittens zeigt das menschliche Informationsverarbeitungssystem außerordentliche Speicher- und Lernleistungen. Es gibt keinerlei Hinweise, daß die Kapazität des semantischen und des episodalen Speichers in irgendeiner Weise beschränkt ist. Allerdings ist der Transfer aus dem Arbeitsspeicher in den semantischen Speicher recht langsam.

Die Schwächen des menschlichen Informationsverarbeitungssystems lassen sich nun auch etwas besser verstehen: *Erstens* hat der Mensch häufig Schwierigkeiten, gespeicherte Informationen wiederaufzufinden, weil er sich dazu des semantischen Netzwerkes bedienen und sich auf einem geeigneten Pfad in diesem Netz «zur richtigen Stelle hinhangeln» muß. Sind die Verknüpfungen «nur lose», so passiert es leicht, daß die richtige Information nicht wiedergefunden wird. (Es ist z. Z. wissenschaftlich unklar, ob diese Art von «Nicht-Zugreifbarkeit» zur gespeicherten Information das eigentliche Problem darstellt, oder ob eventuell gespeicherte Information auch ganz verlorengehen kann.)

Zweitens bereiten dem MIS einfache und *strenge* Algorithmen große Schwierigkeiten. Dazu ist es ja notwendig, eine Gruppe von Produktionen *fest* zu verknüpfen und immer wieder zu benutzen. Da aber aus der Umwelt über den Arbeitsspeicher ständige neue Begriffe der Gesamtheit den Produktionen angeboten werden, treten immer wieder neue zwischen die für eine algorithmische Abwicklung notwendigen Produktionen. Dies führt zu Störungen. Wir kennen dies nur zu gut, z. B. vom Schreibmaschineschreiben: man kann 561mal richtig anschlagen, beim 562. Mal geht es schief! Dies liegt daran, daß dann offensichtlich die geeignete Kombination von Produktionen zerfallen ist und dadurch ein Fehler entsteht.

Drittens liegt eine besondere Schwäche des menschlichen Informationsverarbeitungssystems in der sehr begrenzten Leistung des Arbeitsspeichers. Er erlaubt es nicht, mit einem größeren Satz von Informationen gleichzeitig umzugehen. Deshalb müssen wir alle kognitiven Prozesse sequentiell abarbeiten und dabei externe Speicher (heute noch Bleistift und Papier, morgen zunehmend «elektronische Tafeln») nutzen. Niemand ist «im Kopf» in der Lage, tausend Zahlenwerte simultan zu erfassen und zu bearbeiten, eine Aufgabe, die aber z. B. zur Steuerung eines Kernkraftwerkes unabdingbar ist und deshalb informationstechnisch gelöst wird.

Vergegenwärtigt man sich Stärken und Schwächen des menschlichen Informationsverarbeitungssystems, so wird nur zu deutlich, daß es sinnvoll ist, nach einer *angemessenen Komplementarität menschlicher und technischer Informationsverarbeitungssysteme* Ausschau zu halten. Wenn wir also versuchen, in diesem Kapitel sinnvolle Methoden des Lernens und des Problemlösens mit dem Computer zusammenzustellen, so sollten wir versuchen, Methoden zu finden und zu beschreiben, die insbesondere *die «bauartbedingten» Schwächen des MIS kompensieren.*

Leider entspricht diese Strategie allerdings keineswegs dem Vorgehen von Informatik, Informationstechnik und informationstechnischer Industrie. Letztere arbeitet nach den Rahmenbedingungen – legitimer – kommerzieller Vermarktungsstrategien. Häufig werden deshalb gerade informationstechnische Systeme entwickelt, die menschliche Funktionen total substituieren, *ohne* eine echte Ergänzung der Leistungsfähigkeit der MIS darzustellen. Hier gilt es angesichts der heutigen Möglichkeiten der Informationstechnik («künstliche Intelligenz»), nach neuen Horizonten Ausschau zu halten. Es kommt darauf an, grundsätzlich bessere Methoden und Verfahren zu konzipieren, wie die Komplementarität menschlicher und technischer Informationsverarbeitung entwickelt werden kann. Hierbei müßten die Flexibilitätsgrenzen von technischer und von menschlicher Informationsverarbeitung «ausgereizt» werden.

Wenn uns dies in absehbarer Zeit nicht gelingt, so sind die Konsequenzen erkennbar: der harte Wettbewerb zwischen verschiedenen Individuen einerseits und den Nationen der Welt andererseits wird dazu führen, daß die Menschheit nach einer «direkteren», «effizienteren» Manipulation des menschlichen Informationsverarbeitungssystems Ausschau halten wird – über Bildung und Ausbildung hinaus, nachdem diese traditionellen Ansätze kaum weitere Zuwachsraten der kognitiv-rationalen Leistungen «mittlerer» Gehirne erwarten lassen!

Ein derartiger Eingriff könnte über eine *populationsgenetische Manipulation* des Erbgutes der menschlichen Rasse laufen (siehe Huxley's «Brave New World»). Bisherige Arbeiten an Amphibien (aber auch an Säugetieren) zeigen, daß es grundsätzlich möglich ist, aus Körperzellen eines existierenden Individuums eine genetisch identische Kopie herzustellen («Klonieren»). Würde man diese Technik beim Menschen anwenden, so wäre es möglich, bevorzugt «intelligente» Menschen zu klonieren, dies hieße, eine bewußte Zuchtwahl zur Verbesserung und Weiterentwicklung menschlicher Informationsverarbeitungssysteme zu betreiben!

Das in diesem Buch entwickelte *Konzept der psychischen Mobilität mit Informationstechnik* stellt hierzu eine gesellschaftliche Option dar, die versucht, Chancengleichheit und Höchstleistung des MIS mit der «Krücke der technischen Informationsverarbeitung» zu realisieren, *ohne* jedoch den Gen-Bestand der Menschheit anzutasten.

Es ist zu hoffen, daß sich die Idee der psychischen Mobilität durchsetzt, bevor in den Familien der neue Selektionsdruck derart hoch wird, daß sie *individuell* in die genetische Manipulation einsteigen – auch wenn dies heute in der Bundesrepublik *politisch* abgelehnt wird. Wir haben in der Bundesrepublik nur zu traurige Erfahrungen im Mißverhältnis individueller Entscheidungen und kollektiven Denkens; man denke z. B. an die öffentliche Kabelfernseh-Diskussion versus gleichzeitige Beschaffung von Videorecordern in einem Drittel der deutschen Haushalte, bei einem gleichzeitig großen Kassetten-Markt für Pornographie und Brutalität! Oder an die öffentliche Diskussion über Tierversuche und Menschenrechte einerseits und die überzogene «Nutzung» des § 218 andererseits – trotz einer durch Sexualkundeunterricht «aufgeklärten» Jugend und trotz gut funktionierender Empfängnisverhütungsverfahren!

Das Konzept der psychischen Mobilität stellt hohe Anforderungen an die Kultusminister: mit der «Hinwendung» zum Computer muß *gleichzeitig* eine Änderung der «Rahmenrichtlinien» derart stattfinden, daß der Schwerpunkt von Bildung und Ausbildung auf «typisch-menschliche» Felder verschoben wird – *jenseits* der algorithmierbaren Denkzeug-Anwendungen.

Eine Gefahr besteht nämlich bei diesem Konzept – sie wurde schon 1966 von J. Weizenbaum gesehen. Sie liegt in der Frage, was ist in einer derartigen «Denkzeugwelt» noch wertbestimmt formuliert? Von Hentig hat dies aufgezeigt, wenn er schreibt: «Die Gefahr ist nicht, daß wir wie Computer reden, sondern daß wir wie Computer denken.» Hier gilt es pädagogisch zu handeln.

Lernen im Dialog mit dem Computer

Wie wir im vorigen Abschnitt gesehen haben, kann das menschliche Informationsverarbeitungssystem (MIS) nur mit Strukturen und Begriffen «umgehen», die es aus der Außenwelt aufgenommen hat. Das semantische Netz des Menschen ist *nicht* angeboren; der weitaus größte Teil der menschlichen Produktionen als Basis des «Handeln-Könnens» muß erworben werden.

In dieser Situation ist der Mensch – stärker als alle anderen Lebewesen – darauf angewiesen, sich in seiner informationellen Umwelt angemessen zu orientieren und ein seiner Situation angepaßtes «Überlebensprogramm» *zu lernen*. – Diese uralte Einsicht ist Basis und Ursache aller unserer kulturellen Aktivitäten sowie Legitimation für den Aufbau unseres außerordentlich kostspieligen Bildungswesens. (Sein Jahresetat in der Bundesrepublik betrug 1986 ca. 110 Milliarden DM, das ist mehr als das Doppelte des Verteidigungshaushaltes!)

Bei Lernprozessen spielt die Mensch-Mensch-Kommunikation, die ja sofort zwischen dem neugeborenen Kind und der Mutter beginnt, *eine zentrale Rolle.* Wir nutzen dieses Konzept auch später in der Schule, in der Hochschule und in der betrieblichen Aus- und Fortbildung intensiv; demgegenüber spielen das Buch und erst recht die «neuen Medien» im *formalen* Bildungswesen eine untergeordnete Rolle.

Wenn der Dialog aber so wichtig ist, wenn es auf individuelle Lebensprogramme ankommt und wenn keineswegs überall ideale und kompetente Lehrer verfügbar sind, so sollte doch computerunterstützter Unterricht als eine sinnvolle Ergänzung unserer Medienumwelt verstanden und genutzt werden. Allerdings sind wir dabei, historisch gesehen, heute wohl in einer ähnlichen Situation wie zu Zeiten der Erfindung des Buchdrucks durch Gutenberg: Auch damals stellte sich «das Bildungswesen» (die Klosterschule) auf den Standpunkt, «auswendiglernen ist wichtig und deswegen sei das Buch des Teufels!» Die Zeiten haben sich nur wenig gewandelt, heute stehen wir auf dem Standpunkt, daß der personale Unterricht und das alte Medium Buch wichtig sind («Lesenkönnen», «Lesekultur») und deswegen der «Computer als Lehrsystem des Teufels» ist.

Wir wollen uns in späteren Kapiteln und im Anhang ausführlich mit den mannigfaltigen Möglichkeiten des computerunterstützten Unterrichts (CUU) auseinandersetzen. Hier seien im folgenden nur die Grundprinzipien zusammengestellt, die zeigen, welchen Stellenwert CUU in der Bildungsszene gewinnen könnte, wenn wir es schafften, den Rechner richtig zu nutzen:

Das erste Prinzip der Nutzung des Computers als Lehrsystem besteht darin, daß man im Rechner eine detaillierte und festgeschriebene *Lehrstrategie ablegt* und diese dem Lernenden anbietet. D. h., wenn jemand *wirklich weiß,* wie man einen Lerninhalt effektiv vermittelt, wie man Lernziele erreicht, so kann er seine Strategie an den Rechner übergeben und damit seine didaktischen Fähigkeiten und Fertigkeiten jedermann und überall verfügbar machen. Voraussetzung für dieses Vorgehen ist allerdings, daß in der Tat mindestens *ein* erfolgreiches didaktisches Konzept für die Vermittlung bestimmter Lerninhalte für bestimmte Lernende existiert.

Aus der Pädagogik wissen wir, daß es häufig verschiedene Strategien gibt, die nebeneinander existieren und gleichberechtigt im Unterricht genutzt werden. So können auch verschiedene Lehrstrategien im Rechner abgelegt und je nach Verhalten des Lernenden eingesetzt werden.

Hier liegt natürlich eine zentrale Schwierigkeit der Erstellung von CUU nach dem ersten Prinzip. In der Regel gibt es auch hier widersprüchliche Auffassungen über die Vermittlung von Einstellungen, Wissen, Fähigkeiten und Fertigkeiten und dann natürlich auch keine einheitliche didaktische Konzeption. Jeder Lehrer – und jeder Autor von Lehrbüchern oder Courseware – benutzt seine Methode und hält sie für die einzig erfolgreiche! Die Entwicklung von computerunterstütztem Unterricht zwingt uns, Lehr- und Lernprozesse bis zum Extrem transparent zu machen – eventuell ganz aufzugeben, wenn wir eben feststellen, daß wir überhaupt keine leistungsfähigen Strategien haben!

Häufig wird an dieser Stelle eingewendet, daß CUU von der «Ein-Lernender-Ein-Computer-Situation» ausgeht, während das Lernen sonst in der Klasse, in der Gruppe als Sozialprozeß stattfindet und daher erprobte Lehrstrategien nicht auf den Computer übertragen werden können. Derartige Kritik läßt zwei Realitätsbezüge vermissen: zum einen ist es leider keineswegs in der realen Klasse so, daß das Gruppengespräch und die Gruppenarbeit im Vordergrund stehen, ein hoher Anteil unseres heutigen Unterrichts ist vielmehr schlicht Frontalunterricht, eine Ein-Lehrer-Ein-Schüler-Beziehung, wobei jeder Schüler allerdings *selten* zum direkten Dialog kommt. Zum anderen ist es keineswegs so, daß im CUU notwendigerweise nur ein Lernender vor dem Gerät sitzen muß, es ist in vielen Fällen sinnvoll, mehrere Lernende an einem Rechner gemeinsam arbeiten zu lassen. Dabei entstehen durchaus wichtige gruppendynamische und soziale Prozesse.

Es ist auch bekannt – dies haben die Auswertungen bisheriger Computereinsätze im Unterricht gezeigt –, daß man *nicht* alle Lehrziele mit dem Medium Computer optimal erreichen kann. Es gibt z. B. im Affektiven Lehrzielbereiche, da ist der personale Lehrer, da ist die Lerner-Gruppe gefordert. Aber ebenso gibt es viele Lehrziele (z. B. im kognitiven Bereich), bei denen sich der Computer als Lehrsystem einfach als besser erwiesen hat!

Zweites Prinzip: Im CUU kann grundsätzlich der Versuch gemacht werden, *Interaktivität* zu fördern. D. h., dem Lernenden werden Inhalte angeboten, die derart organisiert sind, daß er spezifisch darauf reagieren muß. Damit wird grundsätzlich ein lethargisches «Absitzen des Unterrichts» vermieden. Der Lernende bleibt in allen Phasen selbst aktiv. Bei «fortgeschrittener» Courseware (Lehrprogramme im Rechner) kann er auch selber in den Ablauf des Programms eingreifen und damit seine Lernumgebung selbst gestalten.

Drittes Prinzip: Im computerunterstützten Unterricht wird jeder Lernende *individuell* behandelt. Seine Fragen werden nicht – wie häufig in der Klasse – global oder pauschal, sondern individuell beantwortet. Seine Fehler werden individuell analysiert und diskutiert. Das gleiche gilt für Lösungsansätze und Lösungswege des einzelnen Lernenden, bei denen der Computer auf individuelle Interessen eingehen kann. Grundsätzlich kann der CUU diese *Individualisierung* durch eine angemessene Verzweigung der Programmschritte und eine Aufbereitung der Inhalte realisieren, die auf heterogene Gruppen von Lernenden eingeht, so daß es möglich ist, den individuellen *Lern*strategien des einzelnen entgegenzukommen. – Natürlich kostet das Geld, weil der Aufwand zur Entwicklung eines solches Programms entsprechend hoch ist, es zahlt sich dann aber wieder im Lernerfolg aus.

Viertes Prinzip: Im computerunterstützten Unterricht ist es möglich, eine *objektive Bewertung* des Lernerfolges praktisch in *jeder* Situation vorzunehmen. Das System wird in der Regel so konzipiert, daß jeder Lernende einen Satz vergleichbarer Tests bekommt, den er passieren muß, so daß nach Abarbeiten eines Lernprogramms *gesichert* ist, daß die erwünschten Fähigkeiten und Fertigkeiten, zumindest während der Phase der Bearbeitung, erreicht werden. Das CUU-System bewertet dabei alle Antworten in gleicher Weise *gerecht* – unabhängig davon, ob sie von einem fröhlich-hübschen Mädchen oder einem griesgrämigen behinderten Kind kommen!

Fünftes Prinzip: Jeder Lernende wird von einem Computer in gleicher Weise *geduldig behandelt.* D. h., die subjektiven Einflüsse, die im Verhältnis von Lehrenden zu Lernenden immer wieder beobachtbar sind, können hier prinzipiell abgebaut werden. Das CUU-System ist beliebig aufmerksam und zugewandt. Der Lernende hat ferner die Möglichkeit, jederzeit den Lernprozeß abzubrechen und an der abgebrochenen Stelle wiederaufzunehmen. Dabei speichern gute Systeme die Daten über den Lernenden, so daß seine aktuelle «Lern-Geschichte» beim späteren Fortschreiten im Programm berücksichtigt wird.

Sechstes Prinzip: Computerunterstützter Unterricht ist *zeit-* und *ortsunabhängig.* Der Lerner kann jederzeit und überall mit seinem Denkzeug lernen. Gute Systeme geben dem Lerner dabei die Option einer individuellen Behandlung durch einen «Privatlehrer». CUU ist also zum einen zeitadaptiv und stellt sich zum anderen auf die konkreten Bedürfnisse des Lernenden ein, insbesondere auch auf seine individuell-zeitliche Einteilung des Lernprozesses. Wer lieber abends oder nachts lernen will, kann das genausogut tun wie derjenige, der sich früh vor sieben Uhr bereits frisch fühlt. Wo gibt es diese Option sonst im Bildungswesen?

Zusammenfassend ist also zu sagen, daß die wichtigsten Methoden des CUU zahlreiche Randbedingungen erfüllen, die zu den Standards pädagogischer Anforderungen gehören. Damit ist natürlich *nicht* gesagt, daß *konkreter* CUU immer *alle* Forderungen erfüllt. So ist es in der Tat richtig, daß computerunterstützter Unterricht von der Methode und vom Einsatz her nur *ein* Medium unter vielen sein sollte. Der Mensch braucht zum Lernen eine *breite stimulierende informationelle Umwelt.* In diese gehört zentral sein natürlicher Partner, der «Mitmensch». Aber das Dogma, daß der Mitmensch und nur der Mitmensch der beste Lehrer sei, ist keineswegs bewiesen. In einer computerisierten Welt, in der es eben auch darauf ankommt, mit Computern umzugehen und effektiv zu lernen, sollte dem Computer als objektiviertem, individualisiertem und interaktivem Lehr-System ein angemessener Platz eingeräumt werden. Alle systematischen Untersuchungen zeigen außerdem, daß der Lernende dieses Medium – in geeigneter Dosis und bei guter Qualität der Courseware – auch durchaus schätzt. Komplementarität menschlicher und technischer Informationsverarbeitung ist hier also auf den verschiedensten Ebenen sinnvoll realisierbar.

Informieren im Computerdialog

Historisch gesehen müssen wir zur Kenntnis nehmen, daß formalisierte Bildungsprozesse für breite Schichten der Bevölkerung ein *sehr junges* Phänomen sind. Bis vor zwei-, dreihundert Jahren gab es für den überwiegenden Teil einer Population *keinerlei* formalisierte Instruktion, keine Schule und keine formalen Bildungsabschlüsse. Erst in – geschichtlich gesehen – jüngster Zeit haben wir (in den heutigen Industrienationen) mit gewaltigem Aufwand ein institutionalisiertes Bildungswesen geschaffen, welches Formalqualifikationen auf verschiedenen Ebenen an alle vermitteln soll. D.h., der Mensch war über Jahrtausende durchaus in der Lage, sich selber zu informieren, allein zu lernen – so er motiviert war und so eine stimulierende informationelle Umwelt ihm das direkte Informieren gestattete!

In der bäuerlichen Kultur, aber auch in der Zunftgesellschaft war dies möglich, weil ein unmittelbarer Kontakt mit der realen Welt vorhanden war. Heute ist dieses sehr viel schwieriger, weil unsere Welt viel stärker abstrakt geordnet ist. Wenn wir allerdings die Abgeschirmtheit des lernwilligen Menschen gegenüber relevanter Information bestehen lassen, wie sie z. Z. dadurch besteht, daß das Wissen in teuren Büchern gespeichert ist oder sogar nur in fernen Bibliotheken eingesehen werden kann, so hemmt dies natürlich die Eigeninitiative zum Selberlernen. Solange diese Situation bestand und besteht, war und ist es unabdingbar, daß ein «Mittler» (des Bildungswesens) zwischen die informationelle Umwelt und den Menschen tritt, der diese interpretiert und «didaktisch verpackt» an den Lernenden weitergibt. Mit der Erfindung der Informationstechnik, mit dem Aufbau von Datenbasen und Informationssystemen und in jüngster Zeit zunehmend mit der Entwicklung von Expertensystemen ist es heute jedoch wieder möglich, sich *unmittelbarer in der informationellen Umwelt* zu bewegen und zu orientieren. D. h., die Informationstechnik (Computer und Nachrichtentechnik) kann durchaus als *Mittler* zwischen dem Menschen und der relevanten Information auftreten. Dabei braucht Information nicht – wie im computerunterstützten Unterricht – nach einer Lehrstrategie organisiert zu werden, sie kann vielmehr einfach in Form einer offenen «Informationslandschaft» angeboten werden. Der Lernende kann dann diese Landschaft selbst erkunden und sich gezielt die Information aneignen, die er in Hinblick auf seine Probleme und seine Interessen gerne nutzen möchte.

Diesen Prozeß des informationellen Lernens wollen wir als *Informieren im Computerdialog* bezeichnen und hier methodisch durch folgende Prinzipien beschreiben:

Erstes Prinzip: Schaffung einer transparenten informationellen Umwelt. Um ein Informieren mit dem Denkzeug zu ermöglichen, muß die informationelle Umwelt angemessen organisiert sein. Dies ist z. Z. nur sehr begrenzt der Fall. Wir haben zwar die wesentlichen Informationen in ca. 2800 Datenbanken weltweit gespeichert, aber diese sind heute für den Laien praktisch unzugänglich – insbesondere den nicht englischsprechenden Deutschen.

Erste Bemühungen existieren zwar – z. B. bei den Fachinformationszentren in der Bundesrepublik (Kontakt z. B. über FIZ4 am Kernforschungszentrum in Karlsruhe) –, die Information soll soweit transparent gemacht werden, daß auch der Laie im Dialog zugreifen kann.

Diese Entwicklung muß jedoch *intensiv* gefördert werden, wir brauchen eine leicht zugängliche Struktur von Informationssystemen für die verschiedensten Wissensbereiche. Hierbei ist besonderer Wert darauf zu legen, daß die wesentlichen Teile auch in deutsch verfügbar sind, so daß nicht von vornherein Sprachbarrieren eine Zwei-Klassen-Gesellschaft entstehen lassen.

Mit einem modernen Denkzeug sind verschiedene Möglichkeiten denkbar, die jede für sich das Arbeiten mit Informationsbanken vereinfachen:

– *Beim Ansprechen einer Info-/Datenbank mit dem PC erkennt die Bank, wessen Denkzeug zugreift, und bietet den Dialog in der entsprechenden Sprache und dem entsprechenden Format an, oder*

– *die Infobank lädt die für das Denkzeug passende Benutzerschnittstelle in dieses herunter, so daß der Dialog in der vom Benutzer gewünschten Landessprache geführt werden kann, oder*

– *jedes Denkzeug hat eine «Übersetzerkarte» als* Read Only Memory (ROM), die z. B. den englischen Teil des Dialogs ins Deutsche übersetzt.

Zweites Prinzip: Offene Verfügbarkeit. Der Lernende muß durch eine angemessene Mensch-Computer-Kommunikation die Möglichkeit haben, sich frei, aber gleichzeitig wohlorganisiert in der informationellen Umwelt zu bewegen. D. h., hier muß das Prinzip moderner Softwareoberflächen «What you see is what you get» («Du bekommst genau das, was Du siehst») realisiert werden, so daß jeweils der aktuelle Zustand des Dialogs und der begriffliche Apparat, in dem argumentiert wird, transparent sind.

Konkret heißt dies, daß wir moderne und leistungsfähige Schnittstellen zwischen Datenbanken und naiven Benutzern brauchen. Diese können mit den heute verfügbaren Verfahren entwickelt und realisiert werden (an einigen Stellen existieren solche Schnittstellen auch bereits). – Der breite Erfolg des Fernsehens liegt in der *extrem einfachen Benutzeroberfläche* (Knöpfe für EIN/AUS, Farbe, Kontrast, Helligkeit und Lautstärke!), dafür bietet es jedoch keinen sehr *gezielten* Zugang, wenn auch der Videorecorder (bei komplizierterer Benutzeroberfläche) hier einige Optionen geschaffen hat.

Drittes Prinzip: Billige informationstechnische Bibliotheken. Jeder Sich-Informierende bzw. Lernende sollte die Möglichkeit haben, sich eine *individuelle* Bibliothek für sein Denkzeug aufzubauen. Dies unterstellt, daß persönliche Informations- und Telekommunikations-Systeme verfügbar sind, die über Datenleitungen Kopien aus Datenbanken ziehen oder alternativ direkt Massenspeicher nutzen können.

Für beides ist die geeignete Technik vorhanden, es bedarf nun eines Engagements der Verlage und der öffentlichen Hände, ihre Information in einer geeigneten Form verfügbar zu machen. Das starre Beharren auf dem Papier als zentralem Träger ist z. Z. weder ökonomisch *noch ökologisch* sinnvoll! Insbesondere auch deswegen, weil eben eine individuelle Bibliothek aus den verschiedensten Wissensbereichen kombiniert nur denkbar ist, wenn sie flexibel zusammengestellt werden kann. Das Papier erlaubt diese Flexibilität grundsätzlich nicht!

Darüber hinaus böte eine individuelle computerisierte Bibliothek dem Individuum auch die Möglichkeit, selber zu entscheiden, nach welchen Gewichtungen es welche Information nutzen will. Sie stellte eine echte komplementäre Erweiterung seiner Gedächtniskapazität dar und erlaubte es ihm, in einem relativ transparenten Modus auf diese Information *jederzeit* zuzugreifen.

Letztlich ist hier natürlich der Staat gefordert, finanziert er doch z. Z. den Mensch-Mensch-Dialog im Bildungswesen in der Hoffnung, daß dort ein richtiges Bild der informationellen Umwelt vermittelt wird. Staatliche Einrichtungen sollten auch den Mut haben, über das Bildungswesen hinaus Mensch-Computer-Kommunikation im Sinne einer besseren Transparenz der informationellen Umwelt anzubieten. Es ist klar, daß alte Zöpfe beim Aufbau einer transparenten informationellen Umwelt abgeschnitten und neu geflochten werden müssen. Dies betrifft insbesondere auch Fragen wie Zugriffsrecht, Copyright (Urheberrecht) und Datenschutz.

Viertes Prinzip: Daten- und Informationsbanken müssen interaktiv und dynamisch sein. Der Benutzer muß nicht nur in einfacher Weise in der Bank «blättern», sondern auch interaktiv arbeiten können. (Einfach heißt, daß z. B. bei Verweisen auf andere Stichworte diese nicht neu eingegeben werden müssen, sondern eine Verzweigung über eine Taste geschieht.) So sollte es z. B. möglich sein, daß der Benutzer beim Stichwort «Zinsen» neben der textlichen Erklärung eine graphische Kurve gezeigt bekommt, die er durch Eingabe eines neuen Zinsfußes ändern kann.

Außerdem sollte die Infobank dynamisch angelegt sein, d. h., er sollte jeweils die neueste für *ihn* persönlich gültige Information bekommen. Bei der Frage nach der aktuellen Sternbildkonstellation sollte ihm z. B. der für *seine* geographische Breite und Länge errechnete «Himmel» gezeigt werden. Es müssen «lebensnahe» Infos weitergegeben werden, z. B. Informationen zu geplanten städtebaulichen Veränderungen, zu Umweltkatastrophen.

Fünftes Prinzip: Informations- und Datenbanken müssen *Tankstellen* für das Denkzeug sein, auch zum «Herunterladen» von Courseware für das Selbststudium, zum Laden von Programmen für die Laborarbeit usw. Datenbanken müssen zu einem «Tankstellennetz» zusammengeschlossen werden, damit das Suchen nach geeigneter «Denkware» vereinfacht wird.

Zusammenfassend läßt sich hier also festhalten, daß der Computer als Informationssystem eine neuartige Kommunikationsfläche zwischen Mensch und informationeller Umwelt zur Verfügung stellt. In gleicher Weise wie wir das formale Lernen des Menschen über den Weg des personalen Unterrichts fördern, so sollten wir uns bemühen, die Transparenz der informationellen Umwelt durch das «Guckloch» des Computerdialogs zu entfalten. Es gibt keinerlei vernünftiges Argument anzunehmen, daß der mündige Bürger nicht in der Lage ist, sich mittels dieses Informations-Zugangs nicht genausogut oder besser geistig zu entfalten wie bisher durch Bildung, Bibliotheken und die «klassischen» Medien.

Problemlösen mit Computerunterstützung

Leistungen moderner Industriegesellschaften waren bis vor wenigen Jahren unvorstellbar ohne ein hohes Maß an auf «Vorrat gelerntem Wissen» der im ökonomischen und gesellschaftlichen Leben Handelnden. Niemand hatte vor Ort die Zeit und praktisch die Möglichkeit, das benötigte Wissen erst in Printmedien nachzuschlagen; dieser Prozeß war viel zu langsam, um im Wettbewerb bestehen zu können.

Daraus resultierte unter anderem die große Bewegung der «Bildungs-Katastrophe» der sechziger Jahre sowie der – damals richtige – Ruf nach mehr beruflicher Qualifizierung. Dies alles sollte sicherstellen, daß das geeignete Wissen und die notwendigen Fertigkeiten und Fähigkeiten jederzeit vor Ort zur Problemlösung verfügbar sind.

Durch die breite Verfügbarkeit relativ kostengünstiger Informationstechnik hat sich diese Situation jedoch – wie bereits mehrfach erörtert – sehr *grundsätzlich* verändert. Wir sind heute in der Lage, viele Probleme vor Ort rasch zu lösen, *ohne* daß wir vorher «auf Vorrat» die entsprechenden Fähigkeiten und Fertigkeiten gelernt haben müssen.

Drastische Beispiele zeigen dies nur zu deutlich: Am 2. Dezember 1942 mußte Enrico Fermi in Chicago bei der Inbetriebnahme des ersten kritisch werdenden Kernreaktors noch die gesamte Reaktorphysik im Kopf haben, um seine Studenten, die die Bremsstäbe aus dem Reaktorkern herauszogen, richtig zu steuern. Der Bediener eines modernen Kernkraftwerkes braucht dagegen die Kernphysik nur sehr begrenzt zu verstehen. Für ihn ist es nur noch wichtig, die von der Prozeß-Elektronik zusammengeführten Werte in den von den automatischen Systemen nicht abgefangenen – außerordentlich seltenen – Not-Situationen schnell und sachgerecht zu interpretieren und richtig zu behandeln. Man überläßt also dem Computer die Überwachung der «normalen» Prozeduren – der Mensch soll und muß frei sein für die nicht-normalen extremen Notfälle, für Fälle, die eben *nicht* in den prozeduralen Ablauf passen, die jenseits der Leistung der Informationstechnik liegen.

Diese Situation, daß Probleme nicht mit «Wissen-auf-Vorrat», sondern vor Ort mit Computerunterstützung gelöst werden, breitet sich zunehmend aus und bringt im Wettbewerb vielerlei ökonomische und qualitative Vorteile. Zum einen veraltet das Wissen viel zu schnell, als daß es lohnt, sich mit diesem beliebig «vollzustopfen», zum anderen ist der Mensch in der Regel vor Ort nicht in der Lage, das *gesamte* Wissen über einen Prozeß geordnet in eine Problemlösung einzubringen – wissen wir doch, daß der Arbeitsspeicher des menschlichen Gehirns eben nur eine sehr begrenzte Menge von Information *simultan* nutzen kann.

Bei der neuen Strategie des Problemlösens mit dem Computer – anstelle der Konzeption der «autonomen» Menschen – gilt es, folgende wichtige Prinzipien zu entfalten:

Erstes Prinzip: Echte Komplementarität von menschlicher und technischer Informationsverarbeitung. Die «Arbeitsteilung» zwischen Mensch und Computer sollte so organisiert sein, daß *typische Defizite* menschlicher Informationsverarbeitung kompensiert und die mögliche Leistung des Menschen herausgearbeitet wird. D. h., Routinealgorithmen, große strukturierte Datenmengen, schnelle Prozesse sollten auf dem Rechner installiert werden, während der Mensch sich stark im Bereich der Heuristiken, der unstrukturierten Informationen (Wissen) und im Feld mitmenschlicher, sozialer Kommunikation betätigen sollte. – Leider folgen viele heute realisierte und vermarktete problemunterstützende Computersysteme keineswegs diesem Prinzip. Man muß in diesen Situationen dann auch wirklich von *Dequalifizierung* des Nutzers sprechen! Hier gilt es, bewußt nach Alternativen Ausschau zu halten.

Zweites Prinzip: Aufbau offener, verteilter Systeme. Problemlösende Computersysteme sollten Probleme nicht nur vor Ort bearbeiten können, sondern in einer Integration mit anderen informationstechnischen Strukturen (Datenbanken, externen Rechnern) arbeiten.

Wir stehen ferner zunehmend vor der Situation, daß einzelne Menschen nicht mehr nur Probleme für sich allein lösen müssen (wie dies in der Jagd-, in der Agrar- und in der frühen Industriegesellschaft der Fall war), sondern Problemlösungen *viele Menschen* betreffen, sie sind als synergetische Prozesse zu behandeln. Hierfür ist die Kommunikationsfähigkeit des Menschen aufgrund seiner Sinnesorgane allerdings unzureichend. In Rechnernetzen ist es jedoch möglich, Informationen und Prozeduren angemessen zusammenzuführen, so daß Gesamtstrukturen von Mensch–Mensch und Mensch-Computer-Interaktionen gebildet werden können, die die notwendigen Wechselwirkungen berücksichtigen.

Moderne Bürokommunikations-Systeme mit zentralen Datenbasen und dezentraler «Intelligenz» stellen hier einen ersten Einstieg dar, wenn sie auch bisher leider die notwendigen Prozeduren (z. B. automatische Ablage von Information in Datenbanken, automatische Abstimmung von Terminen, vorprogrammierbarer Geschäftsgang von Akten) nur in sehr begrenzter Form unterstützen. – Computer-Aided-Design-Systeme (CAD) bieten in dieser Hinsicht in der Regel schon mehr Komfort, erlauben sie es doch mehreren Konstrukteuren, gemeinsam an einem neuen Produkt zu arbeiten und damit ihre Ideen über ein System zusammenzufügen, auszutauschen und zu verzahnen.

Mit dem computerunterstützten Problemlösen haben wir eine neue Wechselwirkung des Menschen mit seiner informationellen Umwelt vor uns. Diese bewährt sich jedoch in einer zunehmenden Zahl von Fällen außerordentlich gut – weil sie die Schwächen des Menschen ausgleicht.

Resümee

In diesem Kapitel haben wir gezeigt, nach welchen wichtigen Prinzipien sich der Mensch mit Problemen auseinandersetzt, wie er mit der sich wandelnden informationellen Umwelt umgeht, wie er sich bildet und ausbildet – und wie alles dies durch die Informationstechnik drastisch verändert wird. Es gibt neue Konzepte, wie wir den Zugang zum Wissen, die Nutzung von Algorithmen und Heuristiken und das mitmenschliche Miteinander organisieren und strukturieren können.

Wichtig ist es heute, zur Kenntnis zu nehmen, daß die alte Welt des «Lernens-auf-Vorrat» durch eine Vielzahl von Möglichkeiten der direkten Nutzung des Rechners als Informations- und Problemlöseinstrument dramatisch erweitert wird. Dabei gibt es ein breites Kontinuum von Möglichkeiten des Computereinsatzes: Dies beginnt bei sehr einfachen Problemlösern wie dem Taschenrechner, läuft über die Computerunterstützung des Menschen in der Verwaltung, der Produktionsvorbereitung, der Finanzwirtschaft, über den computerunterstützten Unterricht als Lehrsystem zum «Lernen-auf-Vorrat» bis hin zum reinen «Sich-frei-Informieren», im Sinne eines neugierigen Herumwanderns in der mit Informationstechnik ganz neuartig verfügbar gemachten informationellen Umwelt.

Dieses Kontinuum heißt es im Auge zu behalten, wenn wir versuchen, die Nutzung des Rechners als Denkzeug weiter zu entwickeln und zu bewerten. Niemand weiß heute, wieviel auch bei der Nutzung von problemunterstützten Systemen gelernt wird, niemand kennt die genaue Effektivität des computerunterstützten Unterrichts im Vergleich zu konkretem klassischem Unterricht (bei gleichen Kosten), niemand weiß auch, was das «Sich-frei-Informieren» in der informationellen Umwelt wirklich bedeutet. Wir wissen nur, daß Neugierde grundsätzlich eine wichtige Triebfeder für das Erkennen und das Bewältigen von Problemen ist und bleiben muß.

Fest steht, daß wir mit der Nutzung des Computers als persönliches Denkzeug erst *am Anfang* von wissenschaftlich, ökonomisch und human begründbaren Gleichgewichten zwischen menschlicher und technischer Informationsverarbeitung stehen. – Hierbei geht es uns kaum besser als dem Bildungswesen; auch dort wird nach *Milliarden* von Unterrichtsstunden immer noch um alternative didaktische Konzepte gerungen. Es gilt, mit vergleichbarem Aufwand nach der neuen Balance zu suchen. Das Bildungswesen trägt hierfür eine große Verantwortung.

Literaturhinweise

Alessi, S. U. and Trollip S. R.: Computer-based Instruction: Methods and Development. Englewood Cliffs. N.J. 1985.
Baddeley, A.: So denkt der Mensch – Unser Gedächtnis und wie es funktioniert. München 1986.
Berger, R. et. al.: Computergestützter Fremdsprachenunterricht – Ein Handbuch. Berlin 1985.
Blum, R.: Computers in Undergraduate Science Education. Maryland 1971.
Centre for Educational Research and Innovation (CERI) (Ed.): New Information Technologies – A Challenge of Education. Paris 1986.
Cline, H. et. al.: The Electronic Schoolhouse: The IBM Secondary School Computer Education Program. London 1986.
De Mey, M.: The Cognitive Paradigm. Boston 1982.
Educational Technology Abstracts. Oxfordshire (fortlaufend).
Ennals, R., Gwyn, R. and Zdravches, L.: Information Technology and Education – The Changing School. Chicester Sussex 1986.
Friedman, S., Klivington, K. and Peterson: The Brain, Cognition and Education. Orlando 1986.
Haefner, K.: Die neue Bildungskrise – Lernen im Computer Zeitalter. Reinbeck 1985.
Kamp, M.: Index to Computerized Teaching in the Health Science. San Francisco 1975.
Lindsay, R. und Norman, D.: Einführung in die Psychologie, Informationsaufnahme und -verarbeitung beim Menschen. Berlin 1981.
Meyer, N. und Friedrich, H.: Neue Technologien in der beruflichen Bildung. Köln 1984.
Michie, D. und Jonston, R.: Der kreative Computer. Hamburg 1985.
Mitchell, T., Carbonell, J. and Michalski, R. (Ed.): Machine Learning – A Guide to Current Research. Dordrecht 1986.
Mitzel, H.: On the Importance of the Theory in Applying Technology in Education. Journal of Computer-Based Instruction, 7, 93, 1981.
Popper, K. und Eccles, J.: Das Ich und sein Gehirn. München 1982.
Puttkamer, E. v.: (Hrsg.) Informatik – Grundbildung in Schule und Beruf. Berlin 1986.
Pylyshyn, Z.: Computation and Cognition toward a Foundation for Cognitive Science. London 1985.
Reigeluth, C.: TICCIT to the Future: Advances in Instructional Theory for CAI. Journal of Computer-Based Instruction, 6, 40, 1979.
Schaefer, R.: Denken, Informationsverarbeitung, mathematische Modelle und Computersimulation. Berlin 1985.
Siegel, M. A. and Davis D. M.: Understanding Computer-based Education. New York 1986.
Simon, H.: Simulation und Modellbildung im Unterricht. Grafenau 1978.
Spanhel, D.: Computer im Unterricht – Konsequenzen für den Bildungsauftrag d. Schule. bbw-Dokumentationsreihe Nr. 2, Nürnberg 1985.
Steinberg, E.: Teaching Computers to Teach. London 1984.
Suppes, P.: Current Trends in Computer-Assisted Instruction. Advance in Computer, 18, 1979.
Suppes, P.: The Future of Computers in Education. Journal of Computer-Based Instruction, 6, 5, 1979.

Torrance, E.: Implications of Whole-Brained Theories of Learning and Thinking for Computer-Based Instruction. Journal of Computer-Based Instruction, 7, 99, 1981.
Wedekind, J.: Unterrichtsmedium Computersimulation. Weil der Stadt 1981.
Wessells, M.: Kognitive Psychologie. New York 1984.

Kapitel V
Die Technik des Denkzeuges

Während im ersten Kapitel nur ansatzweise angedeutet wurde, wie Denkzeuge funktionieren und wie sie gestaltet werden können, wird hier auf diesen wichtigen Aspekt im Detail eingegangen.

Es zeigt sich, daß es grundsätzlich möglich ist, a) Hardware zur Steigerung der psychischen Mobilität zu realisieren und b) mit geeigneten Werkzeugen Software zu erstellen, die es erlaubt, die menschliche Problemlösung intensiv zu unterstützen, sowie beim Lernen durch das Angebot geeigneter Lehrprogramme zu helfen.

Obwohl Denkzeuge schon heute sehr komplizierte technische Geräte sind und zunehmend komplexer werden (vergleichbar mit dem Kraftfahrzeug im Bereich der physischen Mobilität), so braucht der Benutzer doch nur wenige zentrale Eigenschaften wirklich zu kennen – wie beim Auto!

Grund-Konfiguration

Jedes Denkzeug – im Sinne der psychischen Mobilität – besteht grundsätzlich aus drei zentralen Komponenten (**Abbildung 7**):

(A) Der *Mensch-Maschine-Kommunikations-Fläche,* die eine benutzerfreundliche Kommunikation erlauben muß,

(B) dem eigentlichen *Prozessorsystem* und den auf diesem laufenden Prozeduren, die dem Benutzer das Nutzen von Informationen und Prozeduren gestatten, und

(C) einem System zur *Datenspeicherung,* welches es erlaubt, größere Informations-Mengen ständig vor Ort oder über Datenleitungen aktuell im unmittelbaren Zugriff verfügbar zu haben. In der Regel soll das Denkzeug also nicht nur als autonomes System gesehen werden, sondern als in telekommunitative Netze integriert. Der Benutzer soll ein *Teilhaber* an Problemlösungen und Informationen werden, die an vielen Orten verfügbar sind.

Hinzu kommt stets die zum Betrieb des Denkzeuges in konkreten Anwendungen unabdingbare Software.

Wir wollen im folgenden die drei zentralen Komponenten in ihrer heutigen Ausprägung charakterisieren und Trends aufzeigen, wo die Entwicklungen hingehen bzw. hingehen sollten. Dabei kann natürlich nur auf eine «mittlere» Entwicklung eingegangen werden. Angesichts der Breite des Marktes für Denkzeuge (vom Spielsystem bis zum Arbeitsplatzrechner des Ingenieurs) gibt es sehr unterschiedliche Ausprägungen in den einzelnen Komponenten und in deren Integration in reale Systeme. Einige portable Denkzeuge, die heute auf dem Markt sind, zeigt **Abbildung 8.**

Im Bereich der *Mensch-Maschine-Kommunikation* haben wir heute als wesentliches Eingabe-Instrument die Tastatur. Damit kann der Benutzer dem Rechner in geschriebener Sprache seine Anforderungen/Anweisungen und Texte unmittelbar mitteilen. Als Ausgabe wird bei dieser Kommunikation im wesentlichen die bildliche Repräsentation auf einem (farbigen) Bildschirm genutzt. Auf diesem ist mit den heutigen Techniken der Bildpunktdarstellung (Pixel) sowohl eine Darstellung von alphanumerischen Zeichen als auch von Graphiken möglich. D. h., wir haben z. Z. in der Regel nur eine sehr begrenzte Mensch-Maschine-Kommunikation, die sich – aus Sicht des Men-

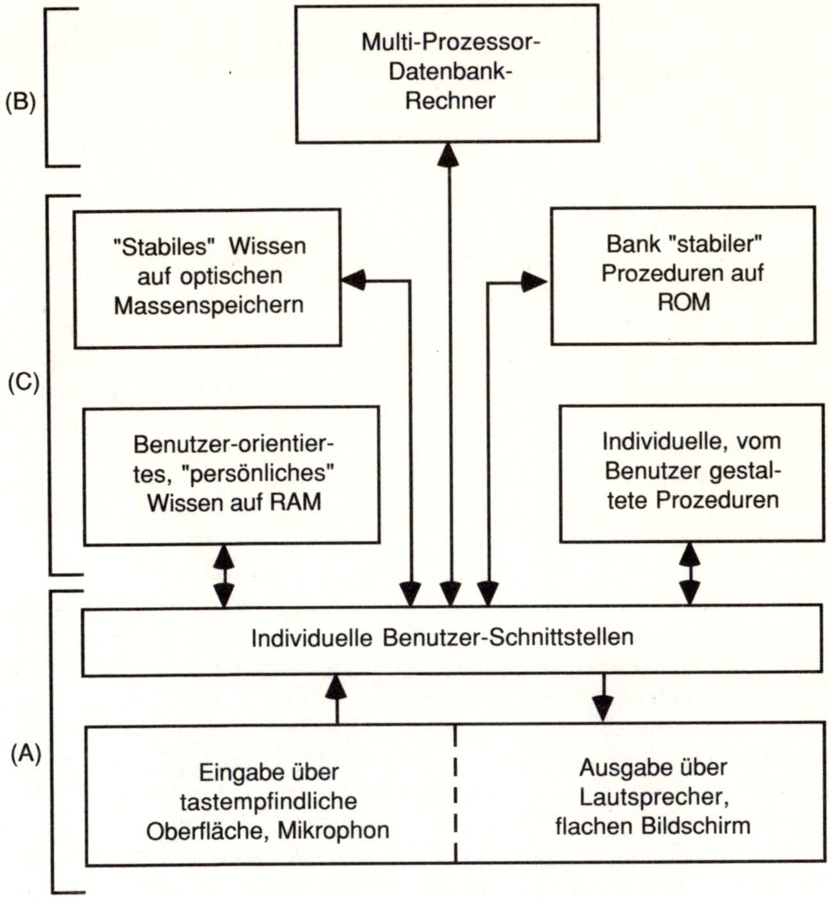

Abbildung 7
Struktur eines modernen Denkzeugs.
In Anlehnung an die V^{th}-Generation-Maschine, die weltweit entwickelt wird, ist auch hier eine Dreigliederung zu beobachten. Im Bereich (A) handelt es sich um die Mensch-Maschine-Kommunikation. Im Bereich (C) sind die wichtigen Datenstrukturen und prozeduralen Strukturen in Hardware und in Software abgelegt. Im Bereich (B) schließlich ist die eigentliche Basisdatenbank als Multiprozessorsystem ausgeführt. Die Verarbeitung von Information in diesem System stellt eine komplizierte Wechselwirkung der verschiedenen Komponenten unter Einfluß der Eingabe über die Benutzerschnittstelle dar.

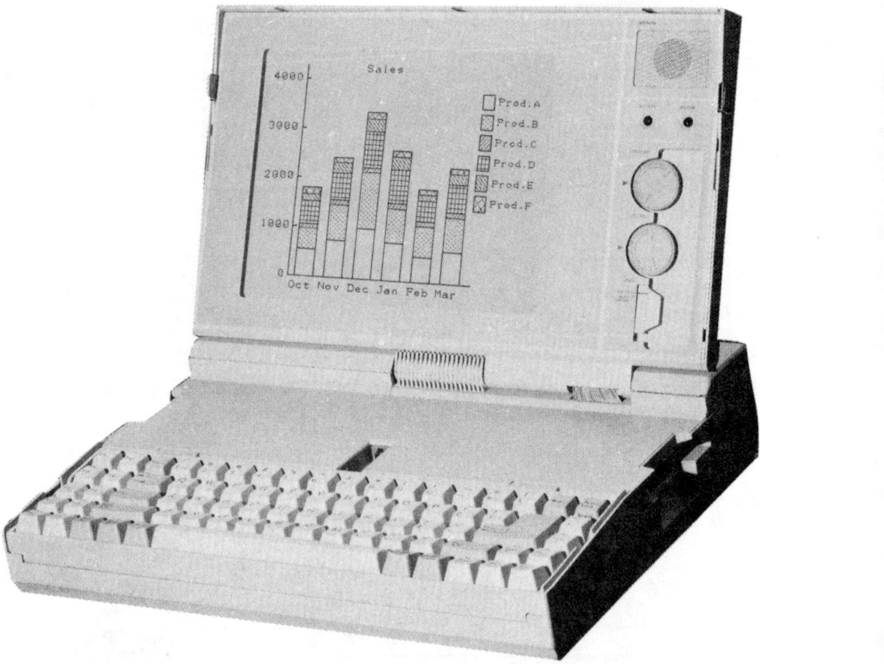
Sales
4000
3000
2000
1000
0
Oct Nov Dec Jan Feb Mar
Prod.A
Prod.B
Prod.C
Prod.D
Prod.E
Prod.F

GRID

Abbildung 8
Weitere typische Denkzeuge.
Man erkennt an diesen Systemen den Trend zur flachen Organisation und zur Integration der Speichermedien (Floppy und Festplatte) in das Gesamtsystem.

schen – aus taktilen Eingaben und visuellen Ausgaben zusammensetzt.

Für alle «fachlichen Problemlöser» und den CUU *muß* jedoch *mehr* gefordert werden; dies betrifft sowohl die Ausgabe wie die Eingabe und damit gekoppelt das «hinter» dem Denkzeug liegende, unterstützende System. Für den Mathematikunterricht reicht es z. B. nicht aus, daß das Denkzeug «rechnen» und Zahlenwerte ausgeben kann, die Ausdrücke müssen auch in der üblichen mathematischen

Schreibweise angegeben werden (z. B. Exponenten hochgestellt, implizierte Multiplikationen ausgeschrieben usw.). Im Unterricht kann man den Schülern nicht erklären: Exponenten werden eigentlich hochgesetzt, der Computer versteht aber nur Eingaben in einer Zeile – wie soll da ein «Transfer» stattfinden? Das System muß natürlich diese Schreibweise nicht nur akzeptieren, sondern auch «verstehen»; es muß «wissen», daß das eine mathematische Operation ist. Ähnliches gilt z. B. für die Eingabe von Funktionen und deren graphischer Darstellung.

Aus diesen wenigen Beispielen erkennt man, daß Anzeige/Ausgabe graphische Schirme mit hinreichend guter Auflösung (mindestens 720 × 350 Punkte) sein müssen. Die Tastempfindlichkeit der Oberfläche muß eine vergleichbare Auflösung haben, um feine Symbole eingeben zu können. Derartige «Touch-Sensitive»-Bildschirmoberflächen haben sich im Vergleich zu anderen Eingabemöglichkeiten als sehr vorteilhaft herausgestellt.

Um dem Benutzer die Kommunikation mit dem Rechner zu erleichtern, sind eine Reihe weiterer Hilfsmittel erfunden worden, die es zunächst ermöglichen, über den Bildschirm unmittelbar *Eingaben* zu machen. Ein wichtiges System ist z. Z. die «Maus». Hierbei handelt es sich im Prinzip um einen umgekehrten «Traceball», um ein kleines Kästchen mit einigen Tasten, welches auf dem Tisch hin- und hergeführt werden kann, und eine geeignete Elektronik sorgt dafür, daß sich ein Bildpunkt (Cursor) auf dem Bildschirm bewegt. Durch Drükken geeigneter Tasten auf dem «Rücken der Maus» kann das Feld, welches am Bildschirm durch den Cursor berührt wird, unmittelbar aktiviert werden.

Eine weitere Eingabemöglichkeit besteht über das graphische Tablett, einer Einrichtung, bei der man mit einer Art «elektronischer Griffel» Linien, Figuren oder auch Schrift zieht und durch eine entsprechende Technik in der Schreibplatte die nachgezogenen Konturen unmittelbar digital in den Rechner übertragen werden.

Beim Arbeiten mit dem Bildschirm setzt sich in jüngster Zeit mehr und mehr die Philosophie des *«What you see is what you get»* durch. D. h., man versucht auf der Oberfläche des Bildschirms alle die aktuellen Fähigkeiten des Denkzeuges anzuzeigen, die in einer vorgegebenen Situation verfügbar sind. Der Benutzer kann durch unmittelbare Anwahl von Menüeintragungen oder Fenstern (z. B. mit der Maus) seine Probleme unmittelbar zu lösen suchen. Es gibt dabei eine vom Rechner vorgegebene Kontroll-Struktur im Bereich der angebotenen Problemlösungsprozesse, die automatisch notwendige Prozeduren aufruft und verkoppelt. Nur wenn der Benutzer neue Daten eingeben oder besondere Fragen stellen will, muß er weiterhin die Tastatur benutzen.

Für den CUU besteht die Forderung, auch andere Ausgabegeräte (neben Schirm und Schreiber) an den Rechner anzuschließen, um nicht auf den kognitiven Lernzielbereich festgelegt zu sein. Für das Techniker-Training wurden z. B. Oszillographen angeschlossen (**Abbildung 9**). – Die Bildplatte (in Zukunft als *i*nteraktiver *CD*-ROM = CD-I) erlaubt einen schnellen Zugriff auf einzelne Realbilder oder Bildsequenzen bei gleichzeitiger Text- und Tonspeicherung.

Es werden zahlreiche Bemühungen unternommen, auch auditive Informationen im Denkzeug zu verarbeiten. So ist der «Sprech-Schreiber» (Talkwriter) seit einiger Zeit in Entwicklung. Man kann davon ausgehen, daß derartige Systeme für Englisch und dann auch für Deutsch Ende der achtziger, Anfang der neunziger Jahre kommerziell verfügbar sein werden. Anfangs wird es allerdings nur möglich

Abbildung 9
Kombination eines PLATO-IV-Terminals und einer Meßeinrichtung im computerunterstützten Unterricht.
In vielen Anwendungen des computerunterstützten Unterrichts ist es möglich, unmittelbar vom Rechner Daten aus Prozeßumgebungen im computerunterstützten Unterricht zu nutzen. Das Handeln des Lernenden in Meßumgebungen wird automatisch ausgewertet, um kognitive Fähigkeiten und Fertigkeiten zu vermitteln.

sein, im Denkzeug zu einer Zeit die Sprache eines *bestimmten* Sprechers zu erkennen und in Texte umzuwandeln. Aber bereits damit wird sich die Mensch-Maschine-Kommunikation erweitern: der Mensch kann dann unmittelbar mit seinem Rechner sprechen, wobei der Rechner jeweils anzeigt, welche Eingaben er «verstanden» hat. Der Nutzer hat weiterhin die Aufgabe, das vom Rechner «Gehörte» am Bildschirm Korrektur zu lesen und ggf. zu modifizieren. Aber damit wird der Talkwriter die gesamte Mensch-Maschine-Kommunikation grundsätzlich verändern – und vereinfachen.

Im Bereich der *Prozessoren* gibt es z. Z. deutliche Entwicklungen, zum einen zu sehr schnellen 32-, 64-Bit-Prozessoren (also Prozessoren, die in einem Takt 4 oder 8 Zeichen verarbeiten können) und zum anderen den Trend, einen Prozessor nicht mehr für alle Arbeiten einzusetzen, sondern Viel-Prozessor-Systeme zu organisieren, in denen viele Prozessoren sich gezielt die Arbeit teilen. (Heute kann dies z. B. der Commodore Amiga, bei dem drei spezielle Chips die CPU für ihre eigentliche Aufgabe, nämlich zu rechnen, entlasten. Diese drei Chips, die als Co-Prozessoren anzusehen sind, wurden mit den Namen *Agnus, Daphne* und *Paula* bezeichnet und sind für das gesamte Management der Graphik, Animation, Eingabe/Ausgabe und Speicherverwaltung zuständig.)

Derartige Rechnerarchitekturen weichen vom klassischen Rechner ab, weil sie eine Verteilung der Lasten und eine andersartige interne Organisation realisieren. Hierdurch wird zum einen eine dramatische Leistungssteigerung ermöglicht und zum anderen die Chance gegeben, auch sehr komplexe Prozesse abzuwickeln, die eben von unterschiedlichen Spezialprozessoren verarbeitet werden. (Anwendungen sind insbesondere Wissensbearbeitung – z. B. in Expertensystemen –, Sprachverarbeitung, Bildverarbeitung.)

Prozessoren können allerdings dann und nur dann als leistungsfähige Komponenten von Denkzeugen eingesetzt werden, wenn sie von einem entsprechenden Betriebssystem organisiert werden. Heute gibt es im Bereich der Betriebssysteme von Denkzeugen eine gewisse Standardisierung (z. B. Multi-Tasking fähiges MS-DOS, UNIX). Diese Standardisierung führt zum einen dazu, daß der Benutzer zwar mit unterschiedlichen Prozessoren, ggf. sogar verschiedenen Prozessor-Architekturen, aber doch mit einheitlichen Oberflächen des Rechners arbeiten kann. In Zukunft wird es zumindest Linien konsistenter, kompatibler Betriebssysteme geben. Zur Zeit werden in der «MS-DOS-Welt» immer neue, reizvolle und leistungsfähige Problemlösungen angeboten. Es bildet sich angesichts der günstigen Kostenentwicklung von Hardware ein breiter Markt für neue Anwendersoftware –

von der Textbe- und -verarbeitung über die Unterstützung bei der Bearbeitung mathematischer Probleme bis hin zur Erzeugung computergenerierter Musik.

Wenn wir etwas in die Zukunft schauen, können wir einerseits für den Benutzer deutliche Kostendegressionen der *einzelnen* Software-Kopie dadurch erwarten, daß die (hohen) Softwareentwicklungskosten sich über immer größere Stückzahlen abwälzen lassen; andererseits ist erkennbar, daß immer durch moderne Software neue Informations- und Problemlösungsbereiche erfaßt werden. Im nächsten Jahrzehnt werden für *fast alle* interessanten Fragen, die heute ausschließlich menschliche Informationsverarbeitung beschäftigen, Angebote an komplementären oder auch substituierenden Programmen auf Denkzeugen existieren.

Im Bereich der *Speicher* müssen wir zur Kenntnis nehmen, daß heute bereits große Informationsmengen auf sehr kleinem Raum gespeichert werden können. Übliche Speicher wie die Floppy Disk oder der Festkörper-Speicher erlauben die Speicherung von Millionen von Zeichen auf kleiner Fläche (ca. 100 × 100 × 5 mm). Diese Datenmengen können in Denkzeugen unmittelbar verarbeitet werden. Die (junge) Entwicklung der optischen Massenspeicher-Technik (Compact Disk, CD-ROM [*R*ead *O*nly *M*emory]) erlaubt es, Information im Bereich von GByte (Milliarden Byte) unmittelbar im Denkzeug verfügbar zu halten. Damit besteht die Möglichkeit, auch ohne den Zugang zu telekommunikativen Systemen große Informations-Banken ständig zu nutzen. Ein GByte bedeutet z. B. die Speicherung von ca. 1000 Taschenbuchbänden oder 500 Bänden plus 1000 Expertensysteme in einem Volumen von ca. 100 × 100 × 5 mm!

Für die zukünftige technische Entwicklung der Denkzeuge ist insbesondere die Potenz zur *Miniaturisierung* aller Komponenten ein wichtiger Trend. Der Sprung von der heutigen Tastatur zur akustischen Eingabe erlaubt es, diese zu einer nur für Spezialeingaben notwendigen Reststruktur zu verkleinern. – Eingabe kann in Zukunft auch über eine nur durch Software auf dem tastempfindlichen Bildschirm erscheinende Tastatur erfolgen.

Mit dem jetzt verfügbaren flachen Bildschirm ist es möglich – im Gegensatz zum voluminösen Fernseher –, sehr kompakte Denkzeuge zu konstruieren; der Bildschirm kann entweder als Deckel oder als frei bewegliche Platte mit drahtloser Kommunikation zum Prozessor realisiert werden. – Hohe Speicherdichten führen dazu, daß gemeinsam mit Slim-Line-Laufwerken außerordentlich kompakte Speicher-Systeme entstehen.

Abbildung 10 zeigt schematisch den Prototyp eines *zukünftigen* Denkzeuges der Mitte der neunziger Jahre. Hier wird von der flachen Bildschirm-Technologie intensiv Gebrauch gemacht, der Bildschirm steht nicht mehr senkrecht, sondern substituiert *liegend* das heute auf dem Schreibtisch befindliche Papier. Ein optischer Massenspeicher erlaubt den Zugang zu *großen* Informationsmengen (Datenbanken, Bildbanken, Expertensystemen). Die externe Kommunikation (z. B. zu Datenbanken) erfolgt bei einem derart fortgeschrittenen Denkzeug entweder über die Spracheingabe oder über den tastempfindlichen flachen Bildschirm.

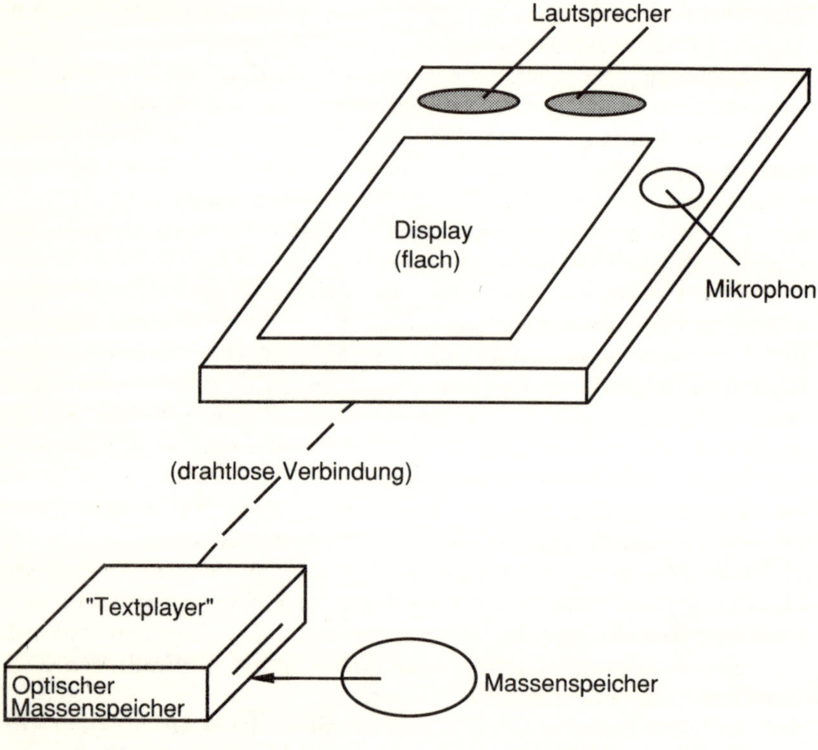

Abbildung 10
Struktur eines zukünftigen Denkzeuges.
Im Vordergrund erkennt man den Textplayer, der den optischen Massenspeicher liest. Mit einer drahtlosen Verbindung wird Information aus dem Textplayer an das flache Display übergeben. Das Display erlaubt es auch, akustische Signale über ein Mikrophon zu verarbeiten und Ausgaben über Lautsprecher zu machen. Textplayer und Display werden durch Batterien oder Solarzellen mit Strom versorgt.

Denkzeuge in verteilten Systemen

Während mit der Erfindung des Mikrocomputers zunächst eine gewisse Euphorie der *autonomen* Rechner begann, wird mehr und mehr erkennbar, daß diese erst bei Nutzung angemessener Infrastrukturen ihre volle Leistungsfähigkeit ergeben. Deshalb wird weltweit an verteilten Systemen (z. B. Bürokommunikations-Systeme, computerunterstützte Produktion) gearbeitet.

Die Grundidee verteilter Systeme stellt **Abbildung 11** dar. Zum einen werden dabei hohe Datenübertragungsraten über *digitale Netze* (das sind Nachrichten-Übertragungsstrecken, in denen die Information in Form von 0-1-Sequenzen transportiert wird und nicht mehr in analoger Form wie z. B. im heutigen Telephonnetz) ermöglicht und zum anderen «intelligente» Vermittlungen aufgebaut, die es gestatten, im Netz Dienste unmittelbar durch den Teilnehmer zu steuern. Hierzu werden im Denkzeug des Teilnehmers alle ausgehenden Informationen digitalisiert, einlaufende Informationen, sei dies nun Sprache, Text oder Bild, müssen ggf. aus digitaler Form in eine analoge Repräsentanz zurückverwandelt werden.

Die Postverwaltungen und die Telekommunikationsindustrie arbeiten *weltweit* an einer Vereinheitlichung der derzeitigen heterogenen Netzstrukturen und hoffen, Ende dieses, Anfang des nächsten Jahrhunderts auf breiter Ebene ein *I*ntegrated *S*ervices *D*igital *N*etwork (ISDN) verfügbar zu haben. In diesem werden Standard-Übertragungsraten von mindestens zweimal 64 kBit/sec auf allen Leistungen möglich sein. Damit ist eine gute Sprach-Qualität und gleichzeitig eine ausreichende Transportgeschwindigkeit für Daten realisierbar. In einem derartigen Netz wird der Teilnehmer in der Regel seinen Zwei-Draht-Anschluß (wie bisher) haben, Glasfaser wird in den Hauptübertragungsstrecken eingesetzt, aber für Spezialanwendungen auch beim Benutzer verfügbar sein.

Die Kommunikation verschiedenartiger System-Strukturen im Netz kann durch das Konzept der *höheren Protokolle* garantiert werden; dies sind Mikroprozessoren und entsprechende Software-Pakete, die die Konvertierung von Nachrichten zwischen inkompatiblen heterogenen Maschinen übernehmen. Schon heute bietet die Bundespost im DATEX-P-Netz derartige Konvertierungs-Routinen, z. B. zwischen einem SIEMENS-Terminal und einer IBM-Maschine an. Solche Leistungen «intelligenter» Netze werden in Zukunft die Kommunikation des Denkzeuges mit sehr unterschiedlichen Systemen verbessern.

Dies gilt insbesondere für den Zugang des Denkzeuges zu

Datenbanken und Informationssystemen. Sie stellen für den Benutzer von verteilten Systemen einen zentralen Baustein dar, sind sie doch die eigentlichen Quellen für Information und neue Prozeduren. Den technischen Aufbau von Datenbanken und Informations-Systemen erläutert **Abbildung 12.** Man muß grundsätzlich bei derartigen Systemen zwischen der logischen und der physikalischen (technisch-elektronischen) Ebene unterscheiden. Für den Benutzer ist nur die logische

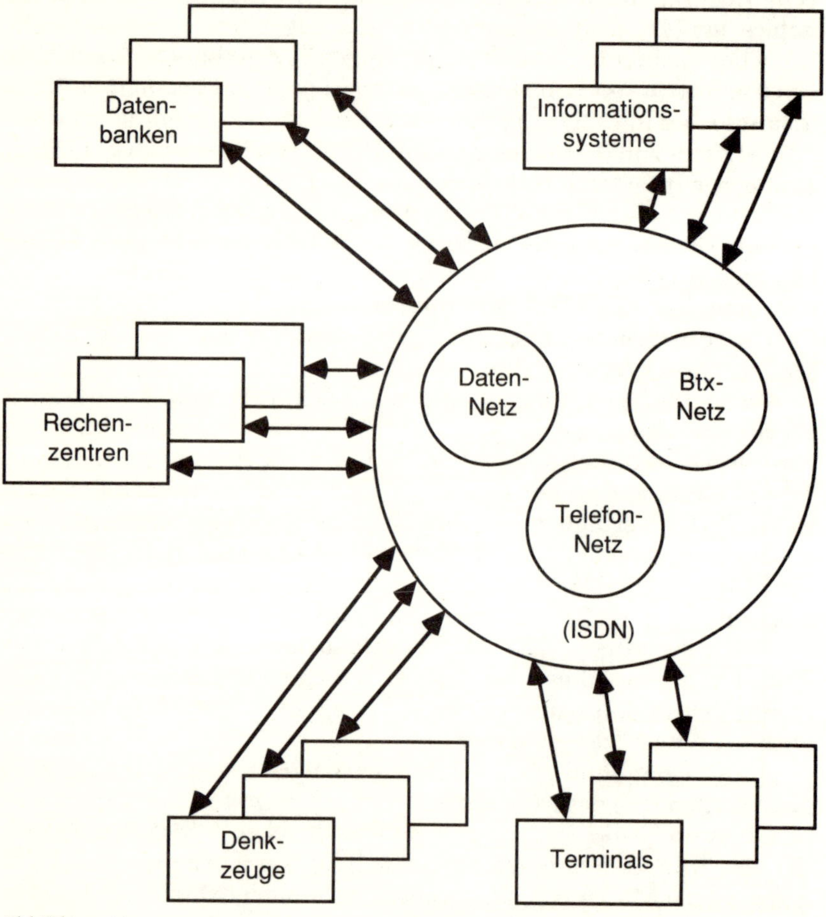

Abbildung 11
Integration der Denkzeuge in moderne Kommunikationsnetze.
Die Darstellung zeigt den Zugang zu Information und Informationsverarbeitungsleistung über telekommunikative Netze. Langfristig wird es sich hierbei um «*I*ntegrated *S*ervice *D*igital *N*etworks (ISDN)» handeln. Z. Zt. sind die Netze noch Hybridstrukturen aus analogen und digitalen Strecken.

Ebene relevant, d. h. er kommuniziert mit dem System über eine problemorientierte Schnittfläche, während die Daten selbst auf den physikalischen Trägern nach einem speziellen Verwaltungsalgorithmus geordnet sind, den aber nur das System intern kennt und nutzt. Schützungswürdige Daten und geschützte Kommunikation können mittels der physikalischen Struktur gesichert werden.

Die schon erwähnten Bürokommunikationssysteme sind typische Ausprägungen verteilter Systeme: Während z. B. Editieren jeglicher Art auf dem Denkzeug (wegen guter Benutzerschnittstelle, schneller Antworten usw.) erfolgt, findet Archivieren, Kommunizieren (im Briefkasten, im Archiv usw.) verteilt zwischen Denkzeug und Zentrale und intensives Rechnen z. B. nur in der Zentrale statt.

Es gibt zur Speicherung grundsätzlich drei Konzepte der Organisation von Information:

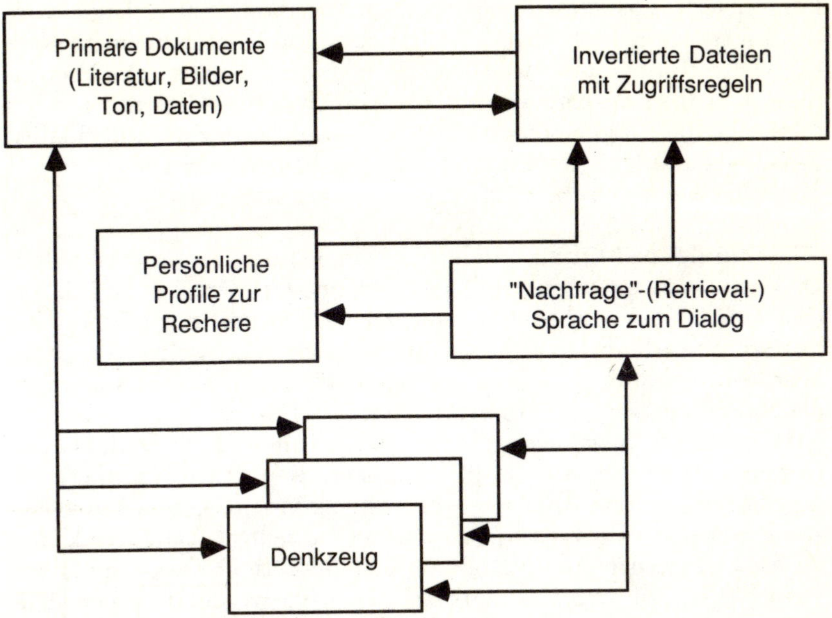

Abbildung 12
Struktur von Literatur-Dokumentationssystemen.
In Literatur-Dokumentationssystemen werden primäre Dokumente gespeichert und in invertierten Dateien die entsprechenden Schlagworte gehalten. Dies erlaubt es, über entsprechende Retrievalsprachen unmittelbar zu den invertierten Dateien und damit schnell zu den Dokumenten zuzugreifen. In persönlichen Profilen kann man Rechercheinteressen ablegen, die dann vollautomatisch ausgewertet und deren Ergebnis dem Benutzer zugeleitet werden.

1. In den *relationalen Datenbanken* wird die Information in Form von Tabellen abgelegt. Man kann in diese Tabellen neue Komponenten leicht einfügen und relativ schnell gezielt zu einzelnen Eintragungen zugreifen. Die Anordnung ist aber starr.

2. In *hierarchischen Datenbanken* werden die einzelnen Eintragungen hierarchisch miteinander verknüpft. Dadurch hat man die Möglichkeit, Zusammenhänge zwischen verschiedenen Bereichen unmittelbar darzustellen. Beim Abbildungsprozeß von Information in solchen Banken kommt es darauf an, alle Beziehungen in eine hierarchische Form zu bringen. Beim Suchen von Information kann man sich entlang der entstehenden Baumstruktur «vorhangeln» und damit Zusammenhänge unmittelbar erkennen.

3. *Vernetzte Datenbanken* bieten die Möglichkeit, auch sehr komplizierte Zusammenhänge unmittelbar darzustellen. Die einzelnen Eintragungen erhalten den Charakter von Knoten in einem Netz mit vielen Kanten, die jeweils eine Beziehung darstellen. Die Verwaltung derartiger Systeme ist außerordentlich aufwendig; andererseits bieten sie die Möglichkeit, auch sehr komplizierte Zusammenhänge direkt abzubilden. Vernetzte Datenbanksysteme werden heute vor allem in wissensverarbeitenden Systemen genutzt.

Ein Beispiel für ein modernes Datenbanksystem mit verteilten Datenbankanwendungen auf Denkzeug und Großrechner ist IM/DM (Batelle/CDC). Es arbeitet mit hierarchischen und mit relationalen Strukturen, erlaubt sowohl die Suche nach Schlüsselworten (bzw. Wortkombinationen) als auch das Suchen in freien Texten. Innerhalb des Systems erlaubt ein besonderes Modul (IM/Personal) das direkte Arbeiten mit dem Denkzeug: Daten werden aus einer Datei des Großrechners übertragen und im PC für Listen, Reports usw. aufbereitet. Bei der Eingabe und Änderung von Daten können diese im Denkzeug zunächst überprüft werden, bevor sie an die zentrale Datenbank weitergegeben werden. Hier verbinden sich die Vorteile des persönlichen Denkzeuges (sofortiges Überprüfen, Ändern usw.) mit denen des zentralen Großrechners (große Speicher- und Rechenkapazität).

Bei Informationssystemen werden alle Dokumente in der Regel mit entsprechenden Schlüsselworten kenntlich gemacht, entweder durch spezielle Auszeichnung oder durch automatische Analyse von Titel und Zusammenfassung. Diese Schlüsselworte werden in Datenbanken gemeinsam mit einem Verweis auf das Dokument abgelegt. Beim Recherchevorgang durchsucht ein Rechner diese Schlüsselwortdateien und registriert die Adressen relevanter Dokumente. Durch einen automatischen Abgleich von Adressen ist es möglich, auch komplizierte Suchfragen zu beantworten und nur die durch eine geeignete Schlüsselwortkombination ausgewiesenen Dokumente zu finden und dem Benutzer vorzulegen. Einen typischen Dialog mit einem Informationssystem zeigt **Tabelle 3.**

Ein spezielles Informations-System stellt das Bildschirmtext-System (Btx, international «Interactive Videotext» genannt) der Deutschen Bundespost dar. **Abbildung 13** gibt einen Überblick über die technische Struktur des Systems. Es besteht im wesentlichen aus drei Komponenten:

Einstieg in Informationssystem:

Bitte Suchfrage eingeben:

1 Mikrocomputer
5371

2 private Anwendungen
337

3 1 UND 2
122

4 Spiele
587

5 1 UND 4
331

6 AUSGABE

Abel, C.: Schach auf Mikrocomputern (Zitat, Zusammenfassung)

Tabelle 3
Typischer Dialog in der Recherche in einem Literatur-Informationssystem.
Die Suchfrage wird über Schlagworte eingegeben und eingegrenzt. Vom Literatur-Dokumentationssystem wird die Zahl der Dokumente ausgegeben, in denen dieses Schlagwort eine Rolle spielt. Durch Kombination und Eingrenzung der Schlagworte gelingt es, die Zahl der Dokumente zu reduzieren und schließlich zu einer Ausgabe zu kommen. Fett gedruckt sind im Dialog jeweils die Ausgaben des Computers.

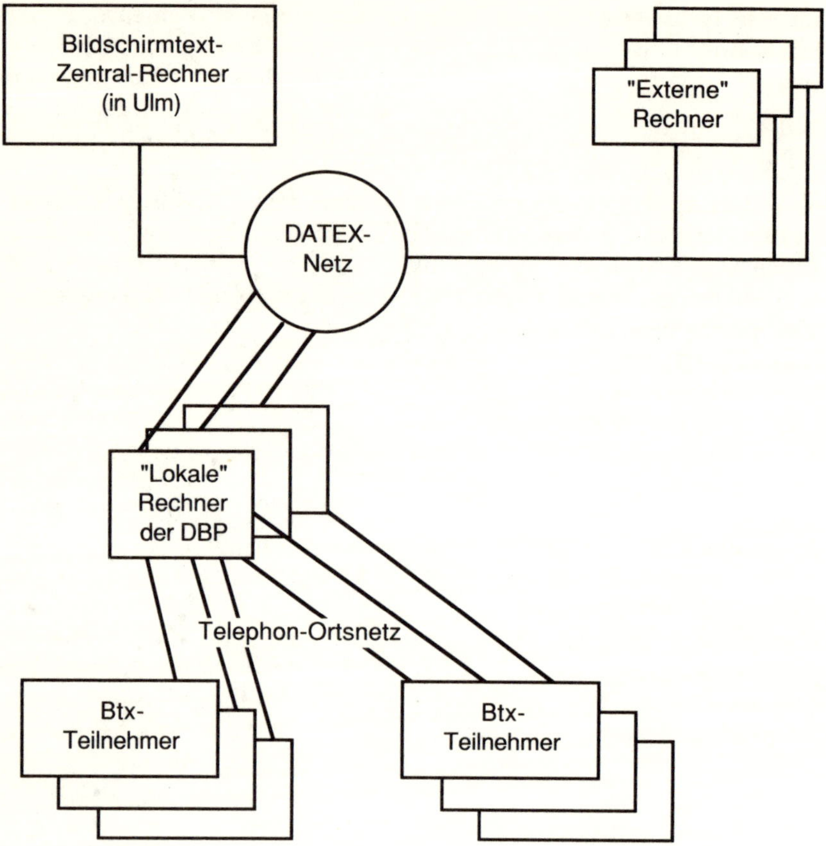

Abbildung 13
Struktur des Bildschirmtextsystem der Deutschen Bundespost.
Es handelt sich im wesentlichen um ein verteiltes Rechnersystem, bei dem die Bundespost den Bildschirmtextrechner in Ulm und lokale Rechner betreibt, in denen jeweils dezentral aktuelle Information gespeichert wird. Die Information wird dynamisch an die lokalen Zentren gegeben, die einen besonders häufigen Zugriff zur Information aufweisen. Als zweite Komponente im Bildschirmtextsystem sind die *externen Rechner* zu sehen, die über das Datexnetz unmittelbar dem Bildschirmtextnutzer verfügbar sind. Die innere Organisation von Strukturen im externen Rechner wird im wesentlichen dem Anbieter überlassen.

1. Dem *Btx-Teilnehmer-End-Gerät* (welches ein Denkzeug sein kann),

2. dem System *Post-eigener Rechner,* in denen im wesentlichen Bildschirmtext-Seiten «aufgehängt» werden können, die der Benutzer frei abrufen oder laden kann (Telesoftware), und

3. dem System *Externer Rechner,* in denen beliebige Anbieter im Btx «Dienste» anbieten können.

Durch die starre (baumartige) Verknüpfung der Seiten im Bildschirmtext-Angebot kann sich der Postrechner nur von Hierarchie zu Hierarchie weiterbewegen, wenn er nicht die direkte Adresse einer Seite kennt (**Abbildung 14**). In den externen Rechnern ist es jedoch möglich, auch «elegante» Direktzugriffe zu Informationen und zu Dienstleistungen zu organisieren. Dies geschieht dadurch, daß man dort Software-Systeme verfügbar macht, die den direkten Dialog mit dem Benutzer gestatten. Beispielhaft läßt sich das am *Home-Banking* darstellen: Der Benutzer kann dabei über sein Denkzeug unmittelbar auf den Bankenrechner und in diesem direkt auf sein Konto zugreifen. Er kann von seinem Konto Überweisungen vornehmen oder unter Benutzung der Postüberweisung sogar von zu Hause Bargeld ordern. Technisch ist dabei wichtig, daß es heute durch mehrere Vorkehrungen gelingt, den Zugang zum Bankcomputer – und zu anderen Systemen – derart sicher zu machen, daß ungewünschte oder gar kriminelle Zugänge ausgeschlossen sind. Im wesentlichen wird hierfür eine dreistufige Sicherheitshierarchie genutzt: *Erstens* prüft das System die Benutzerkennung, mit der der Teilnehmer das Bildschirmtextsystem anwählt; *zweitens* wird beim Zugang zum Bankenrechner eine persönliche Identifikationsnummer gefordert, die mit der Benutzerkennung im Bildschirmtextsystem harmonieren muß; *drittens* muß der Benutzer *für jede* Transaktion im Bankcomputer im Besitz einer geeigneten Transaktionsnummer sein, die über einen Zufallszahlengenerator automatisch im Rechner erzeugt und über einen Ausdruck *nur* an den Benutzer verteilt wird. Ferner wird sichergestellt, daß der Benutzer bei Fehloperationen, die durch falsche Identifikationen entstehen, die Verbindung zum Bankcomputer verliert. – Durch derartige mehrschichtige Sicherheitsanordnungen ist jeder illegale Zugang zu Konten praktisch ausgeschlossen, die Schwachstelle in solchen Systemen bleibt in der Regel der «verantwortliche», «vertrauensvolle» Mensch, der zum Kriminellen werden kann, wenn er Codes und Identifikationen verrät.

Interessant ist im Bildschirmtextsystem die Nutzung von Datenbanken, die z. B. Informationen über Konsumwaren bereitstellen. So

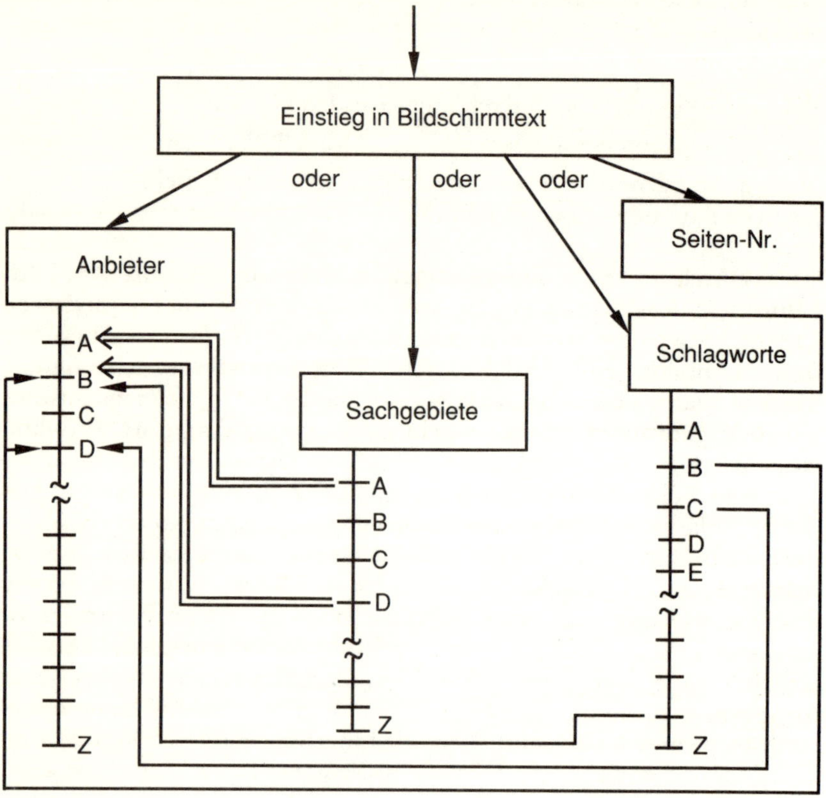

Abbildung 14
Suchbaum im heutigen Bildschirmtextsystem.
Es gibt grundsätzlich vier Einstiege in das BTX-System: über Anbieter, über Sachgebiete und über Schlagworte, die jeweils alphabetisch geordnet sind, sowie über den Direktzugriff zur einzelnen Seite über die Seitennummer. Aus den Sachgebieten und den Schlagworten wird man im BTX auf die Anbieter verzweigt, innerhalb derer die betreffenden Angebote zu finden sind. Die Anbieter bestimmen selbst die Anbindung, dies führt manchmal zu falschen Verweisen.

hat die Firma compUcard zunächst in den USA und mittlerweile in einigen europäischen Ländern Datenbanken aufgebaut, in denen die Hersteller von Konsumwaren ihre Produkte und die aktuellen Preise unmittelbar eingeben können. In diesen Datenbanken kann – wie in einem Informationssystem – nach mehreren Kriterien gleichzeitig gesucht werden. So kann man z. B. fragen, welche Küchenherde mit drei Platten in der Preisklasse von 300 bis 400 DM angeboten werden. Im System sind viele Herde gespeichert, aus denen die relevanten ausgesucht und auf dem Bildschirm ausgegeben werden. CompUcard erlaubt dem Benutzer dann die unmittelbare Bestellung beim Hersteller. (Der ökonomische Vorteil dieses «elektronischen Marktplatzes» ist nicht uninteressant, die Preise liegen im System ca. 10% bis 20% unter den Ladenpreisen, da der gesamte Handel entfällt!)

Im kommerziellen Bereich ist die Kombination von Denkzeug und Bildschirmtextsystem deshalb attraktiv, weil die Datenübertragungskosten im Bildschirmtextsystem ziemlich moderat sind (im Mittel z.Z. ca. DM 1,75 pro Stunde). So gibt es mehr und mehr Unternehmen, die wichtige unternehmensinterne Information im Bildschirmtext in «geschlossenen Benutzergruppen» verfügbar machen. Dazu wird im System ein Code vereinbart, der den Zugang zu einem bestimmten Bereich des Bildschirmtextsystems gestattet, ohne daß «Fremde» dort eindringen können.

Die Deutsche Bundespost ist jetzt dabei, durch preiswerte Endgeräte, die den Charakter eines erweiterten Telephons haben (Telephon plus Bildschirm), den ersten Einstieg in ein Persönliches Informations- und Telekommunikations-System voranzubringen. Damit folgt sie Strategien, die in Frankreich bereits zu ca. 2 Millionen Teilnehmern (Winter 87) am Minitel (dem französischen Btx) geführt haben.

Natürlich kann man die *Kommunikation* im Bildschirmtextsystem auch für den computerunterstützten Unterricht nutzen. Sehr einfache Strategien (wie z.B. Informationsangebot oder Übungen) können im Prinzip auch in der Technologie der Bildschirmtext-Zentralen realisiert werden (Menü-Steuerung). Will man jedoch leistungsfähige Lehr-Strategien implementieren, so benötigt man einen externen Rechner. Dieser muß in der Lage sein, mit einer größeren Zahl von Teilnehmern simultan zu kommunizieren, und ausreichende Courseware verfügbar halten. Er kann dann als relativ preiswertes «Fernlehr-System» fungieren, entweder indem der Lernende sein Denkzeug als Terminal nutzt und mit der Courseware im externen Rechner kommuniziert oder aber durch ein «Überspielen» der Courseware aus der Zentrale in das Denkzeug (Tele-Software) und eine darauf folgende lokale Abarbeitung.

Ein besonderer Vorteil von PLATO ist die Option der Tele-Software, die man aus dem zentralen Rechner über das telekommunikative Netz herunterladen und dann im eigenen Rechner ohne weitere Datenübertragung bearbeiten kann. Häufig spielt sich also computerunterstützter Unterricht technisch derart ab, daß zunächst der Zentralrechner angerufen wird und man sich von ihm einen entsprechenden Abschnitt der Courseware über die Datenleitung übertragen läßt. Die eigentliche Interaktion mit der Courseware wird im eigenen Denkzeug abgewickelt. In Fällen, wo große Verarbeitungsleistungen gefordert werden, die im Denkzeug nicht verfügbar sind, muß man die Kommunikation mit dem PLATO-Großrechner wieder aufnehmen. Gleiches gilt, wenn z. B. durch eine Anweisung in einer Computer Managed Instruction eine andere, noch nicht geladene Courseware aufgerufen werden muß oder wenn Software aufgerufen wird, die prinzipiell nur auf dem Zentralrechner ablaufen kann (z. B. Simulationen auf mehreren Terminals).

Ähnliche Lehrsysteme, die von vielen Benutzern gleichzeitig verwendet werden können, bieten andere große Hersteller in Time-Sharing-Computern, an die viele Terminals angeschlossen sind, an. Es gibt insbesondere eine Reihe von Spezial-Entwicklungen (z. B. das System «Computerunterstützter Unterricht Lufthansa, CUL»), bei denen der Zentralrechner für CUU neben anderen Dienstleistungsfunktionen genutzt wird.

Insgesamt läßt sich abschließend festhalten, daß in verteilten Systemen die Möglichkeit besteht,
- *erstens* zentrale Rechen-Leistungen,
- *zweitens* in den Zentralen verfügbare Information inklusive gespeicherter Programme und
- *drittens* für elektronische Post zwischen Teilnehmern zu nutzen.

Wichtig bei allen derartigen Systemen ist die Kompatibilität des Denkzeuges mit den verschiedenen System-Komponenten.

Programmiersprachen

Soll mit dem Denkzeug ein Problem gelöst werden, so ist es in aller Regel notwendig, daß dieses Problem *vorher* von Fachleuten und Systemanalytikern angegangen und die Problemlösungsstrategie nach einer systematischen Betrachtung als Programm auf dem Rechner implementiert wurde. In der Systemanalyse wird die Klasse der betreffenden Probleme herausgefunden, es wird ggf. auf vorhandene Softwaresysteme zurückgegriffen, und es wird der Versuch gemacht, eine möglichst effiziente Abbildung des Problemlösungsweges auf dem Rechner zu finden. Alle diese Arbeiten erfolgen in der Regel bereits mit begrenzter Unterstützung des Rechners.

Nachdem ein Problem weitgehend durchschaut und die Problemlösung z. B. in Form eines Flußdiagramms (**Abbildung 15**)

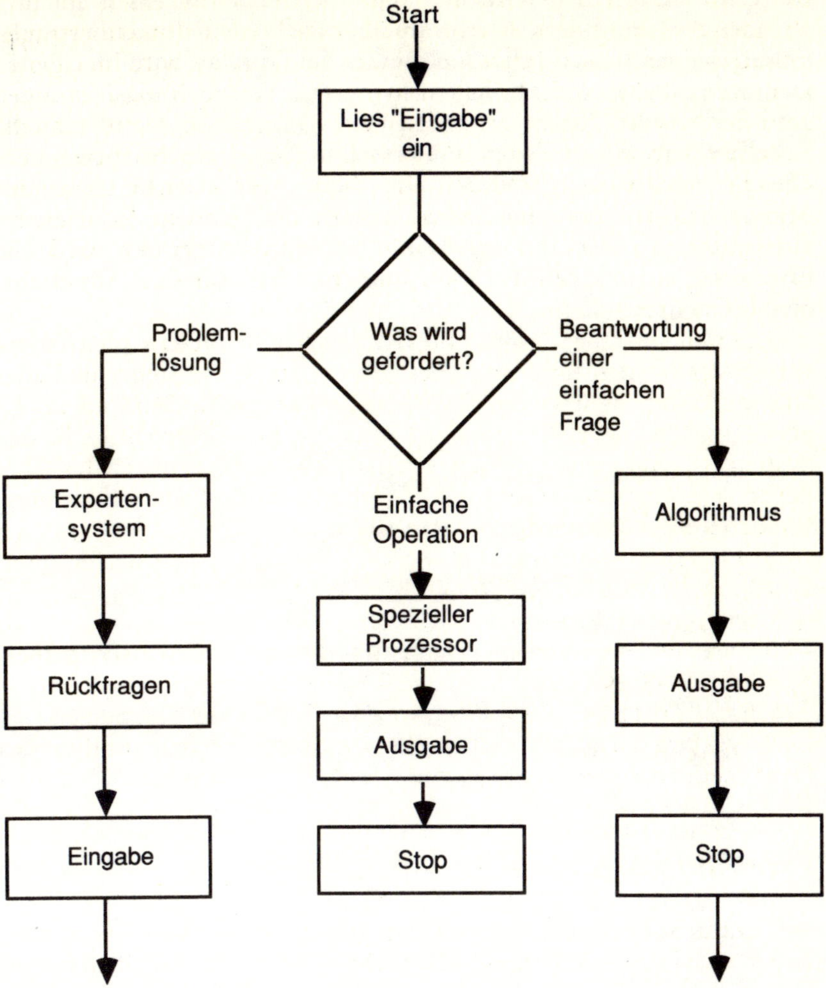

Abbildung 15
Beispiel für ein Flußdiagramm.
Viereckige Kästen zeigen jeweils Aktivitäten, die auszuführen sind. Mit Rauten werden Entscheidungen abgebildet. Flußdiagramme sind in der Regel von oben nach unten in Pfeilrichtung zu lesen.

niedergelegt ist, muß das so gefundene Konzept auf den Rechner übertragen (implementiert) werden. Hierzu steht eine große Mannigfaltigkeit von Programmiersprachen zur Verfügung. Es sind dies im Vergleich zu natürlichen Sprachen relativ einfache syntaktische und semantische Strukturen, die es erlauben, ein Problem derart zu spezifizieren, daß ein maschineller Übersetzer die Problem-Spezifikation in mehreren Stufen bis in ein Mikroprogramm übersetzt, welches schließlich vom Prozessor im Rechner ausgeführt werden kann. **Tabelle 4** zeigt ein im Programmiersystem BASIC geschriebenes Programm, welches eine Problemlösung gemäß **Abbildung 15** implementiert. *Programmiersysteme* umfassen neben der eigentlichen Programmiersprache auch noch eine Reihe von Hilfsmitteln («Tools») zur Erstellung, Korrektur («Editor») und zum Austesten von Programmen («Debugger»).

```
10 INPUT «Bitte Eingabe machen», $EINGABE

20 IF $EINGABE = «Frage» THEN GOTO 100

30 IF $EINGABE = «Problemlösung» THEN GOTO 200

40 FOR I = 1 TO END
50 REM TUE EINFACHE OPERATION
60 NEXT I
70 STOP

100 FOR I = 1 TO END
110 REM BEANTWORTE FRAGE
120 NEXT I
130 PRINT «Lösung»
140 STOP

200 FOR I = 1 TO END
210 REM RUFE EXPERTENSYSTEM AUF
220 INPUT «Neue Eingabe», $EINGABE
230 NEXT I
240 STOP
```

Tabelle 4
Syntax eines typischen Basic-Programms.
Das Programm lehnt sich an das obige Flußdiagramm an; dort ist ein allgemeiner Ablauf dargestellt, der hier nur ansatzweise implementiert wird. Die Aufrufe der entsprechenden Teilsysteme sind hier nur als Kommentare (REM) dargestellt; das Programm ist in der hier vorliegenden Form deswegen nicht lauffähig. Fett sind die Anweisungen in BASIC dargestellt.

Seit Beginn technischer Informationsverarbeitung wird darüber diskutiert und wissenschaftlich gearbeitet, ob es möglich ist, eine *generelle* Sprache einzuführen, die es – ähnlich wie die natürliche Sprache – erlaubt, *alle* Probleme auf dem Rechner zu implementieren. Eine derartige «allgemeine Programmiersprache» ist bisher nicht gefunden worden. Sie wird auch von vielen Informatikern als nicht sinnvoll angesehen, da sie zum einen das Problem der Mehrdeutigkeit natürlicher Sprachen klären müßte und zum anderen eine Implementation auf dem Computer relativ ineffizient wäre.

Zur Zeit benutzen wir zur Lösung von Problemen auf Rechnern und Denkzeugen im wesentlichen *problemorientierte Sprachen,* (z.B. für Mathematik, Literatur, Prozessorkontrolle, Graphik): zum einen die «alten» Sprachen der *dritten Generation,* das sind Sprachen aus den fünfziger, sechziger und siebziger Jahren, bei denen der Programmierer das Problem Zeile für Zeile spezifiziert und an den Rechner übergibt. Zum anderen gibt es seit Anfang der achtziger Jahre Sprachen der «vierten Generation», bei denen der Problemlösende nicht mehr das «Wie» der Problemlösung Zeile für Zeile, sondern nur das «Was» (geführt werden soll) am Bildschirm an den Rechner übergibt.

Im folgenden wollen wir uns etwas ausführlicher zunächst den «alten» Programmiersprachen der dritten Generation und dann den neuen Ansätzen der vierten Generation zuwenden. (Die Zählung stammt daher, daß man zunächst Rechner in der internen digitalen Repräsentanz von Programmen programmieren mußte (1. Generation = Maschinensprache) und dann symbolische Adressen nutzte (2. Generation = Assembler), darauf folgten die problemorientierten Programmiersprachen als «dritte Generation».)

1. *Programmiersprachen der dritten Generation* sind im wesentlichen *problemorientierte* Syntax- und Semantik-Strukturen. Insgesamt gibt es weltweit einige 160 bis 190 derartige Programmiersprachen mit zum Teil zahlreichen «Dialekten». In der Praxis hat sich allerdings nur eine sehr kleine Gruppe von Programmiersprachen als relevant herausgestellt. Man kann diese nach der Klasse der zu lösenden Probleme ordnen: Im Bereich *mathematisch-naturwissenschaftlich-ingenieurwissenschaftlicher* Probleme wird überwiegend mit FORTRAN, BASIC, ggf. mit PASCAL und der Sprache C gearbeitet. Neuerdings setzt sich die Sprache ADA die vom amerikanischen Verteidigungsministerium als Spezifikationssprache gefordert wird, in diesem Bereich durch.

Im Anwendungsfeld kommerzieller Problemlösungen ist ein großer Teil der Programme in COBOL und BASIC geschrieben. Hier sind neuere Anwendungen auch in PASCAL implementiert. – Um Prozesse zu steuern – z. B. in der «vollautomatischen Fabrik», aber auch in Expertensystemen –, werden unter anderem benutzt: Prozeß-BASIC, Prozeß-FORTRAN, PEARL, ADA, LISP. (Jedes Wort steht in der Regel als Abkürzung für eine – längliche – Bezeichnung der Sprache.) Jeder Benutzer eines Denkzeuges muß, wenn *er selbst* eine Problemlösung auf seinem Denkzeug abbilden will, die Elemente und Funktionen der Programmiersprache erlernen. In der Regel wird er beim Programmieren vom Rechner durch zahlreiche Hilfen unterstützt.

Wie in **Tabelle 4** erkennbar, gibt es in jeder Programmiersprache eine Reihe «eingebauter» Syntax-Elemente, die als Befehle an den Rechner genutzt werden (z. B. INPUT oder FOR I = 1 TO END). Normale BASIC-Programmier-Systeme umfassen z. B. einen Vorrat von ca. 120 Befehlen, um Algorithmen und Daten zu implementieren. Zu diesen kommen noch Kontrollstrukturen zur Bearbeitung und zum Betrieb von Programmen (z. B. die Anwendungen RUN, LIST).

Ähnliche Strukturen finden sich bei allen Sprachen, allerdings mit großen Unterschieden bezüglich der Explizität von Programmier-Konzepten und der Art, wie Programme strukturiert und dokumentiert werden. Gerade im Hinblick auf die letzten beiden Aspekte ist BASIC ein besonders schlechtes Beispiel, obwohl diese Sprache seit ca. 1965 weltweit intensiv genutzt wird! In BASIC ist es schwierig, abgeschlossene Programmierteile zu strukturieren und diese übersichtlich zu dokumentieren. Ferner enthält BASIC einen Befehl GOTO, der es erlaubt, in einem Programm «beliebig» hin- und herzuspringen; dadurch geraten in der Praxis viele Programme außerordentlich unübersichtlich.

Moderne Programmier-Konzepte, wie z. B. PASCAL (aus den siebziger Jahren) oder ADA (aus den frühen achtziger Jahren) versuchen diese Fehler zu vermeiden. Hier wird der Programmierer gezwungen, seine Strukturen explizit darzustellen und angemessen in abgeschlossenen Modulen zu konzentrieren.

Größter Wert muß bei jeder Programmierung auf eine sorgfältige Dokumentation der Programme gelegt werden. D. h., in die Folge der von der Maschine zu bearbeitenden Befehle sind entsprechende Kommentarzeilen einzufügen. Bei einer guten und vollständigen Dokumentation kann auch ein Laie, der die Programmiersprache nicht im Detail beherrscht, den Fluß des Programms verstehen und die einzelnen Module bewerten. (Allerdings ist es für eine sorgfältigere Analyse eines Programms immer notwendig, auch die eigentlichen Befehle lesen und verstehen zu können.)

Dies ist allerdings auch nicht zu schwierig, da das Erlernen einer Programmiersprache ein *sehr* viel einfacheres Problem ist als der Erwerb einer Fremdsprache. Schon die Zahl der Befehle («Worte») und die geringe Zahl grammatikalischer Regeln weisen auf gravierende Unterschiede zu natürlichen Sprachen hin. – In der Regel kann man davon ausgehen, daß ein Laie in der Lage ist, eine Programmiersprache der dritten Generation in seinem Arbeitsgebiet in ca. 8–10 Tagen zu erlernen. Er beherrscht dann die Grundkonzeption und kann einfache Programme schreiben. Es bedarf danach natürlich ausreichend vieler Übung, um mit diesen Grundkenntnissen eine perfekte «Programmierkunst» zu entfalten.

2. Bei den *Programmiersprachen der vierten Generation* wird bei der Erstellung der Problemlösung im wesentlichen vom Prinzip «What you see is what you get» ausgegangen. D. h., der Anbieter des Programmiersystems spezifiziert anstelle einzelner syntaktischer Befehle eine menüartige Struktur von Optionen, die der Benutzer am Bildschirm aufrufen kann. Jede Option enthält leistungsfähige Programme, die gemischt werden können. Dies kann entweder über eine direkte *Menü*auswahl erfolgen oder aber durch eine sogenannte *Fenster*technik, in der man jeweils ein passendes Fenster öffnet, in dem die entsprechenden Prozeduren in Form von Symbolen angeordnet sind (**Abbildung 16**) und gezielt aufgerufen und bereitgestellt werden.

Diese Endbenutzer-Programmiersprachen versuchen also, die Programmierung dadurch *sehr* zu erleichtern, daß man auf dem Bildschirm jeweils Angebote macht, die der Benutzer «geschickt» nutzen muß. Dazu braucht er selbstverständlich ein Konzept dessen, was als Problemlösung realisiert werden soll. Die gesamte Problemanalyse muß natürlich *weiterhin* vom Benutzer durchgeführt werden, danach braucht er sich aber um das detaillierte «Wie» («Wie» im Sinne der Programmiersprachen der dritten Generation) *nicht* mehr zu kümmern, er braucht sich nur auf das «Was» zu konzentrieren.

Es gibt – leider – auch bei den Programmiersprachen der vierten Generation keine allgemein verbindliche Syntax und Semantik. Vielmehr sind auch hier für verschiedene Bereiche unterschiedliche Strukturen entwickelt worden. Im Vordergrund standen natürlich die Massenmärkte der *Büroarbeiten* und einfacher *Kalkulationsprogramme*. – So können heute z. B. die gesamten Finanzdaten eines kleineren bis mittleren Unternehmens auf einem persönlichen Computer abgebildet und zur Bilanz zusammengefaßt werden, *ohne* daß der Benutzer *irgendwelche* Programmierungskenntnisse braucht.

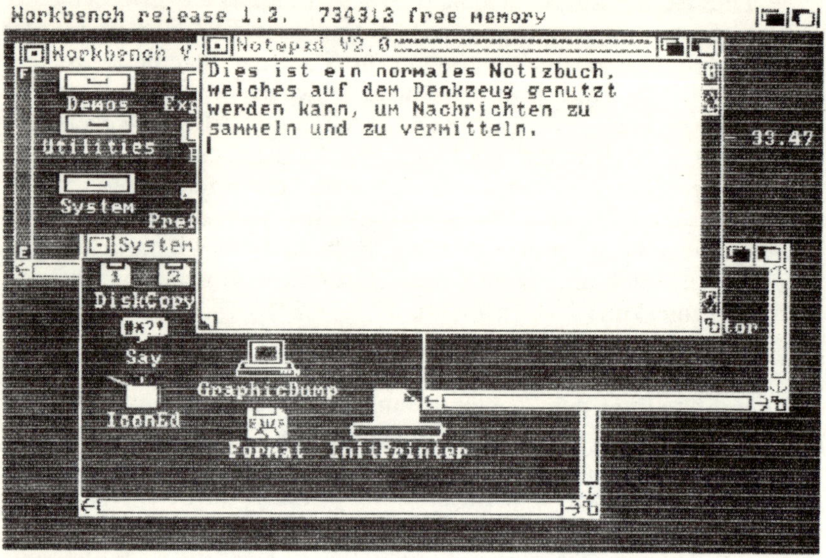

Abbildung 16
Fenstertechnik auf dem Commodore/Amiga.
Auf dem Bildschirm sind vier sogenannte Fenster zu erkennen, die übereinander gelagert liegen. Man kann auf der Bildschirmoberfläche den Cursor (blinkender Bildpunkt) bewegen und z. B. an die linke obere Ecke eines Fensters führen. Durch Anklicken mit einem Knopf an der Maus läßt sich das betreffende Fenster schließen (vom Bildschirm löschen). Es ist ferner möglich, die Fenster zu verschieben und hintereinander zu legen. Man kann sich das ganze wie einen Schreibtisch vorstellen, auf dem mehrere Blatt Papier übereinanderliegen und wo die Möglichkeit besteht, jeweils das aktuelle Papier nach oben zu holen.

Abbildung 17 zeigt als Beispiel eine derartige Finanzwirtschaft mit dem Programm MULTIPLAN von der Fa. Microsoft. Im Grundmenü steht dem Benutzer eine Reihe von Optionen zur Verfügung, die er aus den am unteren Bildschirmrand angezeigten zugehörigen Bezeichnungen auswählen kann. Entscheidet er sich z. B. für die Eingabe (durch Drücken der Taste E), so erlaubt ihm das System, Kolonnen oder Spalten in die auf dem Bildschirm dargestellten Tabellen unmittelbar einzufügen (**Abbildung 18**). – Hat der Benutzer sein Zahlenwerk sinnvoll auf dem Bildschirm geordnet, so kann er vielerlei Verknüpfungen zwischen allen Daten in Form von Formeln eingeben, deren Ergebnis auf einem festzulegenden Tabellenplatz abgespeichert werden kann. Z. B. läßt sich die Summe einer Spalte bilden, indem

```
-1      1        2        3        4        5        6        7
  1
  2
  3
  4
  5
  6
  7
  8
  9
 10
 11
 12
 13
 14
 15
 16
 17
 18
                                   TEMP
BEFEHL: Text Ausschnitt Bewegen Druck Einfügen Format Gehezu Hilfe Kopie Löschen
 Name Ordnen Pfad Quitt Radieren Schutz übertragen Verändern Wert Xtern Zusätze
Wählen Sie bitte eine Option oder geben Sie deren Anfangsbuchstaben ein!
Z1S1                                100% frei     Multiplan: TEMP
```

Abbildung 17
Grundstruktur im Tabellen-Kalkulationsprogramm MULTIPLAN.
Man blickt auf die (leere) Tabelle in MULTIPLAN, von der hier die ersten 18 Zeilen und 7 Spalten zu sehen sind. Am unteren Rand der Tabelle wird der Name angezeigt; hier TEMP für «temporär». Darunter findet sich die Liste der möglichen Befehle. In der vorletzten Zeile gibt das System eine Anweisung, was man in dieser Situation tun soll. Das «100 % frei» heißt, daß z. Z. noch in der Datei der gesamte Platz verfügbar ist.

```
-1            1                 2               3            4         5
  1
  2         . 1985
  3   Kostenstelle 130
  4                      Kapazitaetsgr.  Personalbedarf
  5             Januar :          30,00           21,00
  6            Februar :          32,00           25,00
  7              Maerz :          31,00           29,00
  8              April :          30,00           28,00
  9                Mai :          30,00           25,00
 10               Juni :          32,00           28,00
 11               Juli :          35,00           30,00
 12             August :          40,00           32,00
 13          September :          32,00           30,00
 14            Oktober :          30,00           31,00
 15           November :          30,00           28,00
 16           Dezember :          30,00           26,00
 17
 18
                            KST130.MPD
BEFEHL: Text Ausschnitt Bewegen Druck Einfügen Format Gehezu Hilfe Kopie Löschen
 Name Ordnen Pfad Quitt Radieren Schutz übertragen Verändern Wert Xtern Zusätze
Wählen Sie bitte eine Option oder geben Sie deren Anfangsbuchstaben ein!
Z17S3                               100% frei     Multiplan: KST130.MPD
```

Abbildung 18
Tabellen-Kalkulationsprogramm MULTIPLAN.
In dieser Abbildung sind jetzt Daten in die Tabelle eingetragen. Das System steht wieder im Grundmenü. (Da nur eine sehr kleine Zahl von Daten eingegeben wurde, ist die gesamte Speicherkapazität immer noch praktisch 100 %.)

man eingibt: *Summe (obere Zeile : untere Zeile)*. Diese Formel findet er auch jederzeit in der aktuellen Hilfe-Datei, die das System jederzeit zur Verfügung stellt.

Mit diesem Verfahren ist es leicht und ohne Programmierkenntnisse möglich, alle relevanten Prozeduren, die sich auf die Zahlen in Zeilen und Spalten beziehen, zu definieren und die entsprechenden Werte in der Tabelle abzubilden.

Neben diesem – für Denkzeuge besonders brauchbaren – Ansatz des «What you see is what you get» gibt es unter dem Schlagwort der «Programmiersprachen der vierten Generation» weiterhin einige Sprachen mit *expliziter* Syntax und Semantik, die man ähnlich lernen muß wie die Programmiersprachen der dritten Generation. Im Unterschied zur dritten Generationssprache wird allerdings auch bei diesen vom Problemlöser nicht mehr der eigentliche Prozeß abgelegt, sondern nur die relevanten Eingaben bereits vorhandenen Prozeduren zugewiesen. Das Programmiersystem bringt also selber Eigenschaften mit, die es erlauben, aus diesen Daten Konsequenzen zu ziehen. Eine derartige Programmiersprache ist z.B. PROLOG; ein kleines PROLOG-Programm findet sich in **Abbildung 19.**

```
?-  op(10,yfx,  ^).
?-  op(9,fx, ~).
d(X,X,1)  :-  !.
d(C,X,O)  :-  atomic (C).
d(~U,X,~A)  :-  d(U,X,A).
d(U+V,X,A+B)  :-  d(U,X,A),  d(V,X,B).
d(U-V,X,A-B)   :-  d(U,X,A),  d(V,X,B).
d(C*U,X,C*A)  :-  atomic (C),  C \ =  X,  d(U,X,A),  !.
d(U*V,X,B*U+A*V)  :-  d(U,X,A),  d(V,X,B).
d(U/V,X,A)  :-  d(U*V^(~1),X,A).
d(U^C,X,C*U^(C-1)*W)  :-  atomic (C),  C\ =  X,  d(U,X,W).
d(log(U),X,A*U^(~1))  :-  d(U,X,A).
```

Abbildung 19
Beispiel eines PROLOG-Programmes.
Dieses Prolog-Programm spezifiziert die notwendigen Regeln zur mathematischen Ableitung von Funktionen. Die Abarbeitung des Programms wird in PROLOG automatisch durch ein “Forward-Chaining” vorgenommen, d. h., es werden die Regeln nacheinander abgearbeitet und die jeweils relevanten Regeln genutzt.

Bereits «jenseits» der Programmiersprachen vierter Generation liegen die zur Entwicklung von Expertensystemen konzipierten *Software-Shells*. Bei diesen hat der Benutzer unmittelbar die «leere» Grundstruktur eines wissen-oder-regelbasierten Expertensystems vor sich. In einem vom Rechner gesteuerten Dialog kann der Benutzer das Wissen einer «Mikrowelt» und die dort gültigen Regeln in den Rechner eingeben. Dieser generiert dann ein spezifisches Expertensystem in der Domäne, in der der Benutzer arbeiten will.

Regeln werden dabei häufig in Form sogenannter *Produktionen,* das sind Wenn-Dann-Beziehungen, abgelegt. *Wissens-Basen* bestehen häufig aus semantischen Netzwerken, das sind Beziehungen zwischen Begriffen, die in Form eines Netzwerkes im Rechner abgebildet werden.

Dieser kleine Ausblick in moderne Programmiersysteme zeigt, wo die Programmierung von Denkzeugen hingeht – weg von der Detailprogrammierung und hin zu einer Eingabe von Wissen und Prozeduren, ohne daß der Benutzer eine spezifische Syntax und Semantik einer Programmiersprache kennen muß!

Derartige Trends sind für die Weiterentwicklung technischer Informations-Verarbeitung *unabdingbar.* Die Vorstellung, daß alle Endbenutzer etwa ihre Probleme in ADA, PASCAL oder BASIC lösen werden, ist völlig unrealistisch! Zum einen ist der Programmieraufwand in den Sprachen der dritten Generation außerordentlich hoch (man geht davon aus, daß auch ein erfahrener Programmierer pro Tag nicht mehr als ca. 10 Zeilen eines *wirklich neuen* Programms produziert, einschließlich aller Spezifikations- und Testarbeiten). Zum anderen fehlt es dem typischen Benutzer von Denkzeugen an Zeit – und Geduld –, die Detailprogrammierung voranzubringen.

Mit den neuen Benutzeroberflächen lassen sich auch schwierige Probleme sehr einfach lösen. Dies zeigt ein zweites Programmsystem exemplarisch, welches heute auf vielen persönlichen Computern lauffähig ist, nämlich das Programm CHART von Microsoft. Dieses gestattet es, aus Zahlen (die z.B. in Multiplan erstellt worden sind) unmittelbar graphische Darstellungen zu erzeugen. Der Benutzer braucht nicht mehr die einzelnen Elemente der Graphik zu programmieren, er kann unmittelbar mächtige Routinen aufrufen, die einen Datenbestand nach seinen Wünschen graphisch interpretieren und darstellen. Ein Beispiel von Daten und deren graphische Ausgabe in CHART zeigt **Abbildung 20.**

Unter dem Schlagwort *Vth Generation Machine* arbeiten die Japaner – und viele andere Labors auf der Welt – an einer *neuen Rechner-Architektur,* die von vornherein nicht mehr von einer Program-

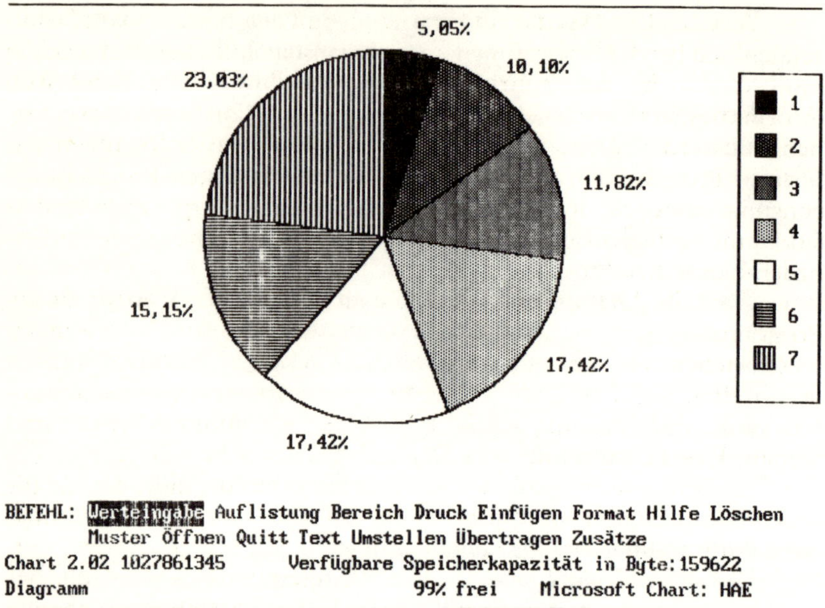

Abbildung 20
Grafikausgabe mit dem Programm CHART.
Im oberen Teil des Bildschirms ist die fertige Grafik zu erkennen, die hier als „Torten"-Grafik mit entsprechenden Prozentangaben ausgegeben wurde. Unten erkennt man wiederum die verfügbaren Befehle, aus denen man auswählen kann. Links unten wird der aktuelle Programmzustand – hier Diagramm – angezeigt.

mierung im eigentlichen Sinne ausgeht, sondern bei der generell mit *Wissens-Basen* und *Verknüpfung von Wissen* gearbeitet werden soll. Hierzu ist eine völlig neue Hard- und Software notwendig, die im Rahmen dieses Konzeptes entsteht. Systeme dieser Art werden «Programmiersprachen der fünften Generation» erlauben, die sich stärker am natürlich-sprachlichen Dialog mit dem Rechner orientieren.

Diese neuen Systeme werden natürlich auch durch akustische Spracheingabe unterstützt sein. Man geht davon aus, daß Ende der achtziger, Anfang der neunziger Jahre der Sprechschreiber (Talkwriter) auf dem angelsächsischen und etwas später auf dem europäischen Markt verfügbar sein wird. Damit ergeben sich andere Oberflächen des Rechners, da die Tastatur unter diesen Bedingungen natürlich an Bedeutung verlieren wird.

Abschließend sei darauf verwiesen, daß der Benutzer von Denkzeugen sich bei der Erörterung von Programmiersprachen klarmachen muß, daß mehr und mehr aller *relevanten Probleme* auf der Welt informationstechnisch gelöst und damit in Form von Software verfügbar sein werden. D. h., im Denkzeug wird man in aller Regel nur mit *fertigen* Programmen umgehen. Der Anteil der «Eigen-Programmierung» ist demgegenüber sehr klein, erstens wegen der geringen Professionalität «gelegentlicher» Programmierer, zweitens wegen der außerordentlich hohen Programmierkosten.

Deshalb darf man sich ein zukünftiges Denkzeug *nicht* als ein Programmier-System im klassischen Sinne vorstellen, sondern im wesentlichen als ein System, welches erlaubt, Problemlösungen unmittelbar auf dem Rechner derart zu spezifizieren, daß sie abbildbar sind, ohne daß man sich dabei einer bestimmten Syntax und Semantik bedienen muß.

Es drängt sich bei dieser Entwicklung der Technik, die für die *psychische Mobilität* unabdingbar ist, ein Vergleich mit der Technik, die die *physische* Mobilität ermöglicht – der Verkehrstechnik –, auf: Während sich in den zehner und zwanziger Jahren dieses Jahrhunderts der Benutzer z. B. im Auto oder auf der Lokomotive um *alle* Details kümmern mußte, sind viele dieser Aspekte heute in die Technik «zurückverlagert». Kein Autofahrer braucht heute z. B. etwas über Zündzeitpunkt, Zündkerzen oder Gemischeinstellung zu wissen, all dieses erfolgt mehr oder minder «automatisch» – durch Bedienen einer standardisierten «Oberfläche», die von wenigen «betrieben» wird. Denkzeuge werden dann – und nur dann – erfolgreich sein, wenn sie sich ähnlich umkompliziert wie das Kraftfahrzeug bedienen lassen!

Autorensysteme für den computerunterstützten Unterricht

Bei der Erstellung von Courseware (Lehrprogrammen), die auf dem Denkzeug laufen sollen, gibt es eine Reihe von speziellen Problemen, die dazu geführt haben, daß besondere Programmiersysteme entwickelt wurden, mit denen CUU erstellt wird. Sie bestehen aus einer Programmiersprache (der «Autorensprache») und einer «Test-Umgebung», in der der Autor Lehrprogramme austesten kann. Komplementär zum Programmiersystem gibt es das eigentliche «Lauf-System», in dem die Courseware vom Lernenden genutzt wird.

In diesem werden in der Regel auch die Daten über den Lerndialog («Lernerdaten», z.B. Weg durch das Programm, gegebene Antworten, Reaktionszeiten) gespeichert, die der Autor zur Steuerung des Lernenden nutzen kann; siehe auch **Abbildung 21.**

Bei der Konzeption derartiger Systeme hat es einen Streit zwischen zwei grundsätzlich alternativen Konzepten gegeben: *Die einen* glaubten, es wäre sinnvoll, einen informationstechnischen Laien soweit durch eine spezielle Autorensprache zu unterstützen, daß er

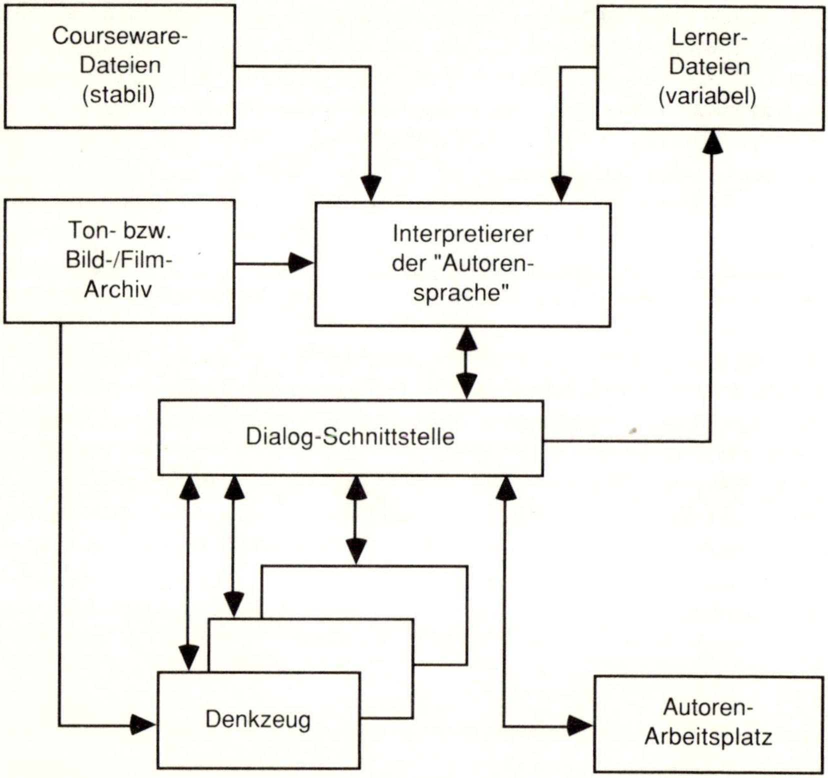

Abbildung 21
Grundstruktur eines computerunterstützten Unterrichts-Systems.
Mit dem Denkzeug kann man über eine Dialogschnittstelle zu den Courseware-Dateien zugreifen. Die einzelnen Courseware-Einheiten werden mit einem Interpretierer der Autorensprache dem Lernenden verfügbar gemacht. Über weitere Zugangsmöglichkeiten können Ton-, Bild- und Filmarchive angesteuert werden. In leistungsfähigen computerunterstützten Unterrichtssystemen gibt es besondere Autorenplätze, von denen aus Courseware entwickelt, implementiert und ausgetestet werden kann.

alleine und *ohne* professionelle Hilfe Courseware erstellen kann. Solche Systeme geben in der Regel auf dem Rechner gewisse Lehrstrategien in Form von «Makro-Strukturen» (festgelegte Sequenzen) vor und erlauben es dem Autor, die speziellen Inhalte «einfach einzufüllen». Dies ist z. B. bei Selbsttest-Hilfe-Programmen oder bei programmierten Instruktionen ohne Schwierigkeiten machbar.

Mit diesem Typ von Autorensystemen ist der Autor sehr leicht vertraut zu machen. Sie gestatten jedoch nur eine sehr begrenzte Flexibilität. Will der Autor z. B. in einer programmierten Instruktion die Simulation eines quantitativen Modells einfügen, steht er in der Regel ziemlich hilflos da. Der Sprung in entsprechende Kalkulationsroutinen wird ihm dann in der Regel verwehrt. Beispiele dieses Typs sind ICU/PLANIT oder CDL.

Die andere «Schule» der Entwickler von Autorensystemen ging von der Annahme aus, daß ein gewisses informationstechnisches Grundwissen für die Erstellung von computerunterstützten Lehrprogrammen unabdingbar ist. Dies kann entweder dadurch erreicht werden, daß der das Programm Entwickelnde selbst diese Kenntnisse erwirbt oder aber – und dies ist dann die bessere Lösung – daß verschiedene Fachleute (Spezialisten in dem zu vermittelnden Gebiet, Pädagogen, Psychologen und Programmierer) im Team zusammenarbeiten. Unter diesen Bedingungen kann man dann davon ausgehen, daß der Programmierer sich auch in eine komplizierte Syntax und Semantik der Autorensprache einarbeitet. Ein typischer Vertreter dieser Gruppe von Autorensystemen ist TUTOR, die Programmiersprache von PLATO.

Eine Übersicht über wichtige Autorensysteme für den CUU (ohne Video-Unterstützung) und die wichtigsten Kriterien finden sich in **Tabelle 5**.

Wir wollen uns hier beispielhaft etwas ausführlicher mit der Autorensprache TUTOR/MIKRO-TUTOR (als Teil-System für die Autorenarbeit auf einem Mikrocomputer) beschäftigen, die für das System PLATO der Firma Control Data im wesentlichen an der University of Illinois in Urbana, seit 1959 bei Prof. Don Bitzer in Urbana, USA, entwickelt wurde. Diese Sprache ist «eine unstrukturierte Programmiersprache» mit Einzelbefehlen (also vom zweiten Typ der oben besprochenen Alternative), mit allen Nachteilen derartiger Sprachen (wie FORTRAN oder BASIC), aber auch mit dem Vorteil, daß praktisch alle, auch sehr «schwierige» Lehrstrategien mit relativ geringem Aufwand auf dem Rechner implementiert werden können.

TUTOR/MIKRO-TUTOR zeichnet sich dadurch aus, daß es viele sehr mächtige Befehle, speziell z. B. für die Antwortanalyse und

Autorensystem	Anbieter	Besonders geeignet für:
COURSEWRITER (ITS/SEF)	IBM	«Mitläufer» auf IBM-Großrechnern
PLATO/TUTOR	CDC	Großrechner und Mikrorechner, MAKRO-Hilfen für Autor
NIXAS	Nixdorf	Mittlere Systeme, «Mitläufer»
PILOT	Apple; MS-DOS	Grafik in Farbe
ICU/PLANIT	maschinen-neutral	Naturwissenschaftliche Probleme

Tabelle 5
Übersicht über einige typische Autorensysteme.
In dieser Tabelle sind einige der weiter verbreiteten Autorensysteme angegeben. (Die Tabelle ist insofern unvollständig, als mittlerweile eine Reihe von kleineren Firmen Autorensysteme anbieten, deren Verbreitung und internationale Nutzung allerdings relativ bescheiden ist.)

für das Verzweigen im CM I enthält. Außerdem bringt die Sprache sehr viele Systemvariablen mit, z. B.: «Wie viele Antwortversuche?», «Wie viele Operationen?», «Wie viele Worte/Zeichen in der Antwort?», «Aus welchem Courseware-Gebiet kommt Schüler?» usw.), die die Arbeit des Autors sehr vereinfachen.

In **Tabelle 6** sind die wesentlichen Befehle in TUTOR zusammengestellt und kurz erläutert. **Tabelle** 7 zeigt ein typisches TUTOR-Programm. Die Wirkung dieses Programms im Lerndialog zeigt **Tabelle 8.** Man sieht, daß der *Lernende* – im Gegensatz zum Autor – keinerlei Kenntnisse der Autorensprache erwerben muß. D. h., der Lernende am Denkzeug «erlebt» den CUU ohne jeglichen informationstechnischen «Beigeschmack».

Es ist natürlich im Prinzip nicht schwer, eine Autorensprache wie TUTOR zu erlernen und in dieser ein Lehrprogramm auf dem

---

Tabelle 6 →
Übersicht über wichtige Kommandos in der Autorensprache TUTOR, die in PLATO genutzt wird.
Die Tabelle gibt einige typische Befehle zur Manipulation von Text und Grafik, zum Zeichnen, für den Aufbau spezieller Alphabete, für die Kontrolle der Ausgaben, für die Kontrolle des Bildschirms, für das Aufbauen von Listen, für die Abspeicherung von Antworten, für die Veränderung der Feedback-Reaktionen, für die Verarbeitung von Eingaben und einige andere Hilfsroutinen.

PLATO DISPLAY COMMANDS

text and graphics

	rorigin
at	rat
atnm	ratnm
draw	rdraw
box	rbox
vector	rvector
dot	rdot
circle	rcircle
circleb	
write	
writec	show
text	showa
mode	showe
erase	showh
inhibit	showk
size	showo
rotate	showt
char	showz
plot	hidden
window	
fill	
color	

graphing

gorigin	
gat	
gatnm	
gdraw	
gbox	
gvector	
gdot	
gcircle	
axes	
bounds	
scalex	scaley
lscalex	lscaley
graph	
vbar	hbar
labelx	labely
markx	marky
polar	
delta	
funct	

special characters
charset
chartst
altfont
lineset

typing controls
tabset
micro
edit
copy

non-screen

beep	slide
disable	audio
enable	play
	record
codeout	
ext	lang
extout	
say	
sayc	
saylang	

establish lists
vocab
vocabs
endings
list

modify judging copy of response
bump
put
putd
putv
close
loada

modify default settings
long
copy
force
jkey
edit

store response
store
storeu
storen
storea
open
getword

alter feedback
arheada
okword
noword
markup
getloc
getmark
markupy
eraseu

match response

concept	miscon
answer	wrong
answera	wronga
answerc	wrongc
exact	exactc
exactv	match
ansv	wrongv
ansu	wrongu
ans	or
touch	touchw

alter judgment
judge

alter judging value of symbol
change symbol

modify judging procedure
specs

specify judgment unconditionally
ok
no
ignore

reference other units containing judging commands
join

TUTOR PROGRAMM

1	.....	
2	at	1010
3	write	Bei konstanter Beschleunigung kann die ...
6	at	2015
7	write	$\bar{v} =$
8	calc	$v_a \leftarrow 60$
9		$v_e \leftarrow 80$
10	arrow	2020
11	storea	string,count←jcount
12	store	ergeb
13	goto	tellerr
14	ansv	$(v_a = v_e)/2$
15	goto	pruef
16	no	
17	goto	falsch
18	*	
19	unit	pruef
20	calc	$v_e \leftarrow v_e + 25$
21		$v_a \leftarrow v_a + 15$
22	judge	continue
23	store	ergeb
24	ansv	$(v_a = v_e)/2$
25	calc	$v_e \leftarrow v_e - 25$
26		$v_a \leftarrow v_a - 15$
27	at	2204
28	writec	opcnt>2,Richtig. Aber einfacher ist $(v_a = v_e)/2$.,,
29	no	
30	goto	falsch
31	*	
1	*	
2	unit	falsch
3	at	2204
4	write	Ihre Formel ergibt ein falsches Ergebnis.
5		Drücken Sie NEXT für eine Erklärung.

Tabelle 7
Typisches Tutor-Programm.
Die Tabelle stellt das Programm dar, welches notwendig ist, um die Ausgabe in Tabelle 8 zu machen. Man erkennt, daß jede Zeile numeriert ist, in dieser Reihenfolge wird es abgearbeitet. Es werden Befehle benutzt, die in der Tabelle 6 angegeben sind.

Ausführung des TUTOR-PROGRAMMS

Bei konstanter Beschleunigung kann die
durchschnittliche Geschwindigkeit $\bar{v}$
als einfache Funktion der
Anfangsgeschwindigkeit v_a
und der
Endgeschwindigkeit v_e
geschrieben werden.

Schreiben Sie $\bar{v}$ als Funktion von v_a und v_e:

$\bar{v} => (v_a^2 - v_e^2)\sin 30° / (v_a - v_e)\sin 90°$

Richtig. Aber einfacher ist $(v_a = v_e)/2$.

Tabelle 8
Auszug aus einem Dialog, der durch den Tutor-Code in der Tabelle 7 programmiert wird.
Die Eingabe für $\bar{v}$ erfolgt durch den Lernenden.

Rechner zum Laufen zu bringen. Die Schwierigkeiten bei der Erstellung leistungsfähiger Courseware liegen auch in der Regel nicht beim eigentlichen Programmieren, sie liegen stets im *Bereich der Organisation des Wissens* in einer Form, die das Wissen lehrstrategisch sinnvoll ordnet. Das Design/das Drehbuch des Kurses ist die Hauptsache – alles Folgende ist Fleißarbeit!

Neben der Syntax und Grammatik der eigentlichen Autorensprache ist es stets wichtig, daß zu einem ausgefeilten Autorensystem auch ein Modus gehört, der den Autor während des Testlaufes der Courseware im *Lerner*-Modus unterstützt; dadurch kann der Autor schnell und unkompliziert in die Rolle des Lernenden schlüpfen.

Autorensysteme müssen ferner in der Lage sein, aktuelle Information über den Lernenden zu speichern, um zum einen das «Wieder-Beginnen» des Lernenden an einem bestimmten Punkt im Programm (an dem er dieses verlassen hat) zu ermöglichen. Zum anderen muß der Autor die «Lernerdaten» auch für bedingte Entscheidungen, die vom Lern-Verhalten abhängen, nutzen können. Moderne Autorensysteme bringen solche Elemente mit. Der Autor braucht sich also um deren Dateiverwaltung nicht besonders zu kümmern. In «einfachen»

Systemen ist dies allerdings nicht der Fall (z. B. beim Mißbrauch von BASIC als Autorensystem).

Grundsätzlich kann man heute natürlich auch jede der breit genutzten Programmiersprachen der dritten Generation zur Erstellung von CUU-Programmen benutzen. Dabei stellt sich in der Praxis allerdings schnell heraus, daß eine Vielzahl von Standardroutinen neu implementiert werden muß, wodurch dieser Ansatz *sehr* unökonomisch wird.

Eine besondere Schwierigkeit liegt z. B. in dem Problem der Analyse von freien Antworten der Lernenden. Hier kommt es ja darauf an, vom Lernenden eingegebene Sätze in der Courseware (dem Programm) auf deren Inhalt zu analysieren. Natürlich kann man in einer beliebigen Programmiersprache dafür geeignete «Analysatoren» schreiben. Sinnvoller ist es jedoch, auf verfügbare, bereits ausgetestete Konzepte zurückzugreifen. In TUTOR z. B. gibt es mannigfaltige Möglichkeiten, den Gehalt einer frei formulierten Antwort zu analysieren. Einige wichtige Möglichkeiten sind in **Tabelle 9** zusammengestellt.

TUTOR/MIKRO-TUTOR ist mit seinen Dialekten (z. B. Simpler, Use, Accord, CMU-TUTOR, Tencore u. a.) wohl die am weitesten verbreitete Autorensprache.

Auch im Bereich der Autorensprachen hat man schon die «4. Generation» erreicht. Die neuen Möglichkeiten sollen am System PCD3 (*P*LATO *C*ourseware *D*esign, *D*evelopment, *D*elivery) erläutert werden. **Abbildung 22** zeigt, daß schon das «Drehbuch für den Unterricht» am Computer erarbeitet werden kann – bis hin zur Programmierung. Ändert der Autor das Design, so wird automatisch das interne TUTOR-Programm mit umgestellt. Mit PCD3 wendet man sich an den Pädagogen als *Endbenutzer,* er soll CUU allein entwickeln können, ohne einen Programmierer als «Partner-Schnittstelle» zu benötigen.

Will man verschiedene auf den Märkten vorhandene Autorensysteme (z. B. COURSEWRITER, TUTOR, PILOT, CUL, ICU/PLANIT) im Hinblick auf die «Effektivität» der Programmierung vergleichen, so werden wohl ökonomische Randwerte entscheidend sein. Da aber derartige Argumente u. a. pädagogisch nicht relevant sind, gilt es auch «Benutzerfreundlichkeit», «Fähigkeit, alle Lehrstrategien zu implementieren» oder «einfache Lernbarkeit und Korrigierbarkeit von Courseware» oder «gute Auswertbarkeit von CUU» zum Vergleich heranzuziehen. Wichtig erscheint auch die Frage: Wer pflegt und wartet das Autorensystem, so daß es auch in fünf Jahren noch mit derselben Courseware auf neuester Hardware betrieben werden kann?

Antwortanalyse in TUTOR

The -answer- and -wrong- commands are used to match student responses which consist of words, phrases, and sentences. Some numerical responses may also be interpreted with -answer- or -wrong-.

Words are placed into three categories: required words, synonymous required words, and words which are optional.

answer <it,is,a,the> (large,big,huge) house

synonymous required words are in ( )

optional words are enclosed with < >

required words

For a response to be judged as «ok» all required words must be present. If there are synonymous required words, then one of the synonyms must be present.

«ok»	judgments:	a big house, it is the large house the huge house, large house
«no»	judgments:	large, house big, house, a house

Tabelle 9
Auszug aus dem im Rechner verfügbaren Tutor-Manual, welcher jederzeit beim Programmieren als Hilfe genutzt werden kann.
Hier sind die Spezifikationen angegeben, nach denen eine Antwort vom TUTOR als richtig oder falsch analysiert werden kann. Das Beispiel erklärt die Auswahl notwendiger Worte, die Synonyme und die Worte, die optional sind. Unten erkennt man die als richtig bewertenden Eingaben des Lernenden («ok» judgments) und die als falsch zurückgewiesenen («no» judgments).

Heute sollte man vor allem der Versuchung widerstehen, ein eigenes «neues» und «besseres» CUU-System zu schreiben. Alle Erfahrung zeigt, daß die Aufwendungen für ein leistungsfähiges System viele Millionen DM erreichen und der Entwicklungszeitraum viele Jahre umfassen kann, bis ein befriedigendes Ergebnis erreicht worden ist.

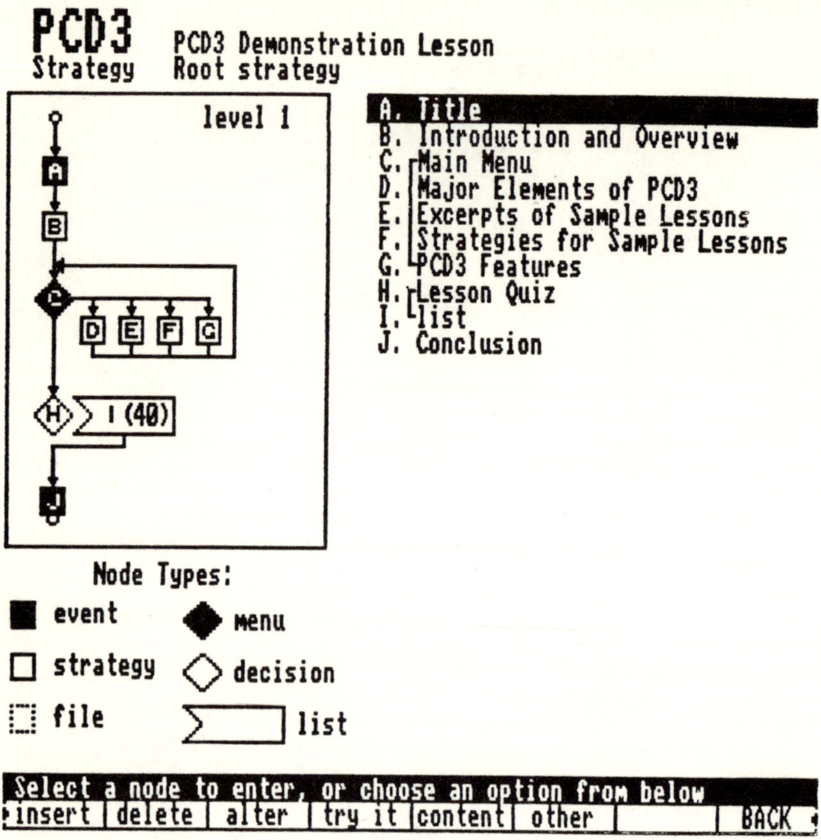

Abbildung 22
Typische Optionen eines Autors in vorstrukturierten Autorensprachen.
Auf dieser Bildschirmkopie sieht man links oben im Kasten die Struktur, die der Autor bereits organisiert hat in Form eines Flußdiagrammes. Darunter findet man die möglichen Knoten, die der Autor auf dem Bildschirm aussuchen und in das Programm einfügen kann. Dies wird über eine Menüsteuerung gemacht, die man im unteren Balken sieht. Man kann also z. B. mit «delete» ein Menüteil aus dem Lehrprogramm herausnehmen oder mit «insert» eine zusätzliche Entscheidung einfügen.

Literaturhinweise

Bishop, A. and Larsen, C.: SRA Classroom Management System Mathematics B. Chicago 1980.

Brönstrup, H. et. al. (Hrsg.): Schule und Software-Fachtagung zur Abstimmung pädagogisch-didaktischer Anforderungen an Unterrichtssoftware in Schulen und Weiterbildung vom 26. 2.–28. 2. 86 in Soest. Landesinstitut für Schule und Weiterbildung Soest 1986.

Bunderson, V.: Proof-of-Concept Demonstration and Comparative Evaluation of a Prototype Intelligent Videodisc System. Orem, Utah 1981.

Burghardt, W.: Language Authoring with «Comet». Computers and the Humanities, 18, 165, 1984.

Conlon, T.: Pilot – the Language and how to use it. New Jersey 1984.

Eirich, D.: MSX, der erste Heimcomputerstandard – Einführung in Technik, Programmierung, Anwendung mit «Geräte-Pässen» für über 40 MSX-Computer. München 1985.

Gorney, P. und Viereck, A.: Interaktive grafische Datenverarbeitung. Stuttgart 1984.

Grahnert, D.: Markt u. Technik Wochenzeitung f. Elektronik, Jahrbuch 1987 der Elektronikindustrie – Märkte, Produkte, Prognosen. Haar 1986.

Gunzenhäuser, R.: Methoden und Werkzeuge zur Gestaltung benutzergerechter Computersysteme. Berlin 1986.

Hansen, H.: BTX macht Schule. Data Report, 19 (4), 18, 1984.

Hansen, H.: Mikrocomputer in der US-amerikanischen Hochschulausbildung. Angewandte Informatik 11/12 1984.

Hosseus, W. et. al.: Pascal in Beispielen – Eine Einführung f. Schüler und Studenten. München 1980.

Kearsley, G.: Authoring – A Guide to the Design of Instructional Software. Amsterdam 1986.

Keil, R. et. al.: Informatik und Militär. TU Berlin 1984.

Lewis, F.: Microbook: Database Management for the Apple II Computer. Beaverton, Oregon 1982.

Molnar, A.: Intelligent Videodisc and the Learning Society. Journal of Computer-Based Instruction, 6, 11, 1979.

National Research Council of Canada: Proceedings of the Canadian Symposium on Instrumental Technology. Calgary 1972.

Newlin, B.: Answers Online: Your Guide to Informational Database. Berkeley, Californien 1985.

Sand, P.: Advance Pascal Programming. Mc Graw-Hill 1984.

Schmitt, A.: Dialogsysteme, kommunikative Schnittstellen, Software-Ergonomie und Systemgestaltung. Mannheim 1983.

Senftleben, D.: Programmieren mit LOGO – Einstieg, Praxis, Arbeitshilfen. Würzburg 1983.

Snyder, T. and Palmer, J.: In Search of the most Amazing Thing. Amsterdam 1986.

Stibic, V.: Personal Documentation for Professionals – Means and Methods. Amsterdam 1980.

Tauber, M.: A Computer-Aided Management System in Distance Education. European Journal of Education, 15 (3), 285, 1980.

Townsend, C. and Feucht, D.: Designing and Programming Personal Expert Systems. Blue Ridge Summit 1986.

Weinstock, H. and Bork, A.: Designing Computer-Based Learning Materials. Berlin 1986.
Wille, E. and Hammond, V.: The Computer in Personnel Work. Newton-le-Willows. Lancs. 1981.
Wirth, N: Programming in Modula-2. Berlin 1983.
Wirth, N.: Algorithmen und Datenstrukturen. Stuttgart 1983.
Wyatt, D.: ESL Applications of the Computer-Controlled Videodisc Player. Computers and the Humanities 18, 243, 1984.

Kapitel VI
Beispiele erfolgreicher Denkzeuge

In der Diskussion um zukünftige Denkzeuge ist es wichtig, sich klarzumachen, daß es bereits heute eine Vielzahl von erfolgreich genutzten Denkzeugen gibt. Allein der Bestand von vielen Millionen persönlicher Computer weltweit zeigt, daß die Idee der persönlichen Nutzung von Informationstechnik bereits praktiziert wird.

In diesem Kapitel werden weitere Beispiele zusammengestellt, die es erlauben, die Zukunft der Denkzeuge besser zu prognostizieren. Es wird gezeigt, daß Denkzeuge – in unterschiedlichen Ausprägungen – bereits für viele Bereiche des menschlichen Lebens genutzt werden können.

Intentionen des Kapitels

Wir haben in den vorangegangenen Kapiteln im wesentlichen einen Überblick über das Konzept der psychischen Mobilität und die Möglichkeiten des Denkzeuges erarbeitet. Auch auf die Schwierigkeiten bei der Übergabe von Problemlösungen an Computer ist eingegangen worden (siehe auch den Anhang). Im folgenden wollen wir uns fragen, wo es *erfolgreiche* Beispiele für die Nutzung des Computers als persönliches Denkzeug gibt, die das Konzept der psychischen Mobilität bereits heute stützen.
Unter erfolgreich sollen erstens solche Einsatzmöglichkeiten verstanden werden, in denen Problemlösungen zuverlässiger, schneller und qualitativ besser realisiert werden als mit dem menschlichen Informationsverarbeitungssystem. Zweitens sollen Beispiele angeführt werden, bei denen das Kosten-Nutzen-Verhältnis außer jeder Frage für die informationstechnische Lösung spricht. (Über die ökonomischen Konsequenzen wollen wir uns im vorletzten Kapitel ausführliche Gedanken machen.)

Erfolgreiche Beispiele sind drittens solche Anwendungen der Informationstechnik, die gesellschaftlich kaum umstritten sind. Allerdings ist hierbei zur Kenntnis zu nehmen, daß es Unterschiede in der individuellen Akzeptanz und der allgemeinen «gesellschaftlichen Akzeptanz» gibt. (Siehe das oben schon zitierte Beispiel Kabelfernsehen und Videorecorder.)

Besonderes Gewicht wird in diesem Kapitel auf die Vorstellung von Beispielen erfolgreichen computerunterstützten Unterrichts gelegt. In der Öffentlichkeit – und insbesondere bei Lehrern des öffentlichen Bildungswesens – hat sich leider das falsche Vorurteil festgesetzt, daß CUU grundsätzlich unbrauchbar sei. Diese völlig unberechtigte Behauptung soll hier mit einigen deutlichen Beispielen zurückgewiesen werden. Dabei ist allerdings zu berücksichtigen, daß diese nicht den Anspruch erheben, die Gesamtheit der im öffentlichen Bildungswesen wichtigen Lernziele abzudecken. Es wird vielmehr deutlich, daß computerunterstützter Unterricht für den Erwerb *gewisser Fertigkeiten und Fähigkeiten* dem personalen Unterricht durchaus überlegen sein kann. Es bleiben jedoch große Flächen des traditionellen kommunikativen und sozialen Unterrichts, in dem die persönliche Interaktion zwischen Lehrenden und Lernenden von zentraler Bedeutung ist und nicht durch CUU abgelöst werden kann und abgelöst werden sollte. Die Balance zwischen beiden Optionen ist allerdings noch zu finden. Die heutige «Trivial-Lösung» – *nur* «personaler Klassenunterricht» in der Schule und «Massenunterricht» an den Hochschulen – stellt natürlich keine wissenschaftlich begründbare und bildungspolitisch vertretbare Lösung dar, zu ineffizient ist der traditionelle Unterricht in vielen Bereichen.

Leistungsfähige Problemlöser

Im ersten Abschnitt wollen wir uns mit dem Einsatz von Informationstechnik als direkten Problemlöser befassen, und zwar mit Schwerpunkt in den Bereichen, wo uns diese schon fast selbstverständlich geworden sind. Hier sind die Felder, in denen das Konzept der psychischen Mobilität bereits besonders deutlich wird.

Da es in der Regel ein Jahrzehnt dauert, ehe sich solche Problemlöser breit durchsetzen, gibt es bisher nur wenige erfolgreiche Beispiele, andererseits ist aber deren Zahl auch nicht so klein, daß wir sie hier alle behandeln könnten.

Die «intelligente» Steuerung von Geräten. Mit der Verfügbarkeit von Maschinen, insbesondere auch im Haushalt, trat sofort das Problem einer adäquaten Steuerung und Kontrolle der Funktionen der Systeme auf. Durch die Erfindung des Mikroprozessors gelang es, viele der Steuerungsroutinen an die Informationstechnik zu übergeben. Aus dem «dummen» Produkt wurde ein «intelligentes». Damit konnte der Mensch sich von vielerlei Routinen entlasten, er konnte eine einmal spezifizierte Problemlösung der Informationstechnik übergeben, die diese dann wie ein «guter Sklave» ausführt.

Beispiele derartiger Steuerungen gibt es insbesondere im privaten Bereich außerordentlich viele: Im *Videorecorder* erlaubt ein Prozessor die automatische Aufzeichnung, Aussteuerung und Registrierung von Fernsehprogrammen, ohne daß der Mensch im Detail einzugreifen braucht, er muß nur einmal seine Wünsche an den Prozessor übergeben. – In der computergesteuerten *Waschmaschine* wird der gesamte Ablauf durch ein im Rechner gespeichertes Programm organisiert. Die Hausfrau kann entweder auf vorgefertigte Programmabläufe zurückgreifen oder auch selber individuelle Programme erstellen und benutzen. – Ähnliche Konzepte werden bei der Organisation von *Geschirrspülmaschinen* genutzt. – Die *vollautomatische Kamera* mit computergesteuerter Scharf-, Blenden- und Zeiteinstellung ist ein weiteres Beispiel.

Alles deutet in die gleiche Richtung: Wann immer es notwendig ist, «Routinequalifikationen» abzuwickeln, übergibt sie der Mensch gerne an die Informationstechnik, von der sie preiswert und zuverlässig erledigt werden. Nur echte «Puristen» stehen noch nachts auf, um ihren Videorecorder auf EIN oder AUS zu schalten!

Sich zeitlich organisieren können. Mit der arbeitsteiligen Gesellschaft, in der man zeitlich eng aufeinander angewiesen ist, begann das Problem der exakten Zeitbestimmung; allerdings war diese auch für die Navigation von großer Wichtigkeit. So wurde die Uhr in Form tragbarer Taschen- oder Armbanduhren eine wichtige Begleiterscheinung der Industrialisierung.

Durch die Nutzung von einfachen chipgesteuerten Uhren ist es heute möglich, zum einen die Präzision der Zeitangabe wesentlich zu erhöhen und zum anderen – bei außerordentlich geringen Kosten – in der Uhr viele andere Informationen unmittelbar zur Verfügung zu stellen: *Kalender, Stoppen, Alarm* usw. Damit hat sich die *computerisierte Armbanduhr* als ein außerordentlich leistungsfähiges Denkzeug entwickelt. Es ist vermutlich auch das weltweit am meisten genutzte persönliche informationstechnische System. Nicht nur wegen seiner Preiswürdigkeit (eine voll funktionsfähige Chipuhr wird für 10 DM angeboten) ist die elektronische Uhr so weit verbreitet, sie stellt schlicht ein billiges brauchbares Instrument dar.

Die Verbindung der programmierbaren Uhr mit anderen Geräten führt zu vielen sinnvollen Kombinationen: So kann man sich morgens zu bestimmter Zeit mit Musik wecken lassen, oder man schläft bei seiner Lieblingsmusik ein. Der Kalender in der Uhr erlaubt den Zugang zu elektronischen Kalendern im Büro. Diese werden neuerdings als Erweiterung der Uhr in frei programmierbarer Form angeboten. – Auch die «Erweiterung» der Uhr zum Mittelwellenempfang am Armband ist bereits auf dem Markt verfügbar – nur die Energieversorgung bereitet noch gewisse Schwierigkeiten.

Musik in höchster Qualität. Seit der Erfindung der Schallplatte durch Edison blieb es ein Traum, Musik derart aufzuzeichnen, daß sie mit Orchesterqualität aus einem Lautsprecher abgehört werden kann. Dieser uralte Wunsch hat sich mit Hilfe der Informationstechnik (zu 99 %) realisieren lassen. Nutzt man die Digitalisierung der Musik und den optischen Massenspeicher *Compact Disk* sowie entsprechende Wandler (Chips) des digitalen Codes in ein analoges Musiksignal, so gelingt es, Musik zu generieren, die vom Klang eines realen Orchesters fast ununterscheidbar ist – vorausgesetzt allerdings, daß Qualität und Anordnung der Lautsprecher entsprechend gewählt werden.

Nach Verfügbarkeit der Compact-Disk-Technologie hat ein wahrer Boom begonnen. Zum einen erkennt man die hohe Qualität dieses Tonträgers, zum anderen will man den großen Vorteil der zerstörungsfreien Laserabtastung gegenüber dem mechanischen Abtasten bei der klassischen Langspielplatte nutzen.

Ein altes, bisher unlösbares Problem wurde also durch Informationstechnik endgültig gelöst, wobei insbesondere ein angemessener Kostenrahmen eingehalten werden konnte. CD-Laufwerke liegen im Bereich der alten Systeme, die Compact Disk ist nur etwas teurer als die alte Schallplatte! Es gibt kaum noch Musikliebhaber, die auf diesen neuen «Problemlöser» verzichten.

Geld überall und jederzeit. In einer monetär organisierten Marktwirtschaft ist es unabdingbar, Geld jederzeit und überall verfügbar zu haben, um Leistungen und Waren zu bezahlen. Dabei gibt es Probleme: Das klassische Verfahren der Mitnahme von Bargeld bereitet Schwierigkeiten. Zum einen ist es aufgrund gestiegener Kriminalität keineswegs immer ein sicheres Zahlungsmittel, und zum anderen besteht häufig das Problem, daß man nicht voraussieht, wieviel Geld man wann und wo braucht.

Hier bietet die Informationstechnik mit der *Chip-Card,* also einer Karte, in der ein Speicher-Chip integriert ist und bei der Zahlung entsprechende Codierungen vorgenommen werden können, die Möglichkeit, jederzeit und überall «elektronisches Geld» zu benutzen.

Bei der jetzt weltweit in Erprobung befindlichen «geldrepräsentierenden» Kreditkarte entsteht der Bedarf nach einer notwendigen Infrastruktur. Um sein persönliches Denkzeug nutzen zu können, muß ein System von Bank-Automaten und computerisierten Kassen, die mit den Chip-Karten umgehen können, vorhanden sein. Es wird deutlich, daß das Denkzeug der Zukunft *kein autonomes System* sein wird, sondern vielmehr eingebettet zu sehen ist in entsprechende informationstechnische Infrastrukturen, wie sie im Bereich der Chip-Karte durch Banken und Handelsketten aufgebaut werden.

Spielen zu zweit macht Spaß, aber man hat nicht immer einen geeigneten Partner. Seit Jahrtausenden spielen nicht nur Kinder, sondern auch Erwachsene miteinander. Meistens wird dabei nach wohldefinierten Spielregeln vorgegangen, es werden Felder auf Spielbrettern oder Karten als Grund-Markierungen für die Spielfolge benutzt.

Mit dem Preisverfall der Mikroelektronik in den siebziger Jahren begann die Implementation von *«Spielpartnern» auf den Rech-*

nern. Heute haben wir für viele Spiele – insbesondere für *Schach* – mikroelektronische Systeme, die Partner mit unterschiedlichen «Spielstärken» simulieren.

Obwohl die Akzeptanz dieser «neuen Partner» nicht überall zu beobachten ist – und das ist gut so –, muß festgehalten werden, daß viele Menschen mit elektronischen Partnern spielen – in Spielsälen und zu Hause. Sie suchen zum einen Zeitvertreib, zum anderen aber auch ein Training zur Verbesserung ihrer eigenen Leistung. Hier übernimmt das Denkzeug also eine besondere Funktion: es löst nicht mehr Probleme, die aus dem alltäglichen Leben ziemlich zwangsläufig entstehen und gelöst werden müssen, sondern erlaubt, Probleme zu lösen, die man sich selbst generiert. Man will selbst spielen und ist mit den verfügbaren Spielpartnern unzufrieden oder gibt sich nicht die Mühe, sich um einen geeigneten Partner zu bemühen.

Die hohe Akzeptanz der Computerspiele, die ja z. T. auch ganz neue Spielwelten eröffnen, zeigt, daß der Mensch auch hier bereit ist, die Informationstechnik als erfolgreiches Denkzeug zu akzeptieren.

Kassieren und Warenbestände führen – ein altes Elend des Handels. Schon im kleinsten Tante-Emma-Laden war und ist es ein Problem, die Preise für Waren zu registrieren und zu einer Summe zusammenzufassen, die der Kunde zu bezahlen hat. Darüber hinaus hat der Kaufmann stets ein Interesse zu wissen, wie hoch sein aktueller Warenbestand und sein Gewinn ist. Mit der drastischen Expansion des Handels in den Industrienationen ist dieses Problem auch quantitativ immer lästiger – und in seiner Lösung teurer – geworden. So lag es auf der Hand, die Informationstechnik in Form der «Point-of-Sale-Kasse» als Denkzeug des Kaufmanns auszubilden.

In einer einfachen Form werden in diesen Kassen von Hand nur Warengruppen-Code und Preis direkt erfaßt, das System übernimmt dann die Addition, ggf. die Ermittlung der Mehrwertsteuer und die Registrierung der ausgehenden Warengruppe. Die Kassiererin kann sich auf das eigentliche Geldwechseln konzentrieren, wobei ihr «Denkzeug» auch den Wechselbetrag auswirft. Fortgeschrittene Systeme erkennen automatisch Strichcodes, die auf der Ware angebracht sind. Sie übernehmen die gesamte Arbeit der detaillierten Warenerkennung, der Warenbestandsermittlung und der Preisnotierung vollautomatisch. So gibt es dort dann auch schließlich niemanden mehr, der an der Kasse sitzt, sondern nur noch Fernsehkameras und einen Überwachungsplatz, von dem aus überprüft wird, inwieweit die Kunden auch wirklich ihre Ware über den automatischen Scanner der Point-of-Sale-Kasse bewegen, wo die Warenbezeichnung

(Strichcode) gelesen wird. Bezahlt wird dann an speziellen Kassen, bei denen der Kunde nur noch die Endsummen (ggf. auch schon elektronisch) abrechnet – ggf. mit «elektronischem Geld» bezahlt.

In diesen Bereich ist die Rationalisierung weit vorangekommen. Der Kaufmann zieht sich mehr und mehr aus seinem traditionellen Arbeitsfeld zurück und gibt seine Aufgabe an integrierte Kassen und Warenwirtschaftssysteme ab – er kann sich (im Prinzip) neuen Aufgaben, wie Beratung und Unterhaltung seiner Kunden, zuwenden. Allerdings geht diese Automatisierung zumeist Hand in Hand mit der «Entmenschlichung» des Kaufhauses – man findet heute in der Bundesrepublik Großmärkte und Kaufhäuser fast gänzlich ohne Personal. Deshalb gibt es auch in vielen Wohnbezirken Neueröffnungen von kleinen «persönlichen Läden», deren Marktanteil allerdings bisher unbedeutend ist.

Man erkennt an diesem Beispiel sehr deutlich, daß jede Aneignung von Informationstechnik nicht ohne Konsequenzen bleibt, sowohl im eigenen Bereich als auch in der Wirkung auf andere Menschen.

Computerunterstützte Konstruktion und Fertigung. Seit Beginn der menschlichen Kultur hat der Mensch versucht, seine Umwelt zu gestalten (d. h. Technik zu erstellen und zu nutzen). Insbesondere die eindrucksvollen Bauten der Frühantike, der Antike und des Mittelalters zeigen uns, zu welchen genialen Leistungen menschliche Gehirne in der Lage waren. Mit der Industrialisierung ergaben sich aber – besonders im Bereich der Konsumgüter – neue Anforderungen an Qualität, Kompatibilität und kostengünstige Produktion. Diese machten den Ingenieuren außerordentlich viel Arbeit, dabei herrschte – und herrscht – häufig eine große Diskrepanz zwischen Konzeption und Realität des produzierten Produktes.

Auch zur Lösung dieser Probleme bietet sich die Informationstechnik an. Sie erlaubt es, den Ingenieur über die Nutzung von *elektronischen Zeichenbrettern* (in Form hochauflösender Bildschirme), über *Expertensysteme* (in denen Ingenieurwissen gespeichert wird) und über die Nutzung von *Simulatoren* in Großrechnern intensiv zu unterstützen. Damit zerfällt die konstruktive Arbeit zunehmend in eine kreativ-konzeptionelle Phase, die allein im menschlichen Gehirn abläuft und eine systematisch-praktische Phase, die mehr und mehr vom Rechner übernommen wird.

CAD (*Computer Aided Design*) und *CAE* (*Computer Aided Engineering*) erlauben es, zum einen die relevanten Bauteile (z. B. im Maschinenbau, in der Elektronik, im Bauwesen) unmittelbar am

Arbeitsplatz verfügbar zu machen und darüber hinaus die vielfältigen Verknüpfungen innerhalb einer Konstruktion auf Konsistenz und Richtigkeit zu überprüfen. Der Konstrukteur nutzt mächtige Denkzeuge. In einigen Branchen ist dieses mittlerweile so wichtig geworden, *daß eine Konstruktion ohne CAD nicht mehr möglich erscheint.* So gelingt es z. B. nicht mehr, einen Hochleistungs-Prozessor ohne CAD-Technologie zu entwickeln – zu komplex sind die Zusammenhänge, zu vielfältig die Fehlermöglichkeiten, zu wichtig das maschinell gespeicherte Wissen über die letzte Prozessorgeneration. (Wenn man versucht, Schaltpläne von Chips mit einigen 100 000 Transistorfunktionen ausschließlich durch Menschen zu entwerfen, so ist man zum Scheitern verurteilt.)

Obwohl CAD nur langsam akzeptiert wird, so ist doch erkennbar, daß mittelfristig Konstruktion und Planung ohne die Nutzung von Denkzeugen in vielen Bereichen mehr oder weniger *unmöglich* werden. Zu stark ist der Vorteil derjenigen, denen es gelingt, in einem «Unternehmens-Gehirn» ihre Daten angemessen zu organisieren und jederzeit in der Konstruktion verfügbar zu haben gegenüber denjenigen, die nur mit der Leistung menschlicher Gehirne arbeiten. Ausgehend von CAD können mit angeschlossenen *CAM* (*Computer Aided Manufacturing*) und *CNC* (*Computerized Numeric Control*) Systemen im CAE entworfene Konstruktionen sofort gefertigt werden. So braucht es z. B. nicht mehr mehrere Wochen oder gar Monate, um das Modell eines neuen Autos zu erstellen; mit CNC in einen Gips- oder Plastikblock gefräst, entsteht es in einigen Stunden! Der «Geistesarbeiter» Konstrukteur hat ein «Denkwerkzeug» bekommen, welches die direkte Umsetzung von gedachten Strukturen in materielle erlaubt. Nicht nur kognitive, sondern auch manuelle Routinen werden direkt ausführbar!

Stets wissen, ob man unbehindert ans Ziel kommt. Mit zunehmender Verkehrsdichte und mit enger werdenden Terminauflagen bestand das Bedürfnis, jederzeit über die aktuelle Verkehrssituation im Individualverkehr Bescheid zu wissen. Dies war ohne Informationstechnik kaum möglich, wenn man nicht ständig am Autoradio alle Nachrichten auf relevante Meldungen abhörte. Durch Nutzung des Mikroprozessors gestatten es moderne Autoradios heute, neben dem laufenden Radioprogramm in einem zweiten Empfangsteil jeweils den aktuellen Verkehrsfunksender zu erfassen und dessen Durchsage gezielt einzuspielen, unabhängig von der primären Nutzung des Radiogerätes als Empfänger irgendeines Senders oder als Kassettengerät. Das *«intelligente» Radio* wird zum Denkzeug.

Dabei wird eine andere Facette des Denkzeuges deutlich: das automatische Informieren über Geschehnisse, die für den Benutzer individuell und aktuell interessant sind. Obwohl die heutige Struktur und Qualität von Verkehrsfunk-Durchsagen sowie der selektive Verkehrs-Durchsagen-Empfang noch verbesserungsbedürftig sind (insbesondere im Hinblick auf weitere Regionalisierung), so ist das Grundprinzip relativ gut realisiert. – Ähnliche «Alarmsysteme» sind in anderen Bereichen vorstellbar, wo es darauf ankommt, in einer gegebenen Situation ohne besondere Anfrage aktuell informiert zu werden (z. B. Verbraucherinformationen, Umweltschutzdaten). Hierzu bedarf es allerdings stets des Anschlusses an entsprechende Infrastrukturen.

Gezielter Zugang zu aktueller Information. Wir unterscheiden in unserer informationellen Umwelt zwischen *stabiler* und *aktueller* Information. Als stabil empfinden wir die wichtigen Grundinformationen, die unser gesamtes Handeln im privaten und beruflichen Bereich bestimmen (u. a. kulturelles, historisches, wirtschaftliches, wissenschaftliches «Grundwissen»). *Aktuell* sind demgegenüber Neuigkeiten, die in der Regel rasch auftauchen und auch schnell wieder veralten (z. B. Tagesnachrichten, Wetter, Fahrpläne). – Der gezielte Zugang gerade zu den aktuellen Informationen bereitet heute große Schwierigkeiten, da sie in der Regel über Papier transportiert werden und damit weit verstreut, unkoordiniert, veraltet und schlecht zugänglich sind.

Neben den weltweit verstreuten elektronischen Datenbanken-Systemen, in denen das Weltwissen gespeichert wird und die heute schon über normale persönliche Computer anwählbar sind, bietet auch das Bildschirmtextsystem (Btx) hier eine Abhilfe. Durch die Verfügbarkeit aktueller Information in den Bildschirmtext-Zentralen bzw. in «externen Rechnern» des Btx-Systems kann man von jedem Telephonanschluß aus diese unmittelbar abrufen. Hierzu bedarf es nur eines geeigneten Zugangs zum Telephonnetz (Modem oder Akustikkoppler) und einer Darstellung des Bildschirmtextsignals auf einem geeigneten Denkzeug.

Diese Form der Denkzeugnutzung zeigt ein anderes Charakteristikum der Unterstützung menschlicher Informationsverarbeitung: durch Kopplung mit Datenbanken wird die Möglichkeit geboten, auf Information *jederzeit* und *überall gezielt zuzugreifen*. Voraussetzung dafür ist allerdings, daß eine angemessene *Infrastruktur von Diensten* besteht, die von entsprechenden Anbietern entwickelt werden müssen. Unterstellt man eine breite Nutzung von Denkzeugen, so ist erkennbar, daß auch genügend Anbieter ausreichende aktuelle Angebote machen und damit die Versorgung mit aktueller Information garantiert werden kann. Denkzeug und informationelle Infrastruktur gehören wiederum eng zusammen.

Sicherung des Hauses. Komplizierte Sicherungssysteme konnten früher – wegen hohen Aufwandes und hoher Kosten – nur bei Industriefirmen oder militärischen Anlagen installiert werden. Dank der immer preiswerter werdenden Elektronik lassen sich gute Sicherheitssysteme jetzt auch im privaten Haushalt einsetzen. So können laufend akustische und optische Signale ausgewertet werden, Licht kann ggf. angeschaltet oder die Polizei benachrichtigt, Türen und Fenster können automatisch verriegelt, Heizungssysteme «intelligent» geregelt werden. Das Denkzeug – im Haus installiert – übernimmt Funktionen eines «intelligenten» Butlers.

Digitale Vermittlungssysteme. Die «alten» Wähl- und Vermittlungssysteme im Telephonnetz werden immer mehr durch Prozessoren ersetzt. Neue betriebsinterne Nebenstellenanlagen arbeiten fast nur noch digital. Damit können «intelligente» Telephondienste, z. B. Komforttelephon, Computer-Konferenz, Tele-Mail, angeboten werden. Auch die Bundespost geht schrittweise (ein Fernmeldeamt nach dem anderen) zu digitalen Netzen über. Derartige neue Anlagen können natürlich auch mehr als «nur» Verbindungen herstellen. Sie können z. B. weltweit Anrufe umleiten oder Konferenzschaltungen aufbauen; wenn gesprochen wird, kann der Angerufene trotzdem informiert werden, daß ein weiteres Gespräch ansteht.

Die digitale Vermittlungstechnik stellt somit Denkzeuge überall zur *zeitweisen* Benutzung zur Verfügung, eine besondere Form der Organisation von persönlicher Informationstechnik, die man also nicht einmal mit sich herumzutragen braucht. Umgekehrt haben heutige portable persönliche Computer in der Regel auch Wählsysteme, die es erlauben, sie als «intelligente» Endgeräte zu nutzen: das Telephon wird zum «Telecomputer», der persönliche Computer zum «Computertelephon».

Erfolgreicher CUU in der Schule

In der Bundesrepublik Deutschland hat es in den öffentlichen Schulen – wie bereits erwähnt – neben einigen experimentellen Versuchen in den siebziger Jahren (gefördert durch den Bundesminister für Forschung und Technologie in einem Projekt «Datenverarbeitung im Bildungswesen» mit einem Volumen von ca. 70 Millionen DM) *nie* großflächige Erfahrungen mit computerunterstütztem Unterricht gegeben. Insbesondere sind *nie* signifikante Untersuchungen mit repräsentativen Stichproben von einigen tausend oder hunderttausend Schülern oder Studenten vorgenommen worden, um die Wirkung des computerunterstützten Unterrichts in verschiedenen Fächern, unterschiedlichen Altersstufen, den drei Schularten, den Schulstufen und dem Hochschulwesen systematisch zu analysieren.

In dieser – sicher mißlichen – Situation sind wir deshalb im wesentlichen darauf angewiesen, für den öffentlichen Bildungsbereich angelsächsische Beispiele anzuführen. Es erscheint aber einsichtig, anzunehmen, daß Erfolge mit CUU, die z. B. in den USA oder Großbritannien erreicht wurden, auch in der Bundesrepublik erreichbar sind; zumindest ist das Gegenteil bisher nicht bewiesen worden!

Wir wollen im folgenden die Sinnhaftigkeit der mit CUU im Bildungswesen angestrebten Lernziele nicht problematisieren. (Dies wäre allerdings in vielen Fällen genauso sinnvoll, wie es notwendig wäre, die Lernziele im personalen Unterricht zu erörtern.) Hier soll es nur darauf ankommen, zu zeigen, daß – wenn man gewisse Lernziele als wichtig ansieht – diese auch bei vergleichbaren Kosten mit computerunterstütztem Unterricht *erreicht werden können.*

Diese Aussage erscheint besonders deshalb interessant, da es in der jüngsten bildungspolitischen Diskussion in der Bundesrepublik eine Bewegung «Zurück zu den Kultur-Techniken» gibt. D. h., *Fertigkeiten* im Lesen, im Schreiben und im Rechnen werden wieder besonders hoch bewertet. Gerade für diese Bereiche haben jedoch intensive amerikanische Untersuchungen gezeigt, daß der Einsatz von computerunterstütztem Unterricht außerordentlich gute – und kostengünstige – Ergebnisse erzielt. Warum diese Techniken und Strategien dann allerdings in der Bundesrepublik nicht benutzt werden, bleibt ein Rätsel heutiger Bildungspolitik!

Arithmetisch richtig rechnen können. Wenn es gilt, arithmetische Operationen zuverlässig, schnell und ohne Ermüdungserscheinungen über längere Zeit auszuüben, so bedarf es dazu qualifizierter

Fertigkeiten. In Zeiten, in denen der Taschenrechner noch nicht verfügbar war, der computerunterstützte Unterricht aber schon genutzt wurde, haben sich deshalb große amerikanische Schulbezirke und private Einrichtungen auf die Vermittlung arithmetischer Fähigkeiten mit Computerunterstützung konzentriert. Im Rechner wurden dazu im wesentlichen Selbsttest-Hilfe-Programme organisiert, die sicherstellen, daß eine arithmetische Leistung bis zur gewünschten Fertigkeit *geübt* werden kann. Schülerinnen und Schüler bekommen dazu in dieser CUU-Anwendung täglich eine Übungsphase, in der sie sich in den jeweiligen Rechen-Operationen üben.

Die Didaktik dieses CUU ist so aufgebaut, daß z. B. falsche Ergebnisse sofort korrigiert werden oder vom Lernenden gar nicht erst auf dem Bildschirm angezeigt werden (von der Software gesteuerte «Blockierung» der Tastatur), trotzdem jedoch vom System als Fehler registriert werden. Das System analysiert ständig bei Falscheingaben, welche Art von Fehlern passiert sind, und versucht, durch gezielte Hilfen bzw. durch Zurückverweisung zu einfacheren Aufgaben, eine entsprechende Unterstützung im Lernen zu ermöglichen.

Die Ergebnisse dieses Unterrichts mit Hunderttausenden bis einigen Millionen amerikanischen Schülern zeigen, daß in der Tat durch eine derartige Unterstützung des Mathematik-Unterrichts bei *vielen* Schülern eine *große Sicherheit* im Bereich der arithmetischen Fertigkeiten vermittelt werden kann. *Insbesondere können schwache Schüler intensiv gefördert werden.* Demgegenüber erfahren Schüler, die bereits eine höhere Fertigkeit mitbringen, durch das CUU-Programm nur einen geringeren Zuwachs an Fertigkeiten.

Umfangreiche und lang andauernde Schulversuche im Rechnen und in Mathematik der Primarstufe und Sekundarstufe I zeigen, daß CUU auch und vor allem in diesen Schulstufen erfolgreich eingesetzt werden kann. Folgende Versuche seien genannt: a) Community College, Urbana und Champaign, 1972–1977, b) Baltimore City Public Schools, 1979–1980, c) State of Florida Public Schools in Paxon, Sarasota and Glades, ab 1978, d) San Antonio Independent School District (Knox Elementary School), 1979–1981.

Diese Studien zeigten auch, wie wichtig das «Umfeld», die Infrastruktur, das Bewußtsein des Lerners ist, kein Eremit oder Einsiedler zu sein, sondern in einer Welt von Lernern zu arbeiten, wo ihm Lehrer und Lernende neben dem CUU auch persönlich helfen können; so wurden von den Lernern die Netzwerkeigenschaften des verwandten CUU-Systems lobend erwähnt, sie erlaubten eine Kommunikation über die Denkzeuge von Lerner zu Lerner und von Lehrer zu Lernenden und zurück («Tele-Mail»).

Alle diese Ergebnisse sind veröffentlicht und natürlich allen Interessenten zugänglich. Um so verwunderlicher ist es, daß immer wieder die Diskussion geführt wird, ob diese Unterrichtsmethode überhaupt einsetzbar ist!

Die Versuche in den oben erwähnten Schulen wurden natürlich nicht abgebrochen. Nachdem gezeigt war, wie gut dieses Medium ist, wird der CUU weiter eingesetzt. Heute geht man sogar dahin, nach der «reinen» Lehrphase den Computer in einem Mathematik-Labor («Mathlab») zu nutzen. Diese Anwendung kommt der Idee des Denkzeuges schon sehr nahe.

Orthographisch richtig schreiben können. Da es z. Z. – auch in den USA – noch keinen Sprechschreiber gibt, der akustisch gesprochene Sprache in Texte umsetzt, erscheint es vielen – noch – sinnvoll, alle Schüler dazu zu qualifizieren, ihre Gedanken in einem *orthographisch richtigen Schriftstück* niederzulegen. Bei diesem Lernziel ist es unabdingbar, daß Schüler die *Fertigkeit des orthographisch richtigen Schreibens* systematisch trainieren.

Auch dieses Problem ist in den USA intensiv mit Computerunterstützung angegangen worden. Hierbei zeigte sich, daß es durchaus möglich ist, durch systematische Diktatübungen am Rechner (auditive Ausgabe über Kopfhörer und computerisierte Verarbeitung der Eingaben der Schüler) orthographische Qualifikationen wesentlich zu verbessern. Wichtig ist hierbei z. B. der didaktische Trick, daß man die Schüler keine falschen Worte und Sätze schreiben läßt, sondern die Tastatur so lange «sperrt», bis sie richtige Eingaben probieren; dadurch wird verhindert, daß falsche Orthographie «gelernt» wird. Hier sieht man wieder, wie wichtig es ist, für das Medium CUU neue Strategien zu «erfinden» und *nicht* einfach den klassischen Unterricht unmittelbar zu kopieren.

Durch eine andere angemessene Strukturierung der orthographisch schwierigen Bereiche gelingt es, mit einfachen Worten und Regeln zu beginnen und systematisch Erschwerungen einzuführen. Damit kann sichergestellt werden, daß der Lernende nur mit Problemkreisen konfrontiert wird, die er aufgrund von Fertigkeiten in «niederen» Lernzielhierarchien sicher bewältigt.

Da die CUU-Programme in dem orthographisch sehr viel schwierigeren Englisch erfolgreich einsetzbar sind, gibt es keine vernünftigen Argumente anzunehmen, daß man die deutsche Orthographie nicht mit CUU besser vermitteln kann als ausschließlich im traditionellen Klassenunterricht, wo jeder Schüler seine Fehler macht – und immer wieder macht –, da der Lehrer in der Regel nicht die Zeit und

Gelegenheit hat, *alle* Fehler in den Aufzeichnungen aus dem Unterricht und in den Hausaufgaben rechtzeitig und angemessen zu korrigieren.

Kompetenz in einer Fremdsprache. Es ist sicher ein anstrebenswertes Lernziel, eine fremde Sprache so zu beherrschen, daß man sich im Ausland angemessen verständigen und fremdsprachliche Texte lesen kann. So vermitteln wir auch im Bildungswesen mindestens eine Fremdsprache als obligatorische Grundbildung.

Betrachtet man allerdings die Leistung des schulischen Fremdsprachenunterrichts, so ist man überrascht über die «Sprachlosigkeit» von Schülern der 10. oder 11. Klasse und insbesondere auch von denen, die nach dem Abitur – d.h. nach 7 Jahren Sprachunterricht, versuchen, sich im Ausland auszudrücken. Hierbei spielt das Defizit an Vokabeln eine zentrale Rolle. (Insbesondere im Englischen ist die für praktische Fälle notwendige Grammatik so einfach, daß der Mangel an Sprachkompetenz im wesentlichen auf Defizite im Vokabelschatz zurückzuführen ist.)

Auch hier zeigt sich, daß mit CUU ohne Schwierigkeiten ein systematisches Vokabel-Training möglich ist. Bereits relativ einfache Drill- und Übungs-Strategien erlauben die Vermittlung eines angemessenen Vokabelschatzes – vorausgesetzt, daß der Lernende willens ist, sich systematisch einem Training zu unterziehen. Dies ist bereits mit Systemen im Taschenrechnerformat möglich, wie das Beispiel des (primitiven) Langenscheidt-Trainers zeigt.

Besonders erfolgreich sind hierbei Strategien, in denen mit drei verschiedenen Wortschatzmengen umgegangen wird: 1. mit den Wörtern, die bereits gelernt wurden, aber wieder aufgefrischt werden sollen, 2. mit Wörtern, die schon einmal gelernt, aber wieder vergessen wurden, und 3. mit unbekannten neuen Wörtern. Man versucht, dem Lernenden in jeder CUU-Sequenz eine Reihe von neuen Wörtern zu vermitteln und gleichzeitig «wacklige» alte Vokabeln zu festigen sowie «ganz alte» zu sichern. Mit einem solchen Ansatz läßt sich in relativ kurzer Zeit ein Vokabelschatz im Bereich von einigen tausend Wörtern sichern. Gemessen daran, daß die Umgangssprache in der Regel nur fünfzehnhundert bis dreitausend Wörter umfaßt, ist dies ein vernünftiges Volumen, wenn man ernsthaft Sprachkompetenz erreichen will. Gekoppelt mit akustischen Ausgabegeräten ist diese Unterrichtsmethode auch zum Lernen der Aussprache ideal. – Auch hier zeigen intensive Untersuchungen, daß das Medium erstens akzeptiert wird und zweitens einen positiven Einfluß auf das Lernverhalten der Schüler/Studenten hat.

Speziell für Drill und Übungen mit CUU wurde in den USA eine Methode entwickelt, das «Corrective Feedback Paradigm (CEP)», das besonders die Nachteile anderer Methoden (z. B. Wiederholen von nichtbeantworteten Fragen, Vermeiden von «Zufallstreffern» usw.) ausschließt. Diese Methode wurde sowohl beim Rechnen-Drill als auch beim Vokabel-Training erfolgreich eingesetzt.

Über das reiche Vokabel-Training hinaus ist der CUU natürlich auch für die Festigung der Orthographie einer Fremdsprache und für die Vermittlung grammatikalischer Grundregeln brauchbar. Ferner gibt es zahlreiche Programme, die dem Lernenden auch beim Übersetzen einfacher Sätze helfen, Fehler analysieren und Hilfestellungen leisten.

Wenn über den erfolgreichen Schuleinsatz des CUU gesprochen wird, dann darf schließlich die Unterstützung von «Behinderten» als erfolgreiche Nutzung des «lehrenden» Denkzeuges nicht ausgelassen werden. Das NTID (National Technical Institut for the Deaf) in Rochester, N.Y., hat z. B. mit einem CUU-System mit Videounterstützung (DAVID = *D*ata *A*nalysis *V*ideo *I*nteractive *D*evice) gute Erfahrungen bei der Unterrichtung von Taubstummen gesammelt.

Es gibt ferner seit einiger Zeit «Vorlesemaschinen», die geschriebenen Text über einen Sprachsynthesiser hörbar machen. Zusammen mit einem CUU-System eignen sie sich für die Unterrichtung Blinder, wie dies z. B. in Urbana, USA, schon vor Jahren realisiert wurde. Viele amerikanische Bibliotheken haben derartige Vorlesemaschinen.

Gute Courseware in der beruflichen Ausbildung

Während sich in der Bundesrepublik das *öffentliche* Bildungswesen aus der Nutzung des Rechners in der Lehre herausgehalten hat, sind viele Programme entstanden, die in Industrie, Wirtschaft und Verwaltung zur Aus- und Weiterbildung genutzt werden. Hierfür gibt es unterschiedliche Motive: 1. organisatorisch einfache, *dezentrale* Verfügbarkeit von Courseware im Vergleich zu zentral durchzuführendem personalem Unterricht, 2. Potenz zum «schnellen Auf-dem-Stand-Halten» von Fertigkeiten vor Ort, 3. Kosten-Nutzen-Überlegung im Vergleich zu teuren personalen Phasen und Reisekosten, 4. vorhandene Verfügbarkeit von Informationstechnik für andere Aufgaben, auf der computerunterstützter Unterricht ohne weiteren Hardware-Ausbau angeboten werden kann («Mitläufer-CUU»).

Im folgenden sollen einige typische Beispiele dargestellt werden, um die Funktion des Denkzeuges als betriebliches Lehrsystem zu beschreiben.

Fertigkeiten zur Führung eines Flugzeuges. Seit Beginn der zivilen Luftfahrt ist die Ausbildung von Piloten ein schwieriges, kostspieliges, aber auch extrem wichtiges Element moderner Flugverkehrstechnik. Allerdings bietet die Ausbildung von Piloten in *realen* Flugzeugen einige Schwierigkeiten: 1. extreme Situationen können nur unter großer Gefahr für Mannschaft und Fluggerät trainiert werden, 2. das Fluggerät ist zunehmend teurer geworden, so daß der reale Einsatz von Trainingsmaschinen sehr viel Geld kostet, und 3. eine permanente Überprüfung von hohen «Minimalqualifikationen» ist *unabdingbar,* um die Sicherheit der Passagiere garantieren zu können.

Unter diesen Randbedingungen hat die Luftfahrt in den späten sechziger Jahren begonnen, Simulatoren für ihre Maschinen zu bauen, die es heute erlauben, einen großen Teil des Flugtrainings in einem Simulator-Cockpit zu verbringen. Hierbei sind das Cockpit und alle Instrumente sowie sämtliche Bedienungssysteme real, während der gesamte Flug (Navigation, Sicht, Bewegung) von einem Rechner und einer Hydraulik simuliert werden. Alle Ergebnisse der Simulation werden an den Piloten zurück vermittelt, sowohl im Bereich der Anzeigen als auch im Verhalten der Kanzel, die auf hydraulischen Stelzen angebracht ist und Bewegungen in der Art und Weise nachvollzieht, wie das Flugzeug es unter gleichen Bedingungen tun würde. Das gesamte Gesichtsfeld des Piloten wird entweder über eine Fernsehkamera von einer verkleinerten realen Umgebung photographiert oder (zunehmend) vollsynthetisch im Rechner generiert.

Einen Panzer führen können. Ähnliche Probleme wie bei der Ausbildung von Piloten gibt es bei allen Heeren der Welt auch im Training des Umgangs mit modernen Panzern. Deswegen sind auch hier rechnergestützte Simulatoren im Betrieb bzw. im Aufbau, die es erlauben, den Fahrer ohne Einsatz des realen Gerätes zu trainieren. Kosten- und Treibstoffeinsparung einerseits sowie die Simulation auch sehr seltener Gefechtssituationen andererseits stellen gravierende Vorteile des Simulators gegenüber der Nutzung des realen Fahrzeugs dar. – Wie bei der Pilotenausbildung kann auch bei der Panzerfahrerausbildung durch CUU eine unabdingbare Minimalqualifikation sichergestellt werden. – Neben dieser «Vollsimulation» nutzt man häufig auch Unterrichtssysteme, die nur Teilfunktionen simulieren.

Vermittlung von Fertigkeiten für den Umgang mit informationstechnischen Systemen. Nach der Einführung von Terminals in vielen Unternehmen (z. B. Banken, Versicherungen, Luftfahrtgesellschaften, Großindustrie) entstand relativ schnell das Problem, wie die Benutzer dieser Geräte auszubilden sind. Neben der Schulung in speziellen Ausbildungsstätten durch (personale) Trainer ergab sich die Möglichkeit, das Terminal unmittelbar für den computerunterstützten Unterricht zu nutzen. Besonders leistungsfähige Systeme haben die Fluggesellschaften entwickelt, die in der Regel ihr gesamtes nichttechnisches Bodenpersonal in der Nutzung des Buchungs- und Ticketing-Systems mit CUU einweisen.

Die wesentliche Lehrstrategie ist eine programmierte Instruktion, die in verschiedenen Schichten der Zugangsberechtigung zum System die Qualifikation der Nutzung des Buchungs- und Ticketing-Systems vermittelt. Nur nach erfolgreicher Durcharbeitung der Tests an den Systemen erhält das Bodenpersonal jeweils auch die Berechtigung zum Zugang zu den betreffenden Systemschichten. D. h., durch den CUU herrscht eine strenge Korrelation zwischen Qualifikation und Hierarchie der Zugangsberechtigung. Da im DV-System sowohl computerunterstützter Unterricht als auch die realen Platzbuchungen abgebildet werden, kann man während des Dialogs am Terminal zwischen beiden Nutzungsformen wechseln.

Ähnliche Strukturen werden benutzt, um *Operateure von Großrechnern* zu schulen. Auch dort wäre – ähnlich wie bei der Flugsimulation – die Arbeit an der echten Steuerkonsole des Großrechners zu aufwendig und zu riskant, deshalb wird der Großrechner (im Großrechner) simuliert, und der Operateur arbeitet während der Ausbildungsphase nicht an der realen Operatorkonsole, sondern nur mit einer auf einem Terminal simulierten Konsole.

Den Umgang mit einem neuen System schulen. In vielen Industrieunternehmen tritt häufig das Problem auf, neue Techniken beim Kunden oder im eigenen Betrieb rasch einzuführen. Es wird dann der Bedarf nach Schulung vieler Mitarbeiter *innerhalb einer relativ* kurzen Zeit relevant. Dieser ist durch ein Zusammenziehen aller zu schulenden Personen an einem Platz nicht zu befriedigen, da dann z. B. in den Werkstätten oder in der Produktion erhebliche Lücken entstehen würden. Deshalb scheint es sinnvoll, die Schulung vor Ort mit computerunterstütztem Unterricht durchzuführen.

So nutzen Automobil-Unternehmen z. B. die Kombination von *Computer und Bildplatte,* um ein neues System (z. B. ABS) vor Ort in den Werkstätten zu schulen. Hierbei ergibt sich häufig eine gemischte

Situation aus eigentlicher Schulung und direkter Unterstützung des problemlösenden Mechanikers, da dieser auch außerhalb der eigentlichen Schulung zur Courseware zugreifen kann, um sich gezielt Rat bei Reparaturen zu holen («Training on the Job»).

In der Luftfahrt geht man dazu über, die Piloten besser vorzubereiten, bevor diese in den Simulator gehen; denn die Simulatorstunden sind immer noch teuer, verglichen mit dem kognitiv orientierten CUU. Daher werden Teile des Cockpits auf dem Bildschirm abgebildet und simuliert (Part Task Training). Erst wenn bei diesem kognitiven Vortraining keine Fehler mehr auftreten, erlaubt man den Zugang zum beweglichen Simulator, in dem dann deutlich weniger Zeit gebraucht wird.

Ein ähnliches Prinzip wird beim Operatortraining angewandt, z. B. bei Kraftwerkbedienern (z. B. bei WESTINGHOUSE, TOLEDO, EDISON). Sowohl das Part Task Training (einzelne Bereiche des «Kommandostandes» werden simuliert) als auch Mehrplatz-Simulationen (auf verschiedenen CUU-Arbeitsplätzen erscheinen Anzeigen verschiedener Instrumente) werden dabei genutzt. Diese Firmen erhöhen durch besseres Training die Sicherheit. (Man weiß heute, daß das «Three-Mile-Island»-Unglück bei besserer Ausbildung des Personals nicht eingetreten wäre!)

Lebenslanges Lernen mit dem Computer

Neben dem Einsatz für eine gezielte, einmalige Vermittlung von Fertigkeiten oder Fähigkeiten kann der Computer natürlich auch dazu benutzt werden, Qualifikationen ständig fortzuentwickeln und auf alten neuen «aufzubauen». Diese Funktion der «Continous Education» übernehmen z. Z. zahlreiche Systeme in den Betrieben, aber zunehmend auch «selbst-erklärende» Software-Systeme.

Als ein anderes Beispiels sei eine Baumaschinenfirma genannt, die ihren Mitarbeitern (Verkäufern und Wartungsspezialisten) über deren Denkzeuge laufend die neuesten Informationen über Produkte mitteilt. Die Mitarbeiter lassen sich ihr Denkzeug regelmäßig (z. B. über Nacht) «auftanken», Wartungstechniker können ihr Denkzeug auch zur Fehlersuche benutzen. – Ähnlich geht eine Firma für medizinische Geräte vor, die über CUU ihren «Kundenkreis» (Ärzte und Krankenhauspersonal) über den Umgang mit den (neuen) Geräten informiert bzw. auf Änderungen aufmerksam macht.

Für zukünftige Denkzeuge ist diese Funktion der Vermittlung des lebenslänglichen Lehrens und Lernens von größter Wichtigkeit. Es ist unabdingbar, daß der Rechner nicht nur Probleme löst und *einmalig* Fertigkeiten vermittelt, vielmehr muß er als Denkzeug ständig verfügbar sein, um neue Qualifikationen des Menschen «jenseits» der Optionen der Informationstechnik zu ermöglichen.

Dies darf natürlich nicht – wie oft genug betont – derart gewertet werden, daß die gesamte Qualifizierung des Menschen etwa nur durch den Rechner erfolgen soll. Ganz im Gegenteil, es ist eine angemessene Balance zwischen den wichtigen personalen Lehr- und Lern-Phasen und den CUU-Phasen zu entwickeln. Nur darf das nicht dazu führen, daß lebenslängliches Lernen zunächst auf die personalen Phasen vertröstet wird und dann schließlich gar nicht stattfindet. Leider trifft dieser Sachverhalt häufig – insbesondere z. B. für die Lehrerfort- und weiterbildung – zu. Nur ein kleiner Anteil der beamteten Lehrerschaft und der Ausbilder bilden sich *regelmäßig* fort.

Ständig auf dem letzten Stand der Fehleranalyse technischer Systeme sein. In vielen weltweit operierenden Großunternehmen kommt es darauf an, alle Wartungsarbeiten nach einheitlichen Konzepten durchzuführen und sicherzustellen, daß jeder gefundene Fehler und dessen Reparaturmöglichkeit sofort registriert und damit allen anderen Technikern – über ein Rechnernetz – verfügbar wird.

Ein derartiges System betreibt z. B. die IBM, die weltweit alle registrierten Fehler in ihren Systemen einheitlich erfaßt und damit der weiteren Verarbeitung zugänglich macht. Das IBM-System stellt eine Mischung aus Lehr- und Lern-System einerseits und Informations-System andererseits dar. Es vermittelt neue Strategien im Umgang mit neuer Technik, und es erlaubt dem Techniker gleichzeitig, jederzeit in einer aktuellen Liste von Hilfen für Diagnose und Reparatur nachzuschlagen. Durch diese Mischstrategie wird sichergestellt, daß jeweils bei der Reparatur ein hoher Leistungsstand verfügbar ist – als Mischung aus der Leistung primär menschlicher Fertigkeiten und computergespeicherter Daten und Strategien.

Eine ähnliche Implementation gibt es auch bei der Lufthansa für ihr technisches Personal. Mit ROD (*R*eliability data *O*n *D*emand) können sich die LH-Techniker in der ganzen Welt über den aktuellen Status sämtlicher Maschinen und technischer Geräte informieren. Der Zugriff zu diesem System geschieht nicht nur über das Kommunikationsnetz der Lufthansa, sondern über Telephon- und Telex-Leitungen.

Die Techniker können sich seit 1976 die aktuellen Daten eines Flugzeugtyps, eines bestimmten Flugzeugs, ja sogar einzelner Teile ausgeben lassen. So erfahren sie, welche Aggregate besonderer Wartung bedurften, ausgetauscht wurden oder irgendeinen Anlaß für besondere Aufmerksamkeit lieferten; man könnte dies wohl als «Anamnese» und «Krankengeschichte» bezeichnen. Mit ROD können sich die Techniker schon auf ihren Einsatz gründlich vorbereiten, während das Flugzeug noch in der Luft ist bzw. sich im Anflug auf den Flughafen befindet. Wichtige Beobachtungen und Beanstandungen werden auf jeden Fall auch in der Zentrale bekannt, so daß von dort Unterstützung gegeben werden kann.

Pro Monat werden 20 000 bis 30 000 Abfragen bearbeitet. Durch die Möglichkeit, die Daten nach bestimmten Kriterien «aufzubereiten», z. B. «gleichartige Beanstandungen», «Typ-Abhängigkeit», «Fehler in einem Zeitraum», «geographisch», «statistisch», «historisch» usw., geht dieses System weit über ein reines Abfragesystem hinaus in *Richtung Denkzeug-Einsatz* eines externen flexiblen Gedächtnisses und Hilfssystems des Technikers. Es ist ein «zentrales Denkzeug», welches von vielen gemeinsam genutzt wird.

Ein ähnliches System betreibt z. B. die Lufthansa für ihr technisches Bodenpersonal. Hier besteht die Möglichkeit, sich in den relativ großen Pausen zwischen Noteinsätzen intensiv auf den letzten Stand des Wissens zu bringen, um dann – in der Regel unter Streß – die Reparaturen zügig durchführen zu können. Hier werden Mischsysteme aus Alphanumerik, Graphik und visueller Information (interaktiver Bildplatte) für den CUU genutzt.

Das Konzept des sich selbst-erklärenden Problemlösers. Häufig besteht der Bedarf, ein problemlösendes System kennenzulernen, um es gezielt zu nutzen; sei dies nun bei technischen Geräten, einem Computerprogramm oder einem neuen Kommunikationssystem. In vielen Situationen dieser Art wird heute allerdings noch personaler Unterricht genutzt. Dieser scheint aber recht veraltet gegenüber der Möglichkeit, daß das betreffende System sich selber einführt.

Wir machen im Bereich der «selbst-erklärenden Problemlöser» zwar nur langsame Fortschritte, aber es gibt mittlerweile einige Produkte – insbesondere bei moderner Software für Denkzeuge –, die diesen Ansatz konsequent verfolgen. Im wesentlichen werden hierbei zwei Strategien verfolgt: 1. In einem kleinen Lehrprogramm wird ein Überblick über das gesamte System gegeben, so daß der Lernende/Problemlösende in der Lage ist, dieses mit großer Sicherheit zu betreiben, 2. während der Benutzung des Systems hat der Lernende die Möglichkeit, jederzeit eine kontext-abhängige Unterstützung («HELP-Funktion») anzufordern. Diese wird aus einer entsprechenden Datei abgerufen. Bei einer angemessenen Organisation des Systems wird sichergestellt, daß die Hilfe wirklich auf Zustand und spezifische Belange des Lernenden eingeht.

Mit diesem Verfahren wird ein interaktiver Umgang mit dem Denkzeug ermöglicht: dieses bietet Problemlösungen und hilft gleichzeitig, die menschlichen Qualifikationen in der Nutzung der Problemlösungen zu entfalten.

In den **Abbildungen 23 bis 25** ist eine Sequenz derartiger Inanspruchnahme von Unterstützung als Beispiel abgebildet: nach einer bestimmten Menü-Auswahl hat der Problemlösende hier Schwierigkeiten, sich vorzustellen, welche Optionen er in einem der Menüs hat. Er wählt deswegen die kontext-abhängige Hilfe «?». Daraufhin wird ihm erläutert, was die Optionen an dieser Stelle bedeuten (**Abbildung 24**). Nach Erkennen der für ihn richtigen Option springt er in die ursprüngliche Problemlösungssituation zurück und bearbeitet sein Problem weiter.

```
-1              1                  2                 3              4          5
 1
 2           1985
 3  Kostenstelle 130
 4                            Kapazitaetsgr.  Personalbedarf
 5           Januar :                  30,00           21,00
 6          Februar :                  32,00           25,00
 7            Maerz :                  31,00           29,00
 8            April :                  30,00           28,00
 9              Mai :                  30,00           25,00
10             Juni :                  32,00           28,00
11             Juli :                  35,00           30,00
12           August :                  40,00           32,00
13        September :                  32,00           30,00
14          Oktober :                  30,00           31,00
15         November :                  30,00           28,00
16         Dezember :                  30,00           26,00
17
18
                              KST130.MPD
AUSSCHNITT UMRAHMEN ändern in Ausschnitt Nummer: 1
                            Dateinamen anzeigen:(Ja)Nein

Bitte eine Zahl eingeben!
Z17S3                              100% frei       Multiplan: KST130.MPD
```

Abbildung 23
Einfügen neuer Umrahmungen im Programm MULTIPLAN.
Der Benutzer ist hier in der Situation, daß er einen Ausschnitt in das Programm einfügen will. Er hat dazu im Grundmenü einen Ausschnitt gewählt, weiß aber jetzt nicht, wie weiter. Dazu gibt er ein Fragezeichen ein und erhält dann eine Anzeige wie in der nächsten Abbildung als Hilfe.

```
AUSSCHNITT UMRAHMEN

Umrahmt einen Ausschnitt oder entfernt eine vorhandene Umrahmung. Wahl der
Option "Dateinahmen anzeigen:" zeigt in einem umrahmten Ausschnitt den Datei-
namen an.

AUSSCHNITT LöSCHEN

Löst den angegebenen Ausschnitt auf.

AUSSCHNITT VERBINDEN

Ausschnitte werden zum Zweck des gleichzeitigen Rollens verbunden.
Bestehende Verbindungen können aufgelöst werden.

Parameter:

1/2. Nummer:, mit Ausschnitt Nummer: Schlagen ein Ausschnittpaar vor. Beachten
     Sie bitte, daß nur benachbarte Ausschnitte miteinander verbunden werden


HILFE: Wiederaufnahme Erklärung_Hilfe Nächste_Seite Vorhergehende_Seite
       Lösungen Befehle Ändern_Vorschläge Formeln Tastatur Makros
Wählen Sie bitte eine Option oder geben Sie deren Anfangsbuchstaben ein!
Z17S3                            100% frei      Multiplan: KST130.MPD
```

Abbildung 24
Kontextabhängige Hilfe im MULTIPLAN.
Im oberen Abschnitt des Bildschirms ist jetzt die kontextabhängige Hilfe zu erkennen. Es wird erläutert, wie ein Ausschnitt umrahmt, gelöscht und verbunden werden kann. Im unteren Teil sieht man das Grundmenü in der Hilfe-Sequenz. Dort sind mehrere Optionen verfügbar, die durch Eintippen des Anfangsbuchstabens oder durch Auswählen am Bildschirm mit der Maus angesteuert werden können.

```
-1          1            -2        2              3             4
  3                         6
  4                         7  Kapazitaetsgr. Personalbedarf
  5        1985                               KST130.MPD
  6   Kostenstelle 130
  7                      -3        2              3             4
  8              Januar :   8        30,00          21,00
  9             Februar :   9        32,00          25,00
 10               Maerz :  10        31,00          29,00
 11               April :  11        30,00          28,00
 12                 Mai :  12        30,00          25,00
 13                Juni :  13        32,00          28,00
 14                Juli :  14        35,00          30,00
 15              August :  15        40,00          32,00
 16           September :  16        32,00          30,00
 17             Oktober :  17        30,00          31,00
 18            November :  18        30,00          28,00
 19            Dezember :  19        30,00          26,00
 20                        20
     KST130.MPD                              KST130.MPD
BEFEHL: Text Ausschnitt Bewegen Druck Einfügen Format Gehezu Hilfe Kopie Löschen
 Name Ordnen Pfad Quitt Radieren Schutz Übertragen Verändern Wert Xtern Zusätze
Wählen Sie bitte eine Option oder geben Sie deren Anfangsbuchstaben ein!
Z3S1                             100% frei      Multiplan: KST130.MPD
```

Abbildung 25
Neu eingeteilter Bildschirm in MULTIPLAN.
Mit der Hilfe, die in voriger Abbildung dargestellt wurde, kann der Problemlösende jetzt seine Einteilung vornehmen und erreicht die hier dargestellte Dreiteilung seiner Bildschirmoberfläche. Er befindet sich danach wieder im Grundmenü und kann nun weiter mit MULTIPLAN arbeiten.

Unterstützung Behinderter durch Denkzeuge

In der Diskussion um die Komplementarität menschlicher und technischer Leistungen im Bereich der Verarbeitung von Informationen geht man normalerweise vom «Durchschnittsbürger» aus. Dabei wird übersehen, daß wir in der Bevölkerung eine *breite* Verteilung geistiger und körperlicher Leistungen haben. *Den* «Durchschnittsbürger» gibt es schlicht nicht. Wir leben in einer Gesellschaft, in der wir ca. 1 % geistig Schwerbehinderter, ca. 5 % geistig Behinderter und nur einen geringen Prozentsatz von Menschen haben, die Intelligenzquotienten jenseits von 130 besitzen. Dazwischen existiert eine breite Verteilung geistiger Leistungen.

Wenn wir also Überlegungen über die Nutzung der Informationstechnik in ihrer Komplementarität zu verfügbaren (biologisch-) menschlichen Leistungen anstellen, so ist es sehr wichtig, sich klarzumachen, daß gerade im Bereich der «Behinderten» die Denkzeuge *besondere* Bedeutung gewinnen. Bei ihnen nämlich fehlen entweder ganze Bereiche geistiger Leistungen oder doch wesentliche Qualifikationen. In dieser Situation hat sich nun bereits gezeigt, daß das Konzept der psychischen Mobilität mit Informationstechnik durchaus realistisch ist. *Es gestattet in der Tat, vorhandene Defizite, die bei «Behinderten» unmittelbar evident sind, auszugleichen.*

Dies gilt sowohl im Hinblick auf den Lernprozeß und die Problemlösungsfähigkeit als auch die Unterstützung psychomotorischer Leistungen. Der «Behinderte» kann durch die Nutzung informationstechnischer Systeme ein völlig neues Leistungsniveau erreichen, die psychische Mobilität mit Informationstechnik wird unmittelbar anschaulich.

Verschiedene Berichte über diverse Projekte in der Lernbehindertenpädagogik (siehe Literatur zu diesem Kapitel) lassen eindeutig den Schluß zu, daß sich der Einsatz von CUU auch bei diesem Adressatenkreis nicht nur lohnt, sondern teilweise sogar zu «dramatischen» Leistungssteigerungen führt.

Derartige Beobachtungen wurden sowohl bei Kindern als auch bei Erwachsenen mit besonderen Lerndefiziten gemacht; die Untersuchungen fanden in verschiedenen Fächern (z. B. Mathematik, Sprachunterricht) statt. Die übereinstimmenden, für den CUU ermutigenden Ergebnisse sind außerdem länder- bzw. kulturkreisunabhängig, wie die Untersuchungen zeigen. Damit wird auch das häufig von Pädagogen in Deutschland genannte Argument widerlegt, daß diese Art des Unterrichts sich bei uns nicht eignet und nur in bestimmten anderen Ländern/Kulturen einsetzbar ist.

Für verschiedene Behinderungen wurden CUU-Systeme, teilweise mit besonderen Zusatzgeräten, entwickelt. So hat – wie bereits erwähnt – z. B. das «National Technical Institute for the Deaf» in Rochester, N. Y. mit dem DAVID-System (*D*ata *A*nalysis *V*ideo *I*nteractive *D*evice) gute Erfahrungen bei der Unterrichtung von *Taubstummen* gesammelt. Ähnlich gute Erfahrungen und Ergebnisse wurden bei *Hörgeschädigten* bei anderen CUU-Projekten (auch in der BRD) gemacht. Bei der Schulung dieses Adressatenkreises werden nicht nur spezielle Ergänzungen zum Denkzeug eingesetzt, sondern in der Courseware spezielle didaktische Wege erprobt, die für diesen Kreis optimal sind: so können z. B. die Bewegungen der Artikulationsorgane bei der Erzeugung beliebiger Laute sichtbar gemacht werden, oder es werden bei akustischer Eingabe die erzeugten Schwingungen (Amplituden-Frequenz-Diagramme) mit den Soll-Kurven verglichen, damit der Lernende seine Aussprache verbessern kann. *Stotternde* können mit ihrem Denkzeug günstigere Atem- und Stimmeinsatztechniken erlernen.

Bei *Aphasikern* (Menschen mit partiellem oder totalem Sprachverlust) zeigen verschiedene Projekte die Vorteile des CUU, nämlich individuell mehrkanalig lernen und üben zu können. Diese Mehrkanaligkeit (Text, Bild – bewegt, farbig als Grafik oder Video – Ton, Sprache, Musik) wirkt sehr motivierend und hat eine für diesen Adressatenkreis besonders wichtige deblockierende Wirkung.

Ein großes, neues Feld für die Informationstechnik ergibt der Einsatz für *Körperbehinderte.* Mit der Mikroelektronik können viele Schwächen gemildert oder sogar behoben werden. Zu nennen sind sowohl die unterschiedlichen prothetischen Hilfssysteme inklusive Sprechhilfen als auch unterstützende Schalterfunktionen, die z. B. durch Luftdruck oder durch Augenbewegung betätigt werden können.

Es sei auch auf eine Gruppe Behinderter hingewiesen, für die sich dezentrale Denkzeuge als gut erwiesen haben: die *Gefangenen.* In den USA werden seit gut zehn Jahren Strafgefangene, besonders Jugendliche, mit CUU unterrichtet – mit sehr großem Erfolg. Die Lernenden konnten ihr Wissen verbessern, einen Schulabschluß erreichen und leichter resozialisiert werden.

Diese Beispiele machen deutlich, daß es *in der Tat möglich ist,* auch tiefgreifende informationsverarbeitende Defizite beim Menschen durch Informationstechnik zu kompensieren. Die bisherige Nutzung liegt in diesem Feld sicher noch weit unter den hier vorhandenen Möglichkeiten. – Allerdings gibt es – gerade in der Bundesrepublik – auch eine Reihe von generellen sozialen Einwänden gegen die Nutzung von Technik; häufig wird argumentiert, daß «Behinderte» menschlich unterstützt werden müssen und man auf Technik verzichten sollte.

Diese Forderung ist grundsätzlich natürlich richtig – wenn sie nur wirklich erfüllt würde! Die Praxis in vielen Heimen physisch und psychisch «Behinderter» zeigt allerdings eher eine gegenteilige Realität. Angesichts der *erheblichen* Personalkosten, die hier entstehen, besteht der Trend, nur eine «mittlere» Unterstützung zu gewähren, anstatt *individuelle* optimale Lösungen zu suchen. Informationstechnik bietet sich hier angesichts der erkennbaren Kostendegression in zunehmendem Maße an. Sie ist ein Stück sinnvolle «menschliche Krücke», wenn sie nur angemessen integriert und genutzt wird! *Dies gilt letztlich für alle Menschen in irgendeiner «Ecke», weil jeder irgendwo behindert ist.*

Leider sind diese erfolgreichen Ansätze zur Nutzung der Informationstechnik in der Öffentlichkeit kaum zur Kenntnis genommen worden. Dies hängt natürlich damit zusammen, daß wir «Behinderte» – leider – möglichst aus unserem gesellschaftlichen Gesichtsfeld ausgrenzen. Man sieht dies z. B. bei der Frage der Arbeitsplatzbeschaffung für «Behinderte». Selbst im öffentlichen Dienst werden weit weniger als die gesetzlich geforderte Prozentzahl beschäftigt!

Weil wir glauben, daß dieses Thema viel zu wenig Beachtung findet, haben wir diesen Abschnitt nicht in den Anhang «verdrängt». Es sei hier auch ein etwas umfangreicherer Ausschnitt aus der Literatur zum vertiefenden Lesen zusammengestellt. Mit Absicht wurde hier – und nur hier – der Zugang zur Originalliteratur bewußt hergestellt.

Literaturhinweise zum Abschnitt: Unterstützung «Behinderter» durch Denkzeuge.

Atkinson, R. et. al.: Computer Assisted Instruction in Initial Reading – Individualized instruction based on optimization procedures. Educational Technology, 13, 355, 1973.

Atkinson, R.: Learning Aspects of Computer Assisted Instruction. Computers and Education, New York 1967.

Bauer, G.; Ohms, S. und Sturzebecher, K.: Computerunterstützter Mathematikunterricht und leistungsschwache Schüler – Eine empirische Untersuchung. Unterrichtswissenschaft, 4, 355, 1976.

Burns, P. and Bozeman, W.: Computer-Assisted Instruction and Mathematics Achievement – Is there a Relationship. Educational Technology, 16, 42, 1976.

Caldwell, R. and Rizza, P.: A Computer-based System of Reading Instruction for Adult Non-Readers. AEDS Journal, 12, 155, 1979.

Denoix, G.: A Speech Input and Processing board for a Personal Computer. IBM France Scientific Center, Paris 1984.
Deuse, A.: Über die Entwicklung des Dialogs und der Spieltätigkeit beim Kind: kommunikations- und neurophysiologische Aspekte und die Pathogenese von Redeflußstörungen. Referat auf dem Kongreß der Deutschen Gesellschaft f. Sprachheilpäd. 1986 i. Druck.
Deuse, A.: ‹CAFET› dt. Adaption: Ein computerunterstütztes Training zur Einübung der Sprechflüssigkeit mit Stotternden (Arbeitstitel). Veröff. Anfang 1987.
Esser, G. und Ruhrberg, W.: Umwandlung akustischer Signale in farbige Bilder zum besseren Spracherwerb schwerhöriger und gehörloser Kinder. 50. Jahrestag d. Dt. Gesellschaft f. Hals-Nasen-Ohren-Heilkunde, Berlin 1979.
Goebel, M.: ‹CAFET› – A computer-aided fluency establishment Trainer. Annandale Fluency Clinic 1986.
Heike, G.; Philipp, J. und Hilger, S.: Computergrafikdarstellung von Artikulationsbewegungen zur Unterstützung des Artikulationstraining. Sprache – Stimme – Gehör, 10, 4, 1986.
Hesselmann, N.: Computergestütztes visuelles Artikulationstraining. Sprache – Stimme – Gehör, 6, 82, 1982.
Lysiak, F.; Wallace, S. and Evans, C.: Computer-assisted instruction. Arlington 1976.
Mason, G. and Blanchard, J.: Computer applications in Reading. Newark Del., International Reading Association 1979.
Nolte, P.; Printzen, R. und Esser, G.: Sprach-Farbbild-Transformation (SFT) – Erweiterte Möglichkeiten im Sprachunterricht bei Hörgeschädigten. Zeitschrift Hörgeschädigter Kinder, 4, 194, 1983.
Osin, L.: Computer-Assisted Instruction in Arithmetic in Israeli disadvantaged Elementary Schools. Computers in Education, North-Holland Publishing Company IFIP 1981.
Raum, M. et. al.: Bericht über den Versuch in Schulen für Lernbehinderte und Schulen für Geistigbehinderte das Rechnen zu üben mit Hilfe eines Computers. Manuskript, Hamburg 1982.
Rooney, R.: Evaluation Report for University Business Cooperative. U.S. Office of Education 1981.
Rostrow, A. and Sewell, D.: Microtechnology in Special Education. Baltimore 1983.
Stachowiak, F.: Sprachtherapie mit dem Mikrocomputer. Rh. Landesklinik Bonn, Abt. f. Sprachstörungen 1985.
Walter, J.: Lernen mit dem Computer; Möglichkeiten – Grenzen – Erfahrungen. Düsseldorf 1984.
Walter, J.: Einsatzmöglichkeiten von Mikrocomputern als Lernhilfe bei Schülern mit Lernschwierigkeiten. Zeitschrift f. Heilpäd., 36, 562, 1985.

Literaturhinweise zum Kapitel

Bauer, K.-O.; Hünert, M. und Zimmermann, P.: Jugend vor dem Bildschirm. Universität Dortmund, Zwischenbericht 1985.
Baum, G.: Computer Unterstützter Unterricht. Soldat und Technik, 7, 400, 1986.
Beech, G. (Ed.): Interactive Learning on the IBM-PC. Chichester 1986.
Blease, D.: Evaluating Educational Software. London 1986.

Boettcher, E.; Alderson, S. and Saccucci, M.: A Comparison of the Effects of Computer-Assisted Instruction versus Printed Instruction on Student Learning in the Cognitive Categories of Knowledge and Application. Journal of Computer-Based Instruction, 8, 13, 1981.

Boysen, V. and Thomas, R.: Interactive Computer Simulation of Reading Skill Weakness. Journal of Computer-Based Instruction, 5, 45, 1979.

Duncon, K. and Harris, D. (Ed).: Proceedings of the 4th World Conference on Computers in Education WCEE 1985 Part I and II. Amsterdam 1985.

Geerling, M. (Ed.): Computer based Education in Banking and Finance. Amsterdam 1986.

Goepfrich, H.: Bildschirmtext in der Ausbildung. Berlin 1986.

Gott, S.; Bennet, W. and Gillet, A.: Models of Technical Competence for Intelligent Tutoring Systems. Journal of Computer-Based Instruction, 13, 43, 1986.

Hameyer, U. (Hrsg.): Computer an Sonderschulen – Einsatz neuer Informationstechnologien. Weinheim 1987.

Hesselmann, N.: Computergestütztes visuelles Artikulationstraining. Sprache – Stimme – Gehör, 6, 82, 1982.

Hoppe, H.-U.: Das Logo-Konzept für den Computereinsatz im Mathematikunterricht. Pädagogische Hochschule Esslingen, Logo-Papier 4, Bericht 20.

Hutchins, W.: Machine Translation – Past, Present, Future. Chichester 1986.

Hydrick, J. (Ed.): Micro-Computers in Education Conference – Ethics and Excellence in Computer Education: Choice or Mandate. Rockville 1986.

Kamps, B. und Kamradt, T.: Vokabellernen am Computer: besser geht's nicht. Schulpraxis, 6 (3), 43, 1986.

Kulik, J.; Kulik, C. and Bangert-Drowns, R.: Effectiveness of Computer-Based Education in Elementary Schools. Computer in Human Behavior, 1, 59, 1985.

Lecarme, O. and Lewis, R. (Ed.): Computers in Education Informatique et Enseignement, IFIP , 2nd World Conference Internationale. Amsterdam 1975.

*Lewis, B. and Tagg, D. (Ed.):*Computers in Education, Proceeding of the IFIP TC-3, 3rd. World Conference on Computers in Education-WCCE Part I and II. Amsterdam 1981.

Montanelli, R.: Evaluating Plato in the Teaching of Computer Science. Journal of Computer-Based Instruction, 5, 72, 1979.

Peters, D. (Ed.): The Yearbook of Computer-Based Music Instruction. Journal of Computer-Based Instruction 6/7, 1980.

Pycior, S.: The Future of Teaching the Past: Computer-Assisted Instruction in History. Computers and the Humanities, 18, 205, 1984.

Robinson, C. and Matre, N.: The Automated Maneuvering Board Trainingssystem: Im Inprogress Implementation Evaluation. Journal of Computer-Based Instruction, 13, 35, 1986.

Solomon, C.: Computer Environments for Children – A Reflection on Theories of Learning and Education. Cambridge MA 1986.

Sorlie, W. and Essex, D.: The University of Illinois Basic Medical Science Plato IV Project – An Evaluation. Journal of Computer-Based Instruction, 5, 50, 1979.

Tomek, I. and Muldner, T.: A Pascal Primer with PMS New York 1986.

Winkel, B. (Ed.): Microcomputers in the Undergraduate Curricula. Collegiate Microcomputer, 1(1), 1983.

Zilahi-Szabó, M.: Computerunterstützter Hochschulunterricht im Grund- und Hauptstudium der Betriebswirtschaft und Psychologie. Justus-Liebig-Universität Gießen 1976.

Kapitel VII
Zur Ökonomie des Denkzeuges

Menschliche Informationsverarbeitung hat ihren Preis. Wir sehen dies z. B. an den hohen Lohnkosten und dem riesigen Bildungsetat in der Bundesrepublik Deutschland. Auch technische Informationsverarbeitung kann natürlich nicht ohne Kosten angeschafft und genutzt werden. Es läßt sich jedoch zeigen – und dies ist Aufgabe dieses Kapitels –, daß heute bereits in vielen Bereichen technische Informationsverarbeitung wirtschaftlicher genutzt werden kann als menschliche Leistung.

Die folgende Analyse wird zunächst nur auf der Mikro-Ebene durchgeführt. Es ist natürlich notwendig, auch die sich daraus ergebenden volkswirtschaftlichen Konsequenzen zu erörtern, dies kann allerdings nicht im Rahmen dieses Buches geschehen. Ausführliche Überlegungen zur Ökonomie einer human computerisierten Gesellschaft finden sich in Haefner, K.: Mensch und Computer im Jahre 2000 – Ökonomie und Politik für eine human computerisierte Gesellschaft, Basel 1986 (3. Auflage).

Grundsätzliche Überlegungen

Obwohl für die Nutzung moderner Informationstechnik häufig mit ökonomischen Überlegungen argumentiert wird, ist eine unmittelbare Wirtschaftlichkeit vor Ort häufig nur schwer zu ermitteln. Es bedarf vielmehr längerer Argumentationsketten, um ökonomische Wirkungen zu zeigen. Insbesondere sind «Fernwirkungen» in anderen Bereichen und zeitliche «Spätwirkungen» zu berücksichtigen. (Das Beispiel der Kreditinstitute zeigt dies sehr plastisch. Als die Automatisierung der Banken einsetzte, ergab sich «vor Ort» keine Wirtschaftlichkeit; diese entstand erst durch den Einstieg ins Massengeschäft der Girokonten für jedermann und die daraufhin folgende Einführung von Gebühren.)

Am einfachsten rechnet sich stets eine *billigere* technische Lösung gegenüber einer teureren personalen. Dies wird z.B. im Bereich des klassischen arithmetischen Rechnens besonders deutlich: es ist natürlich sehr viel billiger, mit einer automatischen Registrierkasse Warencodes und Preise zu erfassen, als dies alles von Hand aufzuschreiben und dann im Kopf auszurechnen.

Schwieriger wird die Argumentationskette allerdings schon im Bereich der privaten Nutzung des Denkzeuges Taschenrechner. Natürlich ist bei einem Kaufpreis von heute nur einigen 20 DM das System sicher ein billiger Problemlöser. Ob es sich aber wirklich wirtschaftlich «rechnet», bleibt dahingestellt: viele Besitzer von Taschenrechnern arbeiten nur selten mit diesen, und ihre Zeit, die sie durch schnellere arithmetische Operationen gewinnen, kann kaum scharf kalkuliert werden, da sie bestenfalls für Freizeit zur Verfügung steht und Freizeit in der Regel keinen «marktgängigen» Preis hat.

Es gibt jedoch andere Argumente für die Nutzung von Denkzeugen. Diese und andere ökonomische Aspekte sollen im folgenden zusammengestellt werden:

1. Schnellere Lösungen. Häufig kommt es darauf an, auf ein Problem *schnell* mit einer Problemlösung zu reagieren. Da die technischen Informationsverarbeitungsgeschwindigkeiten in der Regel die des Menschen weit übersteigen, bietet das Denkzeug deshalb hier unmittelbare Vorteile. Häufig zahlt sich Schnelligkeit in der Leistung eines Unternehmens oder auch im privaten Verhalten aus: man kann an den Märkten besser reüssieren oder privat seine Zeit sinnvoller einsetzen.

Der Schnelligkeitsvorteil hat also einen ökonomischen Aspekt, wobei man allerdings die Rechnung nicht unmittelbar durch Vergleiche von Kosten «vor Ort», sondern nur durch Gesamtbetrachtungen, ggf. recht langfristig, machen kann. Leistungen, die man schnell erbringt, kann man besser vermarkten, selbst wenn sie eventuell etwas teurer sind als Leistungen, die zu spät verfügbar sind, um sie gegenüber der Konkurrenz überhaupt noch anzubieten!

2. **Zuverlässigere Lösungen.** In der Alternative menschlicher oder technischer Informationsverarbeitung zeichnet sich – bei gut funktionierenden Denkzeugen – in aller Regel die informationstechnische Lösung durch höhere Zuverlässigkeit aus. Es werden weniger Fehler gemacht. Dies ist natürlich zunächst ein evidenter Vorteil. Wenn man aber versucht, ihn betriebswirtschaftlich oder privat zu kalkulieren, so stellt man wieder fest, daß der eigentliche Gewinn nur über den Erfolg am Markt bzw. die damit erreichbaren Erfolge im privaten Leben zu rechnen ist.

In der Industrie kann man mit Informationstechnik Qualität sichern und damit auf den Märkten bessere Produkte anbieten. Ob diese sich besser verkaufen, ist von Fall zu Fall zu prüfen, in der Regel gibt Qualität den Ausschlag. – Im privaten Bereich ist es auch eine Frage des Prestiges, inwieweit man «zuverlässig» und «berechenbar» ist. Dies hat natürlich Konsequenzen für die persönliche Anerkennung und den potentiellen Tausch «privater Dienstleistungen». Es ist z. B. schwer in Geld auszudrücken, was die Sympathie der Nachbarn wert ist, wenn man mit einem kleinen CAD-System hilft, ihren Hausanbau zuverlässig zu entwerfen; der «Effekt» mag erst viele Jahre später eintreten, wenn die Nachbarn sich «natürlich» um ein krankes Kind kümmern.

Es läßt sich auch nur schwer der Nutzen in DM ausdrücken, der zum Beispiel für einen Lehrer darin besteht, seine täglichen Unterrichtsvorbereitungen zuverlässig zu archivieren. Ebenso schwierig läßt sich in einer Kosten-Nutzen-Kalkulation der potentielle Austausch dieser Materialien über eine entsprechende informationstechnische Infrastruktur mit Fachkollegen bewerten.

3. **Investitionsgut oder konsumtiver Verbrauch?** Angesichts relativ geringer Kosten für persönliche Computer-Hardware einerseits und leistungsfähiger Software andererseits entsteht mehr und mehr die Frage, wie diese Produkte überhaupt abzuschreiben sind. Durch das schnelle Veralten der Geräte wird dieses Thema noch brennender.

Sicher bleibt festzuhalten, daß eine *langfristige* Amortisation informationstechnischer Systeme nicht (mehr) möglich ist. Man muß vielmehr mit kurzen Abschreibungszeiten rechnen. Die Finanzämter akzeptieren heute zwei bis drei Jahre. Es gilt also, bei Betrachtung von Kostenstrukturen zu prüfen, ob bei Abschreibungen innerhalb derart kurzer Zeiten eine angemessene Wirtschaftlichkeit entsteht.

In **Tabelle 10** wird das beispielsweise für die Nutzung des Tabellenkalkulationsprogramms MULTIPLAN vorgeführt. Man erkennt, daß jede Operation im Programm ca. 0,07 DM kostet. Würde man die gleichen Leistungen «von Hand» erbringen lassen, so wären die Kosten der entsprechenden Personen gegenzurechnen. Geht man von *einer halben* Fachkraft mit einem Bruttolohn von 2000 DM aus, die wohl notwendig wäre, um vergleichbare Leistungen mit hoher Zuverlässigkeit zu erreichen, so kommt man pro Operation auf einen Wert von 2000/1500, als ca. 1 DM. D. h., der Einsatz des Denkzeuges «rechnet» sich hier deutlich, wenn man dieses in drei Jahren abgeschrieben hat und es danach von einer besseren informationstechnischen Möglichkeit abgelöst wird.

MULTIPLAN Software	ca. 1000 DM
MS-DOS-Rechner (zu 50 % in dieser Anwendung genutzt)	ca. 3000 DM
Monatliche Buchungen mit Multiplan:	1000
Monatliche Verrechnungen der eingegebenen Buchungen:	500
Bei einer Abschreibungszeit von 3 Jahren ergibt dies 3 × 12 × 1500 Operationen = 54 000 Op.	
Kosten pro Operation 4000/54 000	= 0,075 DM

Tabelle 10
Ermittlung von Kosten für MULTIPLAN.
Es handelt sich um eine fiktive Kostenrechnung, die ansatzweise deutlich machen soll, wie hoch Kosten pro Operation mit MULTIPLAN sein können.

4. Das Problem des «Systempreises». Betrachtet man ökonomische Überlegungen zur Nutzung der Informationstechnik aus der Sicht der Hersteller von Denkzeugen, so ist klar, daß gewisse Kosten-Grenzen deswegen nicht unterschritten werden können, weil informationstechnische Systeme produziert, verpackt, auf Handelswegen verteilt und schließlich verkauft werden müssen. Dabei entsteht ein gewisser *Systempreis,* der erlöst werden muß, ziemlich unabhängig von der eigentlichen Leistung des Produktes. (Ähnliche Überlegungen gelten natürlich für andere Konsumartikel.)

Deshalb muß man davon ausgehen, daß *leistungsfähige* Denkzeuge – ziemlich unabhängig von ihrer steigenden Leistung – als Hardware den Bereich von real ca. 3000 DM mittelfristig *nicht* unterschreiten werden. – Auch für Software hat sich auf dem professionellen deutschen Markt ein Systempreis in der Gegend von real 500 bis 1000 DM durchgesetzt. Obwohl hier noch gewisse Einbrüche zu erwarten sind, ist dies heute zunächst eine Orientierung für gute Softwareprodukte. Für den Heimcomputer-Markt konnten derartige Werte allerdings nicht gehalten werden. Hier liegen Rechner unter real 1000 DM, und der größte Teil guter Software-Produkte für private Anwendungen eher bei real 100 DM.

Es wird in Zukunft darauf ankommen, bei ökonomischen Abschätzungen von Denkzeugen diesen System-Preis mit den wirklichen Leistungen von Gerät und Programm zu vergleichen. Absolute Aufwendungen werden ziemlich stabil bleiben, der *Preis pro Leistung* wird jedoch deutlich fallen. (Dies ergibt allerdings dann und nur dann wirtschaftliche Lösungen, wenn die zu kaufende Leistung auch wirklich genutzt werden kann, häufig sind Systeme «überdimensioniert».)

5. Nicht-Auslastung akzeptieren. Aus den Zeiten teurer Hardware übernommen, besteht bei vielen die Vorstellung, man sollte Informationstechnik dann und nur dann nutzen, wenn sie *wirklich* ausgelastet wird. Eine derartige Grundkonzeption widerspricht natürlich allen anderen Nutzungen technischer Konsumware: wer benutzt seinen Videorecorder 24 Stunden am Tag, wer läßt seine Waschmaschine Tag und Nacht laufen, wer fährt mit seinem Auto zehn Stunden pro Tag? – Die Frage, ob man ein Denkzeug braucht, ist eine andere als die, ob man den persönlichen Computer immer braucht!

Wir müssen uns auch bei der Nutzung von Informationstechnik daran gewöhnen, daß hohe Leistungen häufig ungenutzt herumstehen. Da jedoch die Kosten für die Hardware relativ bescheiden sind, kann man diese Nichtnutzung sicher in vielen Fällen in Kauf nehmen.

Ökonomische Betrachtungen zur Frage der Auslastung von Systemen müssen diesen Leerlauf natürlich berücksichtigen: es wird dann bald erkennbar, daß man mit kleinen Zusatzkosten (z. B. neue zusätzliche Software) auch noch «etwas anderes» tun kann, wodurch sich dann in der Wirtschaftlichkeitsrechnung Konsequenzen an *anderen* Stellen ergeben; die Informationstechnik arbeitet selten als reine Rationalisierungstechnik. Durch ihre «freie Verfügbarkeit» in den Zeiten der Nichtauslastung erweitert sie häufig das Spektrum an Leistung, welches ökonomisch zu bewerten ist.

6. Professionelle oder private Nutzung? Zur Zeit gibt es noch eine relativ klare Trennung zwischen professionellen Denkzeugen und solchen Systemen, die sich mehr an privater Nutzung orientieren. Dieser Unterschied wird sich jedoch zunehmend verwischen, wenn es gelingt, wirklich individuell Denkzeuge im Sinne psychischer Mobilität zu nutzen. Man wird dann im Büro, in der Fabrik, in der Warenwirtschaft und auch zu Hause mit ähnlichen (kleinen und leistungsfähigen) Hardware-Lösungen und den jeweils passenden Software-Produkten arbeiten. Das Denkzeug kann zum persönlichen Produktionsmittel werden.

Ein geschickter Zugang zu Datenbanken, z.B. privat oder kommerziell ausgeführt, unterscheidet sich nicht grundsätzlich. Auch Prozeß-Steuerungs-Systeme können sowohl professionell (z. B. in der Produktion) als auch nicht-professionell (z.B. zur Steuerung von Funktionen im Haus) genutzt werden usw. Dies erschwert natürlich ökonomische Abschätzungen, da in dieser Situation zu klären ist, was professionell und was nicht-professionell anzurechnen ist. Derartige Überlegungen spielen natürlich in der großen Zahl kleiner und kleinster Unternehmen eine wichtige Rolle, wo der Übergang zwischen privater und professioneller Nutzung fließend ist. Was ist es wert, daß der Sohn eines Kleinunternehmers erfolgreich Abitur macht, weil er auf dem Buchungs-Computer der väterlichen Firma Informatik übt oder Vokabeln lernt?

Wirtschaftlichkeit des Problemlösens mit dem Denkzeug

Wir wollen im folgenden einige – fast klassische – Beispiele der Wirtschaftlichkeit des Problemlösens mit dem Denkzeug durchrechnen, um zum einen die anzuwendenden Verfahren aufzuzeigen und zum anderen deutlich zu machen, daß es auch Fälle gibt, in denen heute Kosten-Nutzen-Analysen «vor Ort» *keine* Schwierigkeiten bereiten.

Fallbeispiel 1: Finanzbuchhaltung. Wenn ein kleineres Unternehmen seine derzeitige Finanzbuchhaltung inklusive Lohnbuchhaltung umstellen will, so eignen sich hierfür persönliche Computer und Finanzbuchhaltungssysteme. Als Grundausstattung für die Automatisierung der Finanzbuchhaltung sind Hardwarekosten im Bereich von heute maximal 20 000 DM und Softwarekosten in Höhe von ca. 5000 DM zu veranschlagen. Amortisiert man diese über drei Jahre, so ergibt dies einen jährlichen Kostenfaktor von DM 25 000/3 = ca. 8 300 DM pro anno.

Weitere Kosten ergeben sich durch die Umstellung der derzeitigen Buchhaltung auf das computerisierte System und die notwendige Schulung des Personals. Hier entstehen Aufwendungen im Bereich von zwei bis drei Mann-Monaten, dies entspricht inklusive Nebenkosten ca. 12 000 DM.

Insgesamt kostet also die Umstellung aus dem traditionellen Buchungssystem in ein computerisiertes ca. 12 300 DM pro Jahr, gerechnet über die nächsten drei Jahre.

Erfahrungen zeigen, daß es mit einem solchen System möglich ist, die Arbeitsproduktivität um mindestens 50 % zu steigern oder die Lohnkosten auf ca. die Hälfte zu senken. Dies unterstellt allerdings, daß mit dem neuen Finanzbuchhaltungssystem nur die *gleiche Arbeit* geleistet wird, die auch früher erbracht wurde. (Dies ist allerdings in der Regel *nicht* der Fall, so daß die Rechnung dann komplizierter wird, wir wollen hier auf die Kalkulation dieser «Sekundärwirkungen» verzichten.)

Unterstellt man Personalkosten für die Finanzbuchhaltung in einem kleinen Unternehmen von ca. 50 000 DM pro Jahr, so ergibt sich eine Einsparung von 50 %, ca. 25 000 DM. Dieser stehen zusätzliche Kosten von 12 300 DM gegenüber. D. h., betriebswirtschaftlich rechnet sich die informationstechnische Lösung, auch *ohne* daß weitere positive Nebeneffekte gerechnet werden. Insbesondere ist in dieser Rechnung nicht berücksichtigt, daß durch die computerisierte

Finanzwirtschaft *jederzeit* ein sicherer Überblick über die Finanzlage des Unternehmens möglich ist und auch eine schnelle Bilanz (ggf. bei Schätzung der Inventur) praktisch jederzeit durchgeführt werden kann.

Fallbeispiel 2: Computerunterstützte Konstruktion (CAD) im Architekturbüro. Die Nutzung der computerunterstützten Konstruktion in der Architektur schreitet erst langsam voran, da die Architekten in der Regel in ihren kleinen Büros hohe Hardware-Investitionen scheuen und kostengünstige Systeme erst in den letzten Jahren verfügbar wurden. – Ein CAD-System, welches den Architekten unterstützt, beginnt heute bei Kosten in der Höhe von ca. 100 000 DM. Mit einer derartigen Ausstattung können Grundrisse standardisiert erstellt, Mengenberechnungen durchgeführt und Bauanträge vorbereitet werden. Im Bereich des Entwurfs ist der Architekt in der Regel noch auf klassische Verfahren angewiesen. Entwurfsunterstützende Systeme sind wesentlich teurer. Die Ausbildung an CAD-Systemen ist natürlich aufwendiger als die bei der Einführung von Finanzbuchhaltungssystemen. Man kann davon ausgehen, daß ein erfahrener Architekt nach etwa zwei Monaten Schulung in der Lage ist, leistungsfähig mit einem CAD-System umzugehen. Dieses ergibt weitere Kosten in der Höhe von ca. 12 000 DM.

Amortisiert man also die Gesamtkosten für die Einführung von CAD in einem kleineren Architektenbüro in drei Jahren, so kommt man zu einem Kostenfaktor von ca. 40 000 DM pro Jahr. Geht man von Personalkosten im Bereich von 80 000 DM pro Jahr (inklusive Gemeinkosten) aus, so wird deutlich, daß man eine Arbeitsproduktivitätssteigerung um etwa den Faktor 2 einer Person in der Bauplanung und Konstruktion realisieren muß, um wirklich wirtschaftlich mit CAD zu arbeiten.

Da Architekten in der Regel jedoch einen größeren Teil ihrer Arbeiten nicht im Büro, sondern auf der Baustelle leisten, ist erkennbar, daß CAD z. Z. gerade an der Grenzfläche der Wirtschaftlichkeit liegt. Die Wirtschaftlichkeit kann deutlich verbessert werden, wenn sich Architekturbüros zusammentun und gemeinsam ein System für Konstruktion und Arbeitsvorbereitung nutzen.

Anders sieht es natürlich bei großen Büros aus, wo ein Teil der Architekten ausschließlich mit Konstruktionsaufgaben betraut ist. Interessant wird die Nutzung des Denkzeuges in der Hand des Architekten auch dann, wenn er, ausgehend von der computergestützten Konstruktion, statische Berechnungen, Simulationen und schließlich dreidimensionale Darstellungen im Rechner manipuliert.

Ein Wettbewerbsvorteil entsteht durch das Prestige, das Architekten haben, wenn sie mit computergenerierten Zeichnungen bei ihrem zukünftigen Bauherrn vorstellig werden. Es gilt als modern, mit Computern zu konstruieren, und ein Bauherr, der das erkannt hat, wird häufig einem computerunterstützten Architekten eher einen Auftrag geben als einem, der noch mit traditionellen Zeichnungen aufwartet, insbesondere auch deshalb, weil die Computerunterstützung eine schnelle und kostengünstige Überarbeitung der Baupläne bei während des Baus auftretenden Änderungswünschen gestattet. Hier kann der manuell arbeitende Architekt nicht mithalten.

Fallbeispiel 3: Lösung mathematischer Probleme. Gilt es z. B., die Differentialgleichung dy (x)/dx – 1/sin y(x) zu lösen, so kann dieses Problem mit einem mathematischen Expertensystem (z. B. muMATH) erfolgen. Unterstellt man, daß man die notwendige Software mit Kosten von ca. 800 DM insgesamt für derartige Aufgaben vielleicht nur 100mal nutzt, und vernachlässigt man demgegenüber die Hardware-Kosten, da muMATH auf jedem persönlichen Computer (MS-DOS) läuft und dieser natürlich für viele andere Aufgaben genutzt werden kann, so kostet also die Lösung einer Differentialgleichung auf dem Denkzeug 8 DM.

Diese Kosten muß man z. B. den Kosten des notwendigen Mathematik-Unterrichts gegenüberstellen, die im Bildungswesen anfallen, um einen Menschen derart zu qualifizieren, daß er eine Differentialgleichung lösen kann. Bei den heutigen Personal- und Nebenkosten im Bildungswesen belaufen sich die Kosten für Mathematik-Unterricht in der Schule auf *ca. 4 DM pro Stunde* und Schüler, d. h., die Nutzung des mathematischen Expertensystems würde sich nicht lohnen, wenn man mehr als 20 Stunden (= 800 DM) braucht, um einem Menschen die Lösung von einfachen Differentialgleichungen zu vermitteln.

In der Schulpraxis sieht es jedoch ganz anders aus: nur wenige Abiturienten sind in der Lage, die obige Differentialgleichung richtig zu lösen. Jeder Abiturient hat jedoch in einer dreizehnjährigen Schulzeit ca. 13 × 42 × 4 = ca. 2200 Mathematikstunden hinter sich, dabei hat allein der Staat in den Unterricht 2200 × 4 = 8800 DM investiert, hinzu kommen noch die Lehrmittel.

Hier wird sofort deutlich, wo die ökonomischere Lösung liegt, wenn es gilt, wirklich *nur eine bestimmte Klasse mathematischer Probleme* zu lösen. Ähnliche Überlegungen gelten auch, wenn man die Gesamtqualifikation eines Abiturienten mit der Leistung von muMATH vergleicht, welches in der Lage ist, *fast alle* operativen mathematischen Probleme zu bewältigen, die überhaupt bis zur Oberstufe in der Schule angesprochen werden.

Unterstellt man allerdings, daß die Mathematik nicht der Mathematik wegen gelehrt wird, sondern andere «höhere» kognitive Qualifikationen vermittelt werden sollen (die «geheimen Lernziele»), so ist deren Wert bildungsökonomisch zu berücksichtigen. Aber selbst wenn man das tut, bleibt immer noch ein erheblicher Vorteil für die Nutzung mathematischer Expertensysteme. Sie arbeiten hundertprozentig zuverlässig, das kann der Mensch nur in seltenen Fällen!

Fallbeispiel 4: Der computerisierte Spielpartner. Der Schach-Computer hat einen relativ schnellen Siegeszug um die Welt angetreten. Heute sind leistungsfähige Systeme für ca. 800 DM auf den Märkten verfügbar, sie spielen entsprechend der eingestellten «Spielstärke» gegen einen hohen Anteil der Bevölkerung erfolgreich.

Fragt man sich, ob ein solches Denkzeug als Spielpartner ökonomisch ist, so kann man z. B. Vergleiche darüber anstellen, wie hoch allein die Verkehrskosten sind, um sich zum Schachspielen zu treffen. Unterstellt man einmal einen Abstand von vielleicht 10 km zwischen zwei potentiellen Spielern und die Nutzung eines Kraftfahrzeuges als Transportmittel, so entspricht dies – in betriebswirtschaftlichen Kategorien gerechnet – Transportkosten in Höhe von ca. $2 \times 10 \times 0{,}50$ DM = 10 DM für jede Spielbegegnung. Das heißt – immer nur betriebswirtschaftlich betrachtet –, die Anschaffung eines Schach-Computers hat sich bereits nach ca. 80 Spielen amortisiert!

Dabei ist allerdings weder der Nutzen berücksichtigt, den ein Schachspieler aus einem auf die eigene Spielstrategie verbessernden Schachcomputer zieht, noch der «Schaden im Mitmenschlichen» gerechnet, der *vielleicht* dadurch entsteht, daß der Computerschach-Freak – seelisch vereinsamt – auf Kosten einer Krankenkasse zum Psychiater muß!

Fallbeispiel 5: Be- und Verarbeitung von Texten. Arbeitet eine Sekretärin mit einem Textsystem, können verschiedene Optionen genutzt werden:

a) Korrekturen ohne Neuschreiben: Ein Bericht mit einer Länge von 10 Seiten muß z. B. insgesamt 3mal geändert/korrigiert werden; die Sekretärin schreibt den Bericht in 2 Stunden. Die Änderungen mit dem Textsystem können in 30 Minuten geschehen; hier stehen also an Personalaufwendungen 30 Minuten 6 Stunden gegenüber, wenn normalerweise eine Schreibmaschine benutzt wird.

Bei einem Gehalt von 4000 DM (mit Nebenkosten) bedeutet das ca. 2 DM gegenüber ca. 125 DM für den korrigierten Bericht. Software für Textsysteme kosten heute 1000 DM, d. h., kommt der obige Fall 10mal im Monat vor, dann ist die Software in einem Monat bezahlt.

b) Standardbriefe tippen: Mit dem Textsystem können Standardbriefe mit variabler Anrede (z. B. Werbung) beliebig oft automatisch getippt werden. Bei 10 Briefen zu 3 Seiten bedeutet das: ca. 6 Stunden mit der Schreibmaschine, aber nur ca. 1 halbe Stunde mit dem Textsystem, d. h. ca. 125 DM gegenüber ca. 12,50 DM für Personalkosten.

Ökonomie des computerunterstützten Lernens

Es wurde mehrfach darauf hingewiesen, daß CUU *keineswegs* für *alle Lernziele* sinnvoll ist und deshalb gezielt eingesetzt werden sollte. Allerdings ist aus den vorliegenden Beispielen zu entnehmen, daß diese Form des Lernens in *vielen* Bereichen im Hinblick auf die Erreichung von Lernzielen eine *sehr* effektive Methode ist. – Im folgenden werden einige Überlegungen angestellt, inwieweit diese Effektivität auch ökonomisch begründbar ist. Dazu sollen nur sehr einfache Beispiele gerechnet werden, komplizierte indirekte Wirkungen können auch hier – wie im vorigen Abschnitt – aus Platzgründen nicht berücksichtigt werden.

Angesichts dessen, wie heute der überwiegende Anteil des Unterrichts personal abgewickelt wird, erscheint es sinnvoll, bildungsökonomische Überlegungen im Vergleich von personalem und computerunterstütztem Unterricht anzustellen.

Überlegungen für das öffentliche Bildungswesen. Für den personalen Unterricht können wir heute im Schulwesen mit Personalkosten von ca. 4 DM pro Schüler *und* Stunde rechnen; für die Hochschulen gelten Mittelwerte im Bereich von 20 DM pro Student *und* Stunde, mit breiten Schwankungen für die verschiedenen Fächer.

Diesen Personalaufwendungen muß man die Kosten für *Erstellung* und den *Betrieb* von computerunterstütztem Unterricht gegenüberstellen. Der räumliche Bedarf bleibt dabei unberücksichtigt. (Führt man CUU in der Schule durch, ist der Raumbedarf relativ konstant, nimmt der Schüler das Programm mit nach Hause, so führt das zu einer Entlastung des öffentlichen Gebäudebedarfs.) Geht man von einer «mittleren» Schwierigkeit in der Erstellung der Courseware aus, so kann man mit *hundert* Stunden Arbeit pro *eine* Stunde Dialog eines «typischen» Lernenden rechnen. Heute muß man (inklusive der Amortisation des entsprechenden CUU-Entwicklungs-Systems) mit Bruttokosten von ca. 100 DM pro Stunde rechnen. D. h. also, die Herstellung von Courseware für *eine Stunde* Lerndialog kostet ca. 10 000 DM.

Welche Kosten nun für *eine einzelne* Lerner-Stunde anzusetzen sind, hängt im wesentlichen von Nutzung und Überarbeitungsbedarf der Courseware ab. Im öffentlichen Schulwesen handelt es sich in der Regel um Schüler-Populationen in der Größenordnung von einigen zigtausend pro Jahr, die den *gleichen* Lerninhalt und *ähnliche* Lernziele anstreben (bei einer Gesamtpopulation von ca. 600 000 Schülern pro Jahr). Gehen wir davon aus, daß *nur zehntausend* Lernende (z. B. in einer Stadt) eine bestimmte Courseware pro Jahr benutzen, so ergibt dies, auf den Lernenden bei einer *nur dreijährigen Nutzung* umgelegt, anteilige Entwicklungskosten von $10\,000/3 \times 10\,000 =$ *0,33 DM pro Dialog-Stunde.*

Additiv zu den umgelegten Entwicklungskosten muß man mit den Betriebskosten für die *CUU-Hardware* rechnen. Ein *leistungsfähiges* System für computerunterstützten Unterricht auf der Basis eines Mikrocomputers oder eines Terminals (inklusive Zentralrechner-Anteil in einem Rechnernetz) kann heute mit weniger als 10 000 DM angesetzt werden, wenn es im öffentlichen Bildungswesen in *großen Stückzahlen* beschafft würde. Unterstellt man, daß ein solches System drei Jahre in Betrieb ist und 42 Wochen mit je 5 Tagen und 5 Stunden genutzt wird, so ergibt dies Kosten pro Nutzungs-Stunde von ca. $10\,000/42 \times 3 \times 5 \times 5 =$ *ca. 3,25DM.*

Addiert man die beiden Kosten (ca. 3,50 DM), so bekommt man ein erstes Gefühl für die Ökonomie von CUU: Im Bereich der öffentlichen Schulen ist computerunterstützter Unterricht heute *kostenmäßig vergleichbar* mit dem klassischen personalen Unterricht. Er ist *deutlich preiswerter,* wenn *große* Schülerpopulationen mit einer Courseware arbeiten. – In den Hochschulen kann CUU für das Grundstudium wesentlich *billiger* sein als traditioneller Unterricht.

Bei diesem Vergleich ist allerdings unterstellt, daß die Leistungen von computerunterstütztem Unterricht und die des personalen Unterrichts äquivalent sind. Dies kann in der Bundesrepublik nur durch sorgfältige Evaluations-Studien gezeigt werden. Analoge Untersuchungen im Ausland bestätigen – wie oben dargelegt – die Annahme jedoch deutlich. Es gibt also z. Z. *keine bildungsökonomischen Argumente gegen den computerunterstützten Unterricht.*

Allerdings sind derartige Überlegungen in der Bundesrepublik – leider – ein Sandkastenspiel, solange die Länder keine Wege entwikkeln, die hohen Personalkosten im Bildungswesen in Sachkosten umzuschichten: ein bei einer beamteten Lehrerschaft einerseits und einer Kostenverteilung zwischen Ländern und Gemeinden andererseits fast hoffnungsloses Problem!

Angesichts der Degression in den Hardwarekosten, die ja, wie wir gesehen haben, z. Z. den zentralen Kostenteil ausmachen, werden die Optionen des computerunterstützten Unterrichts in ökonomischen Termen ständig günstiger. Dies gilt insbesondere, wenn die Personalkosten relativ dazu weiter ansteigen, wovon auszugehen ist. Diese sich verschärfende Diskrepanz der Kosten zwischen personalem Unterricht und CUU stellt angesichts einer beamteten Lehrerschaft eine ständig wachsende Herausforderung an die etablierten Bildungspolitiker dar.

CUU kann sich auch noch anders rechnen: So standen z. B. den Ausgaben für die durch den Studentenanstieg notwendige Erweiterung des chemischen Labors einer Universität die Kosten für die bessere Vorbereitung, das «kognitive Vortraining» der Studenten auf das Praktikum im Labor gegenüber. Durch CUU-Vortraining konnten die Arbeitszeiten deutlich verkürzt werden, und mehr Studenten konnten das Labor benutzen, eine teure Erweiterung war nicht mehr notwendig.

Bildung und Ausbildung in der Wirtschaft. Für die berufliche Aus-, Weiter- und Fortbildung sind die Kosten in der Regel noch *wesentlich höher* als im öffentlichen Bildungswesen, insbesondere wenn man Verdienstausfälle und Reisekosten zum Besuch von Lehrgängen/Seminaren berücksichtigt. Eine *konservative* Abschätzung ergibt mittlere Werte von mindestens ca. 40 DM pro Lernenden und Stunde in den Bereichen, in denen Fort- und Weiterbildung stattfindet, also schwerpunktmäßig bei Sach- und Fachpersonal sowie im mittleren und höheren Management.

Geht man wieder von Erstellungskosten der CUU von 10 000 DM pro Dialog-Stunde aus, so wird der Kostenvergleich stark von der Zahl der Lernenden, die eine Courseware nutzen, geprägt sein. Im betrieblichen Bereich kann man – Kooperationen zwischen verschiedenen Firmen unterstellt – mit vielleicht eintausend Lernenden pro Programm rechnen. Daraus ergeben sich dann Kosten von 10 DM pro Lernenden und Dialogstunde. Bei Hardwarekosten von ca. 5 DM pro Stunde rechnet sich CUU mit 5 DM gegen 40 DM (auch in diesem Bereich im Mittel), wenn genügend Lernende mitmachen.

Es gibt natürlich betriebliche «Renommier-Beispiele», in denen die Überlegenheit von computerunterstütztem Unterricht ökonomisch außerordentlich hoch ist. Hierzu gehört z. B. die Ausbildung von Piloten. Vergleicht man die Stunde auf dem Simulator mit der Flugstunde im realen Flugzeug, so kommt man heute zu Kosten-Verhältnissen von mindestens 1 : 10. Ferner ergibt sich der fast unbezahlbare Vorteil, daß im Simulator äußerst riskante Flüge trainiert werden können, die sich überhaupt nicht rechnen lassen, wenn die Überlebenswahrscheinlichkeit für Piloten und Gerät im realen Flugzeug dabei vielleicht nur 50 % ist! Dies war – und ist – eines der Primärmotive der großen Fluggesellschaften, die Piloten-Schulung mehr und mehr auf computerunterstützten Unterricht als Vorbereitung auf den Simulator und im Simulator selbst umzustellen.

Ein anderer Vorteil von CUU in den Betrieben liegt in der *schnellen Verfügbarkeit* von Lernsituationen vor Ort gegenüber dem klassischen personalen Unterricht in Schulungs-/Ausbildungszentren. Existiert geeignete Software und ein portables Denkzeug, so kann man sofort und überall das entsprechende Lernziel anstreben. Dies «rechnet» sich natürlich nicht ganz einfach, da häufig unklar bleibt, wieviel «Vorsprung durch Ausbildung» man bei einer derartig schnellen Qualifikation auf den Märkten erreichen kann.

Bei einem ABS-Training vor Ort in den Werkstätten ergab sich bei einem großen deutschen Automobilhersteller bei Berücksichtigung *aller* Kosten, die beim Training mit CUU bzw. beim klassischen Training anfielen, Kostengleichheit bei *70 Kursteilnehmern*. Bei einer größeren Teilnehmerzahl – die in dieser Anwendung natürlich erreicht wurde – war CUU günstiger. (Dieser Kurs wird heute immer noch eingesetzt, *ohne* zusätzliche Kosten.)

Es gibt natürlich auch Flops, d. h. auch ökonomisch negativ zu bewertende Beispiele des Einsatzes von CUU. Diese beruhen zum einen darauf, daß mitunter hohe Entwicklungskosten investiert werden, *ohne* daß eine ausreichende Zahl von Lernenden die Courseware durcharbeitet. Hier kann unüberlegter CUU sehr schnell zur Abschreibungsruine werden. Zum anderen gibt es viele Fälle, in denen CUU für Lernziele angeboten wird, die dem Lernenden kaum relevante Qualifikation bieten können. Entweder weil CUU grundsätzlich ungeeignet ist oder «Fehlqualifikationen» vermittelt werden, es wird in «unbrauchbares» Human-Kapital investiert.

Besonders deutlich zeigen sich solche Probleme natürlich in Bereichen, wo ein unmittelbarer Wettbewerb zwischen menschlicher und technischer Informationsverarbeitung besteht. Insbesondere dort, wo die ernstzunehmende Alternative existiert, entweder *eine*

Fertigkeit zu vermitteln oder *unmittelbar einen technischen Problemlöser* einzusetzen, kann auch preiswerter CUU unökonomisch werden.

Bildungsökonomisch wird in solchen Fällen häufig argumentiert, daß es «geheime Lernziele» (Übung von Sorgfältigkeit, Grundlegung für höhere Lernziele, Entwicklung von Fleiß und Aufmerksamkeit usw.) gibt, die mit ansonsten irrelevanten Lerninhalten erreicht werden sollen. Hier gilt es dann, zunächst die geheimen Lernziele expliziter zu machen und sie dann in Mark und Pfennig nachzurechnen, bevor man in diese «vagen» Qualifikationen investiert.

Literaturhinweise

Albach, H. und Wildemann, H.: Strategische Investitionsplanung für neue Technologien. Wiesbaden 1986.

Encarnacao, J. et. al.: CAD-Handbuch – Auswahl und Einführung von CAD-Systemen. Kapitel 6: Beispiele für Nutzen und Kostenermittlung. Berlin 1984.

Hofstetter, F.: The Cost of PLATO in a University Environment. Journal of Computer-Based Instruction, 9, 148, 1983.

Hough, J.: Education and the National Economy. Beckenham 1986.

IBM (Hrsg.): Nutzenanalyse als Basis einer Wirtschaftlichkeitsrechnung für Datenverarbeitungsanlagen. Sindelfingen.

Mertens, P.: Forschungsergebnisse zum Nutzen-Kostenverhältnis der computerunterstützten Informationsverarbeitung. Universität Nürnberg-Erlangen 1985.

Psacharopoulos, G.: Returns to Education. Amsterdam 1973.

Scheer, A.: EDV-orientierte Betriebswirtschaftslehre. Berlin 1984.

Wildermann, H. und Bühner, R. (Hrsg.): Strategische Investitionsplanung für CAD/CAM. Stuttgart 1986.

Kapitel VIII
Zur Zukunft von Problemlösen und Lernen

Während die vorangegangenen Kapitel des Buches im wesentlichen den derzeitigen Zustand der Nutzung von Denkzeugen sowie die kurzfristigen Entwicklungen dargestellt haben, wird im letzten Kapitel des Hauptteils der Versuch unternommen, etwas langfristiger zu argumentieren. Es wird gezeigt, daß es zur psychischen Mobilität mit Informationstechnik keine Alternative gibt – solange demokratische Strukturen und Chancengleichheit für alle angestrebt werden und eine Zwei-Klassen-Gesellschaft vermieden werden soll.

Aus dem Konzept der psychischen Mobilität werden für verschiedene Bereiche – insbesondere für Bildung und Ausbildung – Konsequenzen gezogen. Abschließend wird darüber nachgedacht, welche Chancen bestehen, das Konzept in vernünftigen Zeiträumen zu realisieren.

Oder gehen wir doch in eine gespaltene Gesellschaft mit «psychisch Mobilen» und «psychisch Immobilen», geistig und materiell Unterprivilegierten? Kann in der westlichen Demokratie diesem neuen Selektionsdruck widerstanden werden oder wird die Menschheit notwendigerweise in die genetische Manipulation der menschlichen Rasse ausweichen, um die Heterogenität zu beseitigen?

Der Mensch muß sich selbst organisieren

Ziel allen menschlichen Handelns ist letztlich die Organisation *seiner selbst* in einer komplizierten Umwelt. Jeder muß für sich selbst entscheiden, in welcher Situation er welche Aktivitäten entwickeln will. Dazu kann er versuchen, ein Maximum an Information und an entscheidungsunterstützenden Verfahren und Techniken zu nutzen: *aber letztlich bleibt er mit allen seinen Entscheidungen allein, er muß sie vor sich selbst verantworten und alle Konsequenzen tragen.*

Akzeptiert man diese Grundeinsicht – die ja Basis allen demokratischen Handelns und des Konzeptes von Kompetenz, Freiheit und Verantwortung ist –, so wird klar, daß informationstechnische Unterstützung den Menschen nicht «endgültig erlösen» wird vom Suchen nach richtigen Problemlösungen. Aber sie kann ihm helfen, den Weg zur Problemlösung zu vereinfachen und in vielen Fällen zu zuverlässigeren, besseren Ergebnissen zu kommen.

Dies wird insbesondere deswegen von Tag zu Tag notwendiger und wichtiger, weil wir unsere informationelle Umwelt mit der Informationstechnik immer weiter reorganisieren und neu strukturieren (z. B. «Neue Medien», «Datenbanken», «vollautomatische Fabrik»). Drei Gesichtspunkte sind hier von besonderer Bedeutung:

1. *Die gespaltene Welt.* Durch die Nutzung der Informations- und Telekommunikationstechnik ist es zunehmend möglich, Modelle des Lebens (wie sie z. B. die Wissenschaft seit der Aufklärung in immer neuen Feldern entwickelt hat) nicht mehr nur ausschließlich in Köpfen von Menschen, sondern zunehmend in technischen Systemen abzuwickeln. Dadurch entstehen zwei sich zum Teil gegenüberstehende Welten, die *Welt des Menschen* und die *Welt der Automaten.* Eine Orientierung in der Welt der Automaten fordert vom Menschen zum einen ein Verständnis der dort herrschenden Strukturen und zum anderen ein leistungsfähiges Denkzeug, welches die Kommunikation mit dieser «zweiten Welt» gestattet. Es gilt, über die Balance beider Welten nachzudenken und die «Mensch/Computer-Schnittfläche» richtig zu organisieren.

2. *Zunehmende Computer-Computer-Kommunikation* übernimmt mehr und mehr Prozesse der Mensch-Mensch-Kommunikation (z. B. in Bankensystemen, im Militär bei Frühwarnsystemen, in der «vollautomatischen Fabrik»). Wenn der Mensch sich in dieser Welt der Computer-Computer-Kommunikation zurechtfinden will,

muß er in der Lage sein, die hier fließenden Informationsströme und die genutzten Prozeduren «anzuzapfen» und zu verstehen, er muß lernen, sich mit Hilfe seines Denkzeuges angemessen in diese Struktur «einzufädeln».

3. *Verlust des Monopols des Bildungswesens.* In der alten «schönen» Welt ohne Informationstechnik konnten in der Gesellschaft und insbesondere im Beschäftigungssystem *die und nur die Qualifikationen* genutzt werden, die über das Bildungswesen (formal und informal) vermittelt wurden. Diese Situation hat sich drastisch geändert! Heute können überall (im Privatleben und in der Wirtschaft) in Informationstechnik «gewonnene» Qualifikationen genutzt werden! Eine Problemlösung – einmal im fernen Kalifornien erdacht – läuft als Software kopiert um die Welt und ist *überall* operativ (nicht nur als Wissen!) verfügbar.

Das Bildungswesen hat sein *Monopol verloren,* es hat durch die informationstechnische Industrie einen mächtigen Konkurrenten erhalten. Der alte Human-Kapital-Ansatz, der (fast) alle Investitionen in menschlichen Qualifikationen als sinnvoll auswies, ist nicht mehr gültig. Viele menschliche Qualifikationen stellen sich schnell als «verwerfbar» heraus, wenn sie in den Wettbewerb mit technischer Informationsverarbeitung treten.

4. Der Trend zur *Selbstbedienungs-Gesellschaft* führt dazu, daß wir im Dienstleistungsbereich immer stärker Informationstechnik zwischen die primären Prozesse und den Menschen mit dem Ziel schieben, jedermann vielerlei Leistungen anzubieten, die er selbst nicht erbringen kann – oder will. Dies begann mit dem Taschenrechner, läuft heute über die Bank-Automaten und die mikroprozessorgesteuerten Fotoapparate und wird u. a. den elektronischen Marktplatz ermöglichen, wo ein kommunikatives, computerisiertes Netzwerk den Handel ersetzt (siehe z. B. das Angebot der Fa. compUcard und der Verkaufsaktionen in amerikanischen Kabelfernsehnetzen).

Will der Mensch in dieser computerisierten Welt sich selbst verwirklichen und seine eigene Position behaupten, so *muß* er diesen Strukturwandel verstehen.w Er muß in der Lage sein, die neuen Schnittstellen zur computerisierten Produktion, zum computerisierten Handel, zu modernen Datenbankensystemen usw. zu überschauen.

Nur die *bewußte, kritische und selbst-reflektierte* Nutzung des Denkzeuges erlaubt eine deutliche Verbesserung gegenüber der alten Situation des «autonomen Menschen». Dann allerdings lassen sich viele Probleme sehr viel zuverlässiger und schneller lösen. Es bleibt dabei jedoch eine breite Klasse «typisch-menschlicher» Probleme, die auch mit der besten informationstechnischen Unterstützung nicht gelöst werden können. Hier sind insbesondere die sozialen Konflikte, das Miteinander-umgehen-Können, die familiären Beziehungen, das Entwickeln eines eigenen Weltbildes usw. zu nennen.

D. h., *gerade die intensive Verfügbarkeit von Informationstechnik* zur Lösung vieler kognitiver Prozesse wirft den Menschen stärker als je zuvor auf sich selbst zurück! *Er* muß lernen, mit sich selbst fertig zu werden, *er* muß seine Zeit für sich zu nutzen lernen, *er* muß sich verantwortlich fühlen, *er* muß politisch handeln, *er* muß fühlen, *er muß Mensch sein!*

Es besteht die Gefahr des Entstehens einer *Zwei-Klassen-Gesellschaft.* In dieser sind die einen in der Lage, souverän mit dem Denkzeug zu operieren und sich damit deutlich zu entfalten, während die anderen entweder aus Inkompetenz oder aus bewußter Ablehnung darauf verzichten und damit im Wettbewerb weit zurückgeworfen werden. Ihre «nackte» Selbstorganisation reicht nicht aus, um sich in der technisch durchsetzten, informationellen Umwelt zu bewegen.

Konfrontiert mit dieser sehr nüchternen Einsicht zukünftiger Entwicklungen, wird häufig das Argument vorgetragen, man möge doch auf die Weiterentwicklung und vertiefte Integration der Informationstechnik ganz verzichten, man möge in eine «human-alternative» Gesellschaft zurückkehren, in der diese Technik nur begrenzt – oder gar nicht – genutzt wird. Dies erschiene als ein «primär-menschlicher» und eventuell auch «sinnvoller» Weg – *wenn er realistisch wäre!*

Es gibt drei wichtige Kräfte-Felder, die aller Wahrscheinlichkeit nach dafür sorgen werden, daß die Computerisierung der Gesellschaft *stetig weitergehen* wird:

1. *Die Informationstechnik ist eine wettbewerbsfördernde Technik.* Wer ernsthaft auf sie verzichtet, muß mittelfristig in Kauf nehmen, daß seine Wettbewerbs-Fähigkeit national und international eingeschränkt wird. Nur wenige Menschen sind aber wirklich willens, eine deutliche Reduktion des Bruttosozialprodukts und insbesondere ihrer eigenen Einkünfte hinzunehmen.

2. *Die Informationstechnik ist eine zentrale Komponente heutiger Verteidigungssysteme.* Wer in der Bundesrepublik ernsthaft für eine Begrenzung dieser Technik argumentiert, muß auch die außenpolitischen Konsequenzen ziehen und unseren Austritt aus der NATO

fordern. Ein Verbleiben in der NATO bei gleichzeitigem Verzicht auf moderne Informationstechnik erscheint unmöglich.

3. Selbst wenn man diese beiden Konsequenzen noch akzeptieren würde, so bleibt ein drittes, sehr grundsätzliches, in der heutigen Demokratie nicht zu bewältigendes Problem: die *demokratische Kontrolle der Begrenzung der Informationstechnik*. Es ist sehr unwahrscheinlich, daß in der Bundesrepublik eine politische Partei die Mehrheit erringt, die den Wählern verspricht, sie nach der Wahl sorgfältig zu observieren (siehe Orwell «1984»), damit keine weitere informationstechnische Entwicklung stattfindet! Dies wäre aber unabdingbar, wenn «Informationstechnik-Kontroll-Gesetze» nicht nur auf dem Papier stehen sollten.

Nimmt man diese drei Kräfte ernst, so wird klar, daß der Weg in die human-alternative Gesellschaft sehr unwahrscheinlich ist und daß wir uns auf dem Wege in eine *computerisierte Gesellschaft* befinden. Wollen wir gesellschaftliche Verwerfungen und insbesondere eine potentielle Zwei-Kulturen-, d. h. auch Zwei-Klassen-Gesellschaft verhindern, so bedarf es *konstruktiver* Konzepte der individuellen Leistungsverbesserung *aller* Bürger, wie sie mit der «psychischen Mobilität mit Informationstechnik» möglich ist.

An dieser Stelle darf ein Hinweis auf eine andere technische Alternative nicht fehlen, die dem Menschen demnächst erheblich zu schaffen machen und die Probleme verschärfen wird. Dies ist die genetische Manipulation der menschlichen Art. Wenn es uns *nicht* gelingt, durch das Konzept der psychischen Mobilität die Chancengleichheit wesentlich zu verbessern, und wenn gleichzeitig die genetisch Bevorzugten und durch Bildung Hochqualifizierten ihre Führung ausbauen, so wird die Versuchung der Familien, in die genetische Manipulation ihrer Kinder auszuweichen, *außerordentlich groß werden.*

Man darf dabei *nicht* an die *gezielte Manipulation einzelner menschlicher Merkmale* denken; diese Option steht uns noch lange nicht zur Verfügung. Es wird aber in *überschaubaren Zeiten* die Möglichkeit geben, beim Menschen das Klonieren vorzunehmen, d. h. *vorhandene – als «hochwertig» eingeschätzte – Individuen* dadurch zu kopieren, daß wir einer bestimmten Person Körperzellen entnehmen und diese zu einer Embryonal-Entwicklung anstoßen, aus der ein gesundes Kind mit den *genetischen* Eigenschaften des Spenders wird. Nach allen Kenntnissen, die wir aus der Zwillingsforschung haben, ist dann zu erwarten, daß ein derart «erzeugtes» Kind ähnliche Eigenschaften entwickeln wird wie der Spender der Körperzelle.

Wenn diese Technik verfügbar wird – nach den jetzt vorliegenden Ergebnissen der Tierzucht in wenigen Jahren –, so werden die Familien versuchen, Kinder auf die Welt zu bringen, die sich unter dem Druck des Transfers menschlicher Informationsverarbeitung in technische Systeme *besser* als bisher mit einer leistungsfähigen genetischen Ausstattung behaupten können. Die Menschen werden versuchen, mit biologischen Tricks ihre heute ungelösten Probleme auf die nächste Generation zu verschieben – eine apokalyptische Vorstellung!

Auch deshalb erscheint es hier und heute so wichtig, sich um eine angemessene Integration der Informationstechnik in die Gesellschaft zu bemühen, damit eben genau dieser neue Selektionsdruck nicht entstehen wird und die Menschheit nicht in diese Richtung neuer – biologischer – Lösungsansätze auszuweichen sucht.

Wieweit es uns allerdings gelingen wird, *international* einen Konsens zur Enthaltsamkeit im Bereich der genetischen Manipulation der menschlichen Art herbeizuführen, erscheint z. Z. sehr fraglich. Ähnlich wie wir in der Bundesrepublik die Informationstechnik häufig zurückhaltend diskutiert haben, so tun wir dies heute auch bei der genetischen Manipulation des Menschen – wir wollen sie schlicht verbieten. Was wird uns dies aber nutzen, wenn andere Nationen diese Option (intensiv) ausnutzen?

Es kommt also darauf an, die Idee des Denkzeuges, die Vorstellung der psychischen Mobilität und die Integration des Menschen in eine «human computerisierte Gesellschaft» nicht nur in der Bundesrepublik, sondern international voranzutreiben.

Die Option der psychischen Mobilität mit Informationstechnik zwingt uns auch, mehr über uns selbst nachzudenken als *je zuvor* in der Geschichte der Menschheit. Konnte der einzelne früher unmittelbar eine Befriedigung aus der *individuellen* Arbeit ziehen, so wird diese mehr und mehr auf maschinelle Systeme verlagert. Der Mensch, der mit sich selbst ins reine zu kommen hat, bleibt dabei zunehmend *unbeschäftigt* und *außen vor.*

Wir könnten also vor einer *tiefgreifenden Renaissance der Humanität* stehen – wenn wir nur die Kraft hätten, diese wirklich zu wollen und uns nicht wegzuwerfen in einer oberflächlichen, unpolitischen Betrachtung der Welt und einer zunehmenden Mediatisierung der vielen Zeit, die uns mit abnehmender Arbeitszeit bleibt. Wir müssen lernen, diese Zeit für uns selbst zu nutzen und sie nicht als «Frei»-Zeit (frei von allem) wegzuwerfen. Unsere freie Zeit ist nicht identisch mit der Zeit, die das Denkzeug ungenutzt in der Ecke steht. Wir müssen lernen, in jeder Minute für *uns* zu handeln, das Denkzeug muß demgegenüber ausschließlich *genutzt* werden – von uns!

Psychische Mobilität mit Informationstechnik – eine zentrale Perspektive

Wir haben in diesem Buch die verschiedenen Aspekte der Entwicklung und Nutzung von Denkzeugen behandelt. Dabei ist deutlich geworden, daß die verfügbare und erkennbare Informationstechnik eine individuelle emanzipierte und reflektierte Nutzung durch jedermann ermöglicht. Sie gestattet es, die geistigen Leistungen des Menschen deutlich zu steigern. Im Gegensatz zu den Wahnvorstellungen eines «Großen Bruders», der alles kontrolliert, besteht die Option einer dezentralen bürgernahen Informations-Speicherung und Informations-Verarbeitung durch viele.

Allerdings ist auch klar geworden, daß dieses Konzept nicht aus sich heraus entstehen kann. Es bedarf einer engagierten Beteiligung und Mitarbeit *aller* Bürger bei der Reorganisation unserer psychischen Leistungen. Wir müssen lernen, daß die Zeit des «autonomen Menschen», der alles allein im Gehirn bewerkstelligte, sich dem Ende zuneigt und wir mehr und mehr in einem *sozio-technischen Gesamtsystem* leben, in dem die Nutzung globaler Information und die strukturierte, technisch unterstützte Verarbeitung und Übergabe von Information eine zentrale Rolle spielen. Der Homo sapiens muß zum *Homo sapiens informations* werden – aber wie?

Viele werden an dieser Stelle fragen, ob es nicht Alternativen zu dieser Integration gibt und ob der Weg in ein zunehmend technisch bestimmtes Gesamtsystem wirklich anstrebenswert ist? Diese Frage ist auf dem Hintergrund unserer langen kulturellen – ausschließlich vom menschlichen Geist geprägten – Geschichte außerordentlich wichtig. Gibt es wirklich Alternativen zur Computerisierung? Gibt es Möglichkeiten einer persönlichen Verweigerung? Gibt es eine Chance «Computer – nein danke» zu sagen? Können sich einzelne aus diesem Prozeß ausgrenzen?

Wie wir im vorigen Abschnitt gesehen haben, besteht diese Option in der rauhen Wirklichkeit nicht.

Psychische Mobilität mit Informationstechnik ist also unabdingbar, sie ist allerdings mittelfristig nur zu gewährleisten, wenn sie durch einen neuen Unterricht als Konsequenz *intensiver curricularer Revision in den Schulen* vorbereitet und unterstützt wird. Die tradierte Rolle des Lehrers muß neu überdacht werden; Fakten-Vermittler wird er nicht mehr sein dürfen, ebensowenig wie reiner Fakten-Prüfer. Es kommt darauf an, eine *angemessene Verteilung* der informationsverarbeitenden Prozesse zwischen *menschlichem Geist* und *Denkzeu-*

gen zu organisieren. Dies heißt, daß wir uns darüber Gedanken machen müssen, was eigentlich wirklich gelernt werden muß in einer Welt, in der Automaten, automatische Problemlöser und «allwissende» Datenbanken zunehmend für jedermann verfügbar sind. Wo sind die «typisch menschlichen» Ziele, Fähigkeiten, Fertigkeiten und Inhalte, die wir unbedingt erlernen und vermitteln müssen? Welche der «geheimen Lernziele» (z. B. Fleiß, Aufmerksamkeit, Einpassung, Ehrlichkeit, Pünktlichkeit oder auch «Ellenbogeneinsatz») sind in Zukunft als explizite Lernziele herauszuarbeiten? Welche Bedeutung haben insbesondere Fächer wie Philosophie, Theologie, Politologie, Psychologie, die wir ja im wesentlichen aus der Schule ausgeklammert haben? Hier könnte und sollte ein neues Tätigkeitsfeld der Lehrer entstehen.

Das Bildungswesen steckt z. Z. weltweit in einer *neuen tiefgreifenden strukturellen Bildungskrise,* in der es nur sehr zögernd beginnt, Visionen für neue Bildungsziele zu konzipieren. In der Bundesrepublik geschieht dies langsam, sehr langsam, im wesentlichen auf Anweisung von oben, mit einer nur sehr geringen Beteiligung der breiten Masse der 600 000 beamteten Lehrer! Lehrer-Fort- und -Weiterbildung ist ein bisher unbewältigtes zentrales Problem, wenn es gelingen soll, das Konzept der psychischen Mobilität zügig voranzubringen!

In den USA wird der Weg dahin sehr viel pragmatischer angegangen: dort werden z. B. Studenten der guten Universitäten gezwungen, bereits im ersten Semester mit einem persönlichen Computer (Denkzeug) zu arbeiten, um dadurch – gemeinsam mit ihren Professoren – herauszufinden, *wie* das Verhältnis von menschlicher zu technischer Informationsverarbeitung ganz konkret in den verschiedenen Fächern aussehen kann. Hieraus ergibt sich eine unmittelbare, direkte curriculare Revision. In dieser Situation ist nämlich Lernen dann und nur dann sinnvoll, wenn der Student die Dinge nicht direkt mit seinem persönlichen Computer – ohne vorgeschalteten Lernprozeß – erledigen kann.

Diesen sehr pragmatischen Ansatz sollten wir auch in der Bundesrepublik *sowohl* in der *Schule als auch* in der *Hochschule* intensiver erproben. Wahrscheinlich würde uns dies schneller zu einer konstruktiven Lösung führen als jahrelange abstrakte Diskussionen über neue Lehr- und Ausbildungs-Pläne in Kommissionen, die aus Leuten zusammengesetzt sind, von denen nur wenige jemals selbst mit einem Computer – geschweige denn mit einem Denkzeug – gearbeitet haben!

Zur Entwicklung der psychischen Mobilität mit Informationstechnik fehlt es allerdings in der Bundesrepublik auch noch an geeigneten Ansätzen der *Hersteller von Informationstechnik* zur Produktion leistungsfähiger Denkzeuge. Ansätze zu Denkzeugen gibt es bisher als «Lap-Top-Computer» («Schoß-Computer») im wesentlichen aus amerikanischer und japanischer Produktion. Hier hätte die deutsche Industrie eine Chance, für den eigenen Markt Geräte in Millionen Stückzahlen herzustellen. Sie müßte allerdings die Vision der psychischen Mobilität mit Informationstechnik sehr schnell aufnehmen, da erkennbar ist, daß sonst ausländische Unternehmen die Märkte beherrschen werden.

Die bisherigen Entwicklungen im Bereich persönlicher und insbesondere portabler Computer sind im wesentlichen *außerhalb* der Bundesrepublik gelaufen. Dieser Weg muß nicht fortgesetzt werden; es erscheint durchaus denkbar, daß durch eine angemessene Kooperation von Bildung und Ausbildung einerseits und informationstechnischer Industrie andererseits die psychische Mobilität und damit auch geeignete Denkzeuge gezielt vorangetrieben werden. Der Ausbildungsmarkt ist auch *ein Markt* – der Bildungshaushalt beläuft sich in der Bundesrepublik auf über 110 Milliarden DM!

Für die *Realisierung psychischer Mobilität mit Informationstechnik trägt letztlich auch die Deutsche Bundespost eine große Verantwortung*. Sie ist es, die durch ihre Monopolstellung zum einen die notwendigen Netzwerke der Kommunikation und zum anderen moderne Dienste ermöglichen muß. Bei einer zunehmenden Digitalisierung müssen immer stärker «intelligente Netze» entstehen, da die neuen Dienste von der eigentlichen Netzstruktur immer schwerer abtrennbar sind.

Das Bildschirmtext-System (Btx) ist in seiner internen technischen Struktur nicht gerade als benutzerfreundliche Spitzen-Technologie zu bezeichnen. Hier bedarf es einer schnellen Fortschreibung, die im Rahmen der Entwicklung der ISDN-Netze (*I*ntegrated *S*ervice *D*igital *N*etworks) bereits angedacht ist und realisierbar erscheint. Es kommt jetzt darauf an, derartige Strukturen mit dem Ziel der *individuellen Unterstützung breiter Schichten* voranzutreiben.

Dies sollte vor allem durch den Ausbau des derzeitigen «dummen» Telephons zu einem leistungsfähigen kommunikativen Denkzeug («Telephoncomputer») geschehen. D.h. natürlich auch, daß man die potentiellen privaten Nutzer der ISDN-Dienste sehr viel stärker berücksichtigen muß als bisher, wo im wesentlichen die kommerzielle Nutzung im Zentrum des Postinteresses steht; dies ist ein grundsätzlicher Irrweg.

Der breitere Ansatz ist letztlich auch im wirtschaftlichen Interesse im Sinne der Deutschen Bundespost. Es ist völlig klar, daß das geschäftliche Kommunikationsaufkommen – wie heute beim Telephon – mittelfristig zu vernachlässigen sein wird gegenüber den privaten Telekommunikationsbedürfnissen. Aber ohne attraktive Dienste keine Nutzer und ohne Nutzer keine attraktiven Dienste! Dieser Teufelskreis muß durch eine geeignete Strategie der Bundespost überwunden werden.

Um es noch einmal deutlich zu sagen: *das Konzept der psychischen Mobilität mit Informationstechnik ist nicht etwa eine technische oder technizistische Vision. Es ist vielmehr eine politische Antwort auf die erkennbare Penetration der Informationstechnik in die Gesellschaft. Diese kann dazu führen, daß die Gesellschaft in zwei große Klassen zerfällt – wenn es nicht gelingt, gegenzusteuern.* Diejenigen, die die Informationstechnik nutzen, und die, die von den informationstechnischen Systemen beherrscht werden. Diese schon bei Orwell sehr deutlich ausformulierte Vision *darf unter keinen Umständen Realität werden.* Sie widerspricht allen unseren humanen und demokratischen Prinzipien. Da es aber nicht möglich erscheint, auf eine Nutzung der Informationstechnik generell zu verzichten, bleibt nur das Konzept einer breiten, reflektierten und individuellen Nutzung dieser Technik *durch alle!*

Wahrscheinlich wird sich der Prozeß der Aneignung von Informationstechnik im persönlichen Bereich ähnlich vollziehen wie die Nutzung des Automobils. Vor 70 oder 80 Jahren herrschten ähnlich skeptische Meinungen über die generelle Nutzbarkeit und die Zukunft des Kraftfahrzeugs. Auch damals gab es viele kritische Stimmen, die der Meinung waren, daß «einige wenige Reiche mit ihren neuen Automobilen alle anderen totfahren werden». Dieses hat sich – trotz der immer noch beunruhigend hohen Unfallzahlen – *nicht* bewahrheitet. Es ist in den westlichen Demokratien möglich gewesen, durch eine generelle Mobilitätspolitik, durch den Aufbau eines organisierten Straßennetzes und durch eine angemessene Straßenverkehrsordnung eine dramatische Mobilitätssteigerung aller herbeizuführen. Heute gibt es in den Industrienationen bezüglich physischer Mobilität *keine* ernste Diskriminierung zwischen arm und reich oder zwischen technisch Begabten und technisch Unbegabten. Nur scheint der Zeitdruck heute größer, wir haben keine 70 Jahre, die psychische Mobilität als Konzept zu realisieren – es muß schneller gehen!

So verführerisch die Analogie zum Automobil auch ist, so muß man sich natürlich immer wieder vergegenwärtigen, daß es sich bei der physischen Mobilität um einen relativ einfachen Prozeß gehandelt hat. Die psychische Mobilität mit Informationstechnik ist ein sehr viel differenzierteres Phänomen, und deswegen bedarf es sehr viel grundsätzlicherer Anstrengungen, um hier konzeptionell voranzukommen.

Kräfte in der richtigen Richtung sind heute zum einen in der Wirtschaft erkennbar, wo auch die Ausstattung von Arbeitsplätzen mit Informationstechnik – mit Denkzeugen – als Voraussetzung der Wettbewerbsfähigkeit weiter fortschreiten wird. Zum anderen ist auch in Elternhäusern erkennbar, daß ein reflektierter Umgang der Kinder mit Informationstechnik unterstützt wird, wodurch sich psychische Mobilität entwickeln wird. Viele Fort- und Weiterbildungs-Einrichtungen (insbesondere die Volkshochschulen) bieten seit Jahren Einführungen in die Nutzung der Informationstechnik an, so daß die Zahl der psychisch Mobilen ständig wächst. Dieser Weg muß weiter verfolgt werden.

Der «Informationstechnik-Führerschein»

Psychische Mobilität mit moderner Informationstechnik ist *dann und nur dann* möglich, wenn beim Menschen geeignete Fähigkeiten und Fertigkeiten im Umgang mit persönlichen Denkzeugen vorhanden sind. Es kommt also darauf an, *breite Schichten* im Umgang mit dem Denkzeug zu qualifizieren.

Dieses betrifft zum einen die Schule, wo die Kultusminister z. Z. im Rahmen der Aktivitäten für die «Informationstechnische Grundbildung» (Beschluß der Bund-Länder-Kommission vom Dezember 1984) einige Ansätze erproben und umsetzen. Zum anderen betrifft es die große Zahl von Erwachsenen, die mit entsprechenden Fort- und Weiterbildungsmaßnahmen ihren informationstechnischen Führerschein nachmachen müssen. Die Initiative für eine «Informationstechnische Grundbildung» an den Hochschulen (Beschluß der Bund-Länder-Kommission vom Dezember 1985) läuft jetzt an – wenn auch langsam.

Im wesentlichen handelt es sich um folgende Fähigkeiten und Fertigkeiten, die zu vermitteln sind:

1. Kenntnisse über Struktur und betriebliche Nutzung der Informationstechnik. In diesem Bereich gilt es, die fünf Hauptsätze der Informationstechnik (siehe Kapitel II) wirklich zu verstehen und die daraus resultierenden Konsequenzen für den persönlichen und den betrieblichen Bereich kennenzulernen. D. h., es ist notwendig, Systemkenntnisse zu erwerben und Anwendungssoftware sowohl theoretisch als auch praktisch zu erfahren.

2. Kenntnisse über Trends der Informationstechnikentwicklung. Informationstechnik ist *keine stabile* Technik; ganz im Gegenteil, sie entwickelt sich außerordentlich rasch. Deswegen ist auch eine Kenntnis der anstehenden Trends von außerordentlicher Bedeutung. In den fünf Hauptsätzen werden solche Trends bereits charakterisiert, sie müssen aber darüber hinaus auf dem Hintergrund von Hardware und Software vertieft werden. Der einzelne muß erkennen, in welche Richtung die Übernahme von Informationsverarbeitung durch Informationstechnik in Zukunft laufen wird. Er muß eine Perspektive für die *zukünftigen* Balancen der Verarbeitung von Information zwischen Gehirn und Rechner schaffen. Hier ist «Continuous Education» unabdingbar.

3. Fertigkeiten im Umgang mit Denkzeugen und persönlicher Software. Neben der mehr abstrakt-theoretischen Gesamtschau über die Informationstechnik ist es *unabdingbar*, daß jeder lernt, mit *seinem eigenen* Denkzeug mit einer gewissen «Fingerfertigkeit» umzugehen. Man muß z.B. wissen, wie man eine bestimmte Software ins System lädt, wie man mit der Software im Denkzeug kommuniziert, wie man das System auch außer Hause betreibt, wie man den Zugang zu einer Datenbank findet, wie man das Denkzeug als Telephon benutzt usw. Hierzu ist es erforderlich, das Denkzeug auch wirklich in den Händen zu halten, genauso wie der Führerschein für das Kraftfahrzeug nur erlernbar ist, wenn man dazu ein Auto benutzen kann.

4. Kenntnisse über die menschliche Informationsverarbeitungsleistung. Eine *angemessene Balance* menschlicher und technischer Informationsverarbeitung kann sich dann und nur dann entfalten, wenn der einzelne auch seine eigene Leistungsfähigkeit angemessen einschätzen kann. Dazu muß er über die Grundfunktionen des menschlichen Gehirns Bescheid wissen. Er muß insbesondere Defizite und die speziellen Leistungen der menschlichen Informationsverarbeitung kennen. Aus diesem Blickwinkel heraus wird es ihm dann besser möglich sein, die typische Nutzung technischer Systeme angemessen voranzutreiben.

5. Motivation zur Entwicklung des «Typisch-Menschlichen». Die Nutzung des Denkzeuges im Sinne der psychischen Mobilität erscheint dann und nur dann verantwortungsvoll möglich, wenn der Mensch gleichzeitig auch seine «typisch-menschlichen» Qualifikationen weiterentwickelt. Aus der Kenntnis der besonderen Leistungen des Gehirns gegenüber der Informationstechnik sind spezifische Bereiche herzuleiten und zu vermitteln. Kreativität, die Fähigkeit zur Sozialisierung, die Fähigkeit zur Kommunikation, die Fähigkeit zum Erkennen ganzheitlicher Zusammenhänge, die Fähigkeit, Fragen stellen und formulieren zu können, Solidarisierung und Kooperationsfähigkeit sind nur einige Schlagworte für die hier zu entwickelnden Qualifikationen. Diese Bereiche gehören *unabdingbar* zum Informationstechnik-Führerschein, genauso wie das menschliche «Sich-verantwortlich-Fühlen» im Verkehr mit zum normalen Führerschein gehört.

Insgesamt umfassen diese fünf Qualifikationsbereiche ein Curriculum von einigen vierzig bis fünfzig Stunden. Diese müssen in der Tat aufgewandt werden, um die Ergänzung der menschlichen Informationsverarbeitung durch Informationstechnik ausreichend zu beherrschen. Gemessen am Freizeitverhalten sind dies 25 Fernsehabende, also ein Monat Alternative zu Unterhaltung – an der Zeit mangelt es also wirklich bei niemandem.

Die Volkshochschulen sollten verstärkt ihre Aktivitäten fortsetzen, informationstechnische Grundbildung zu vermitteln. Die Städte sollten Angebote in Lernzentren machen, die es erlauben, in Form selbstorganisierten Lernens einen Einstieg in die Informationstechnik zu bekommen. Die Hochschulen sollten sich öffnen und den Erwachsenen die Möglichkeit geben, sich im Bereich der Informationstechnik zu qualifizieren. Die Schulen müssen ihre Programme zur informationstechnischen Grundbildung rasch ausbauen, um dafür zu sorgen, daß wirklich *breite* Schichten eines Jahrganges diese Grundqualifikation bereits in der Schule erwerben.

Insgesamt handelt es sich hier um eine – in dieser Breite – bisher nie dagewesene Qualifizierungsoffensive. Sie entsteht dadurch, daß wir ziemlich rasch einer sich schnell ausbreitenden «Denk-Technik» begegnen und dafür zu sorgen haben, daß wir sie uns individuell und emanzipatorisch aneignen – und nicht an ihr vorbei leben.

Ideen zu einem integrierten System des Informationszuganges und der Telekommunikation (ISIT)

Psychische Mobilität mit Informationstechnik kann – abgesehen von der notwendigen menschlichen Kompetenz – nur entstehen, wenn es zum Aufbau eines kommunikativen Netzwerkes kommt, in dem der psychisch Mobile nach überschaubaren Regeln mit Datenbanken,

Rechenzentren und anderen Denkzeugen kommunizieren kann. Dieses Netzwerk muß im wesentlichen zwei Anforderungen befriedigen: zum einen ist Informationsverarbeitungs-Leistung zur Verfügung zu stellen, die es erlaubt, auch schwierige Aufgaben zu bearbeiten. Zum anderen kommt es darauf an, stabile und aktuelle Information jederzeit schnell und zuverlässig abrufen zu können.

Will man alles dies technisch organisieren, so kommt man zu einem *I*ntegrierten *S*ystem des *I*nformationszuganges und der *T*elekommunikation (ISIT), einer Struktur, wie sie **Abbildung 26** zeigt. In *Zentren stabiler Information* kommt es darauf an, jedermann den Bestand an stabiler, d. h. über längere Zeiträume gültiger und relevanter Information verfügbar zu machen. Ob der Zugriff darauf notwendigerweise über Telekommunikations-Systeme erfolgen muß, sei dahingestellt; sinnvoller erscheint ein Kopieren der benötigten Information auf optische Massenspeicher, die ökonomisch sehr viel kostengünstiger als teure Telekommunikations-Leistungen sind. Bereits mit der heute verfügbaren Technik ist es möglich, auf einen einzigen optischen Massenspeicher der Größe einer Compact Disk eine ganze Bibliothek von ca. 1000 Bänden zu kopieren. Die damit mögliche Kostendegression in der Reproduktion von Information übersteigt dabei den Preiseinbruch, den Gutenberg gegenüber dem handgeschriebenen Buch erreicht hat, die Kopie einer Compact Disk kostet einige 10 DM, die reine Kopie von 1000 Büchern ca. 5000 DM!

Der Zugriff zu *aktueller Information* kann natürlich nur über ein ausgebautes Telekommunikationsnetz (on-line) erfolgen. Das Bildschirmtextsystem böte im Grunde die notwendige Struktur von Netz und Speichern, wenn es wirklich als Informationssystem für aktuelle Informationen gesehen und dementsprechend ausgebaut würde. Zur Zeit ist es diesbezüglich – leider – noch ein schwer zu handhabender Dinosaurier. Aber die Kostenstruktur (ca. 1,75 DM pro Stunde Kommunikationskosten) und die Zugangsregeln (freier Zugang für jedermann) erscheinen im Prinzip akzeptabel, um einen breiten und schnellen Zugang zu aktueller Information zu ermöglichen.

Aktuelle – on-line verfügbare – Information wird in Zukunft zum einen die politisch relevanten Nachrichten und Hintergrundinformationen umfassen müssen. Zum anderen sind insbesondere Information über Waren, Güter und Dienstleistungen, die auf dem elektronischen Marktplatz vom Produzenten unmittelbar angeboten werden, verfügbar zu machen. (Die Firma compUcard z.B. ist seit Jahren dabei, diese Direkt-Kommunikation zwischen Konsument und Produzent aufzubauen. Systeme dieser Art sind in den USA und in einigen

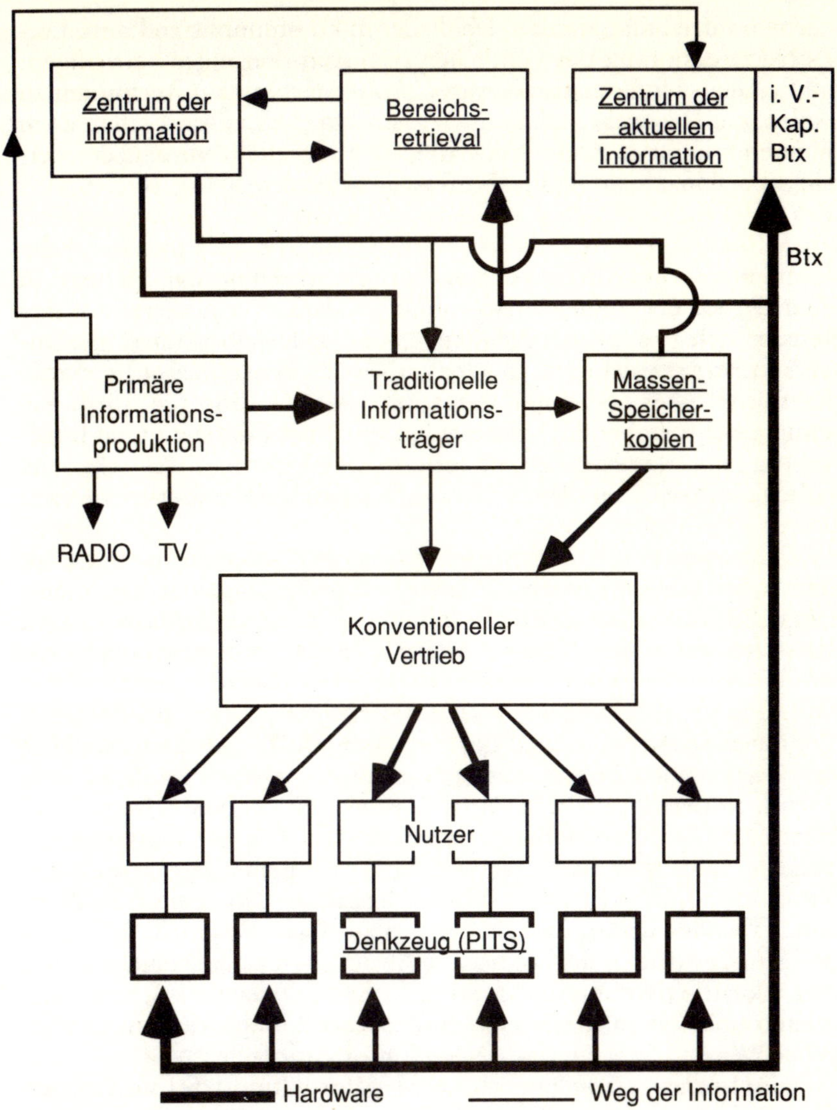

Abbildung 26
Das Konzept des *I*ntegrierten *S*ystems des *I*nformationszuganges und der *T*elekommunikation (ISIT).
Im oberen Bereich findet man die Informationszentren. Der Nutzer kann über Denkzeuge (*P*ersönliche *I*nformations- und *T*elekommunikations*s*ysteme [PITS]) Zugang zur Information aufnehmen. Es gibt grundsätzlich zwei Informationsflüsse: auf Datenträgern (Massenspeichern)und über Datenleitungen on-line.

europäischen Staaten in Betrieb. In der Bundesrepublik soll das compUcard-System Ende des Jahrzehnts verfügbar sein.)

Auch der Zugang zu *menschlichen Experten* kann in dem in **Abbildung 26** dargestellten System über das klassische Telephon in Kombination mit dem «Experten-Telephonbuch» oder über einen elektronischen Kontakt von Denkzeug zu Denkzeug organisiert erfolgen.

Neben diesen «drahtgebundenen» Angeboten wird sich *drahtlose Distribution von Information* weiter verbreiten. Wir erleben z. Z. eine Erosion der tradierten deutschen Landschaft von wenigen Rundfunkanstalten zugunsten eines Angebotes via Kabel, terrestrische Senderketten und Satellit durch viele Anbieter. Ob sich diese neue Struktur mittelfristig notwendigerweise als eine qualifiziertere Informationsversorgung herausstellen wird, bleibt bisher dahingestellt. In den USA gibt es längst adressatenspezifische Informationskanäle, die neben den «seichten» Unterhaltungskanälen durchaus eine Funktion haben.

Der psychisch Mobile wird natürlich stets die Möglichkeit haben, mit seinem leistungsfähigen Denkzeug gezielt aus dem breiten Spektrum von Angeboten die Information *herauszufiltern,* die er benutzen will. (So gibt es in den USA bereits Fernsehapparate, die Werbung aus Fernsehsendungen aktiv herausschneiden können.)

Der leistungsfähige Betrieb eines integrierten Systems der Informationsbereitstellung und der Telekommunikation kann letztlich natürlich dann und nur dann funktionieren, wenn es eine entsprechende *Informations-Nutzungs-Ordnung* gibt, die eine *Gleichversorgung aller Bürger als oberstes Richtziel* hat. Die z. Z. entstehenden Medien-Gesetze und Staatsverträge sowie die Bemühungen um Strukturen für «Information und Dokumentation» (insbesondere Fachinformationszentren) sind ein erster Schritt auf diesem Weg. Aber es bedarf einer deutlichen politischen Ausformulierung der eigentlichen Intention der psychischen Mobilität, um mit diesen Gesetzen zu einer leistungsfähigen Informations-Nutzungs-Ordnung zu kommen.

Wenn jeder weiterhin seinen «informationellen Müll» in diese technisch organisierte informationelle Umwelt entläßt, werden wir dabei Schwierigkeiten mit dem verfassungsrechtlich verankerten Zensur-Verbot bekommen. Hier gilt es, ganz neue verfassungsrechtliche Positionen zu finden, um sicherzustellen, daß sich nicht wiederholt, was im Bereich der Ökologie durch einen unreflektierten Umgang mit der materiellen Umwelt passiert ist.

«Umweltschutz» in der informationellen Umwelt ist ein außerordentlich wichtiges Anliegen, mittelfristig fast wichtiger als der ökologische Schutz, der bis dahin hoffentlich funktioniert. Wenn es nämlich zu einer – weiteren – Kontamination der informationellen Umwelt kommt, so wird die Wahrnehmung der realen Welt immer schwieriger werden. Die Bewältigung realer Probleme wird durch Des-, Fehl- und halbwahre Information – wie wir sie heute schon durch die hohe Informationsverdichtung in Presse und Rundfunk ständig erleben – erheblich erschwert. Es gilt, in den Informationssystemen wieder zu *primärer* Information zurückzukehren und dem Bürger in der Gesellschaft und dem Mitarbeiter im Betrieb die lokale Verarbeitung im Sinne kognitiver Mobilität mit Denkzeugen vor Ort zu ermöglichen.

Denkzeuge und «künstliche Intelligenz»

Bei den bisher erörterten Nutzungen des Denkzeuges sind wir bewußt von den heute direkt erkennbaren Möglichkeiten der Informationstechnik ausgegangen. Das Denkzeug ist heute bereits ein echtes Hilfsmittel, welches es dem Menschen ermöglicht, algorithmische und heuristische Verfahren gezielt zu nutzen. Diese Verfahren beziehen sich z. Z. jeweils auf relativ abgegrenzte Teilbereiche der Verarbeitung von Information und nutzen nur einen begrenzten Vorrat an Prozeduren. Heute gibt es jeweils nur (kleine) Teilaufgaben für autonome informationstechnische Lösungen. Auch die integrierte Nutzung von Datenbeständen einerseits und von Prozeduren andererseits gelingt bisher bestenfalls ansatzweise in einigen wenigen Bereichen (z. B. computerunterstützte Konstruktion).

Es ist natürlich reizvoll, am Ende des Buches einige Ausblicke auf die zukünftigen Möglichkeiten der Nutzung «künstlicher Intelligenz» für Denkzeuge zusammenzustellen. Hierzu ist es notwendig, sich zunächst mit dem derzeitigen Stand der «künstlichen Intelligenz»-Forschung und den zu erwartenden Entwicklungen vertraut zu machen. Dies soll im folgenden durch einige knappe Aussagen erfolgen.

Das Forschungsgebiet «künstliche Intelligenz» ist in den sechziger Jahren aus dem Bemühen entstanden, zum einen Gehirnfunktionen nachzubilden und zum anderen auf dem Rechner auch komplizierte Verfahren abzubilden, insbesondere mit unstrukturiertem Wissen umzugehen. Im Grunde genommen ist natürlich jegliche Nutzung des Rechners zur Abbildung menschlicher Informationsverarbeitungsprozesse bereits künstliche Intelligenz, in den jetzt laufenden Forschungsbemühungen bezieht man diesen Begriff allerdings nur auf Vorhaben, in denen Ansätze verfolgt werden, die mit bisherigen Verfahren weder algorithmisch noch mit «einfachen» heuristischen Verfahren bewältigt werden können.

So stehen heute folgende zentrale Themen im Interesse der Forscher, die – aus den Gebieten der Informatik, der kognitiven Psychologie und der Linguistik u. a. kommend – versuchen, gemeinsam an der «Artificial Intelligence» zu arbeiten:

Automatisches Problemlösen, Bild- und Sprach-Erkennung, Organisation von Wissen in Expertensystemen, Abbildung von Lernprozessen auf informationstechnische Systeme, automatische Verfahren zur Überprüfung von Annahmen, Systeme zur Generierung neuer Einsichten, beweglicher Robotersysteme, Simulation von menschlichen Informationsverarbeitungsprozessen.

Insbesondere aus der Kooperation von Informatikern und kognitiven Psychologen ist ein neues Forschungsgebiet, die «Cognitive Sciences» entstanden. Hier geht es sehr grundsätzlich um die Frage, wie Denken abläuft und inwieweit derartige Denkprozesse auf den Rechner übertragbar sind.

Versucht man, ein Resümee aus den bisherigen Ergebnissen der Artificial-Intelligence-Forschung zu ziehen, so bleibt festzuhalten, daß sie z.Z. außerordentlich fragmentarisch vorankommt. Zum einen gibt es eine Fülle wichtiger wissenschaftlicher Erkenntnisse, die aber weit davon entfernt sind, zu konkreten Systemen zu führen. Dies gilt insbesondere für das künstliche Lernen, Verstehen und Beweisführen. Andererseits entstehen mehr und mehr sinnvolle Produkte, die auf früheren Erfahrungen der Artificial-Intelligence-Forschung beruhen. Es handelt sich hier um einen «pragmatischen Ableger» dieses Forschungsbereiches, der jedoch – so die Prognosen – im Jahre 1990 ein Umsatzvolumen von einigen Milliarden Dollar ausmachen soll.

Es sind dies im wesentlichen Systeme, die fortgeschrittene heuristische Verfahren auf Rechner abbilden und damit in *Teil*bereichen neue informationstechnische Lösungen anbieten. Wichtig sind hier: optische Mustererkennung in abgegrenzten visuellen Bereichen, akustische Erkennung von bekannten Sprechern, Expertensysteme in Mikrowelten, beweisführende Systeme in streng organisierten Wissensbereichen (wie z.B. der Mathematik), computerunterstützter Unterricht (der von gewissen Lernermodellen ausgeht), Programme zur sinnvollen Aggregation größerer Datenmengen, Auskunftssysteme, die als Schnittflächen zwischen naivem Benutzer und umfangreichen Datenbanken fungieren können. – Viele dieser pragmatischen

Ansätze aus der Artificial-Intelligence-Forschung werden uns auf Denkzeugen als praktische Hilfen verfügbar sein und in den nächsten Jahrzehnten intensiv genutzt werden.

Fragen wir jedoch, ob die Gesamtheit dieser Ansätze schon zu einem «intelligenten Sklaven» des Menschen führen könnte, so muß diese Frage *auf dem Horizont der nächsten 10 bis 20 Jahre* glatt verneint werden. Es sind im wesentlichen gravierende wissenschaftliche Defizite in den folgenden Bereichen, die es nicht gestatten werden, einen *ganzheitlichen «kognitiven Sklaven»* zu erstellen:

1. Wir verstehen das menschliche Lernen bisher nur sehr begrenzt und sind weit davon entfernt, lernfähige Systeme in dem Sinne zu erstellen, daß sie sich in einer komplizierteren realen Umgebung zurechtfinden und unterschiedliche Informationen aus der Umwelt zu einem Ganzen integrierend aufnehmen können. Dies beruht erstens darauf, daß die Repräsentation des Wissens, so wie es im menschlichen Gehirn in Form semantischer Netze vorliegt, bisher auf dem Rechner nur höchst fragmentarisch realisiert werden kann. Zweitens fehlen uns Mechanismen, unterschiedliche Inhalte zu bewerten, so daß wichtige Dinge im Vordergrund und unwichtige im Hintergrund gehalten werden können.

2. Systeme der Artificial-Intelligence-Forschung zeichnen sich heute durch eine außerordentliche Schmalbandigkeit in spezifischen Wissensbereichen aus. Sie sind dort durchaus in der Lage, Wissen organisiert darzustellen, lassen jedoch jegliche Verknüpfung zu anderen «weiter entfernten» Wissensbereichen vermissen. Die notwendige Breite, die wir von einem kognitiven Sklaven fordern – soll er doch sich am Herd genausogut auskennen wie bei der Unterstützung der Schulaufgaben der Kinder und mit dem stilvollen Umgang mit Gästen – läßt sich noch lange nicht informationstechnisch realisieren. Hier fehlen uns «Tricks», wie sie das menschliche Gehirn offensichtlich durch die Produktionen («Wenn... dann...»-Beziehungen) verfügbar hat, die es erlauben, jederzeit eine sehr flexible Kombination von Prozeduren aufzubauen. Obwohl das Konzept der Produktionen bereits in der Artificial-Intelligence-Forschung verfolgt wird, hat sie bisher nur rudimentäre Ergebnisse geliefert.

3. Das Ziehen von Schlußfolgerungen, die auch sprachlich ausgegeben werden können, macht informationstechnischen Systemen außerordentliche Schwierigkeiten, insbesondere wenn es gilt, auf verstreute und disperse Information zuzugreifen. Nur wenn das Regel-

werk der heuristischen Verfahren überschaubar ist und die Daten angemessen organisiert werden können, sind Schlußfolgerungen – wie in existierenden Expertensystemen – möglich. Sobald aber für Schlußfolgerungen Wissen aus unterschiedlichen Bereichen herangezogen werden muß, hat die Artificial-Intelligence-Forschung bisher keine Lösungen anbieten können.

Daß wir in diesem Bereich so langsam vorankommen, darf nicht verwundern, hat die Natur doch für das menschliche Gehirn einige zigmillionen Jahre gebraucht, um die heutige Leistungsfähigkeit herauszuselektieren. Es erscheint nur zu verständlich, daß ein Prozeß mit vergleichbarem Ergebnis in der zurückliegenden Zeit von nur einigen wenigen Jahrzehnten nicht nachvollzogen werden konnte.

Dies darf allerdings nicht darüber hinwegtäuschen, daß es doch gelingt, in *Teil*bereichen sehr erfolgreiche Lösungen anzubieten. *Tiefe* der Problemlösung ist also häufig möglich, ohne daß die beim Menschen bekannte *Breite* der Informationsverarbeitung bisher auch nur ansatzweise realisiert wurde.

Dies hat natürlich gravierende Konsequenzen für das Wechselverhältnis von menschlicher zu technischer Informationsverarbeitung. Auch fortgeschrittene Denkzeuge werden es nur erlauben, den Menschen in Segmenten zu unterstützen. Für ihn bleibt mindestens in den nächsten Jahrzehnten stets die Aufgabe, die vielen partiellen Hilfen zu einem Ganzen zusammenzufügen.

Dies läßt sich an Beispielen leicht illustrieren:

(A) In der *Medizin* wird der Arzt durch die Nutzung von Denkzeugen in der Lage sein, über spezielle Krankheiten außerordentlich gut informiert zu sein und Differential-Diagnosen mit sehr viel höherer Sicherheit zu stellen, als dies heute möglich oder überhaupt nur denkbar erscheint. Dies wird ihn aber *nicht* der Aufgabe entheben, die Gesamtpersönlichkeit des Patienten zu bewerten und insbesondere das Wechselspiel zwischen psychischen und physiologisch-morphologisch-anatomischen Krankheiten zu verstehen und zu berücksichtigen. Kein erkennbares Diagnosesystem ist in der Lage, die Gesamtpersönlichkeit eines Patienten derart zu erfassen, daß es diese als Muster gegenüber den bekannten Syndromen «abgleichen» könnte. (Ob das heute alle Ärzte können, bleibt natürlich dahingestellt, wenn es auch ein unabdingbares Ziel medizinischer Behandlungsbemühungen sein sollte.)

(B) Im *Strafrecht* kann man sich durchaus vorstellen, daß der Richter zur differenzierten Analyse eines Falls mittels eines Denkzeuges juristischen Rat bekommt, der ihm hilft, zu einer Urteilsfindung zu kommen. Es bleibt dann aber – wie in der heutigen Rechtsprechung üblich – der Ermessensspielraum, in den die Persönlichkeit des Angeklagten, die soziale Einstellung des Richters und schließlich das gesamte gesellschaftliche Umfeld hineinspielen. Auch hier ist nicht erkennbar, daß wir zu Denkzeugen kommen, die diese drei sehr heterogenen Komponenten derart integrieren, daß sich der Richter auf einen «kognitiven Sklaven» voll verlassen könnte.

(C) Für die *Erziehungsaufgaben der Eltern* ist es durchaus möglich, Denkzeuge zu konzipieren, die den Eltern differenzierte Hilfen in der Lösung erzieherischer Aufgaben an die Hand geben. Da sich aber Erziehung in einem sehr konkreten und sehr individuellen Umfeld abspielt, können auch hier nur partielle, spezielle Lösungen angeboten werden. Es wird weiterhin die Aufgabe der Eltern sein, diese Hilfen zu einem ganzheitlichen Handlungskonzept zu integrieren und ihrem Kinde gegenüber zum Einsatz zu bringen. Kein erkennbares System der künstlichen Intelligenz wird in der Lage sein, als «technisch-kognitiver Lehrer» jenseits der Vermittlung von Fähigkeiten und Fertigkeiten Werte, Ziele und Menschlichkeit zu vermitteln. Insbesondere werden Zuwendung und Liebe ausschließlich menschliche Aufgaben bleiben.

(D) Im Unterricht ist deutlich absehbar, daß das Denkzeug bestimmte Aufgaben übernehmen wird, wie z. B. noch notwendige Drill- oder Versuchssimulationen, Modellbildung sowie die Weitergabe differenzierter Hinweise über individuelle Lerndefizite der Schüler an den Lehrer.

Mit diesen Beispielen soll der mittelfristige Rahmen der Leistungen der künstlichen Intelligenz gegenüber den Leistungen des Menschen abgesteckt werden. Allerdings darf man auch hier das Kind nicht mit dem Bade ausschütten: es kommt darauf an, eine angemessene Balance zwischen menschlicher und technischer Informationsverarbeitung zu finden. Dies heißt natürlich, die Potenzen der Technik voll zu nutzen, insbesondere wenn sie – wie erkennbar – tagtäglich billiger und leistungsfähiger werden. Das heißt aber auch – wie in diesem Buch mehrfach erörtert –, das Typisch-Menschliche zu entwickeln, welches notwendig ist, um die Integration komplizierter Teilprozesse vorzunehmen. Schon die jetzt erkennbaren Leistungen der Artificial-Intelligence-Forschung führen wahrscheinlich viele Menschen in Teilbereichen *an den Rand ihrer derzeitigen Leistungsfähigkeit.*

Ob und inwieweit das Bildungswesen in der Lage sein wird, die menschliche Leistung zur Integration von Problemlösungen zu steigern, wird sich erst in der nächsten Generation herausstellen, wenn das Bildungswesen dabei ist, die neue Bildungskrise erfolgreich aufzuarbeiten und bewußt die Komplementarität menschlicher Informationsverarbeitung zu technischer Informationsverarbeitung herauszustellen.

Das Typisch-Menschliche intensiv entfalten

Diskutiert man das Konzept der psychischen Mobilität mit Informationstechnik nach Vorträgen in Schulen oder der Wirtschaft oder mit Politikern, so werden immer wieder die gleichen Fragen gestellt. Was bleibt denn wirklich beim Menschen? Was ist da typisch-menschlich, das es gilt zu vermitteln? Gibt es wirklich Flächen, die von der Informationstechnik nicht betroffen werden und die wir durch Bildung und Ausbildung qualifizieren können, um eine vernünftige Komplementarität zwischen menschlicher und technischer Informationsverarbeitung herzustellen? Bleibt der Mensch nicht – bei einer sehr leistungsfähigen Informationstechnik – als «leere», «verblödete», ungebildete Hülse zurück?

Auf diese Fragen kann man nur antworten, daß wir in Zukunft *intensiv* nach dem Typisch-Menschlichen suchen müssen. *Bisher* war dies kein grundsätzliches Problem. Wirtschaft, Verwaltung und Gesellschaft konnten grundsätzlich das *und nur das* nutzen, was die Menschen mit menschlicher Informationsverarbeitung zur Verfügung stellen. Jetzt erst, seitdem ein zunehmender Anteil der Prozesse technisch abgewickelt wird, müssen wir immer drängender fragen, *wo ist das Typisch-Menschliche?* Was ist eigentlich unser Leitbild vom Homo sapiens – jenseits der überzogenen Vorstellung des «immer leistungsbereiten» *Homo faber* oder des die Medien übernutzenden «Homo otiosus»?

Eine generelle Antwort kann es natürlich *nicht* geben, da wir immer schon um unser Selbstverständnis gerungen haben und sich in Zukunft das Verhältnis von menschlicher zu technischer Informationsverarbeitung ständig weiter verschieben wird. Noch vor zwei Jahrzehnten z.B. wurde ein Schach spielender Computer hoher Leistung als eine utopische Fiktion bezeichnet, vor zehn Jahren hätte niemand geglaubt, daß wir heute für viele Bereiche leistungsfähige Expertensysteme haben und glaubt niemand an den beweglichen, sehenden Kleinroboter des Jahres 2000 oder das vollautomatische Automobil usw. Wir werden also bei einer sich ständig verschiebenden Balance zwischen informationstechnischer Leistung nach dem typisch Menschlichen Ausschau zu halten haben! Und wir werden weiter die uralten Fragen nach Sinn und Ziel menschlichen Seins stellen und beantworten müssen. Kein noch so gut entwickelter Computer wird uns dabei mehr als ein bißchen helfen können!

Als «Bollwerke» typisch-menschlicher Leistungen werden allerdings stets bleiben, z. B. 1. die Fähigkeit, *sich selbst* nach dem *eigenen Willen* zu organisieren, 2. die Kompetenz zur *sozialen Kommunikation*, 3. die Potenz zur *Umsetzung von Werten und Zielen in konkretes Handeln*, 4. die *spontane Kreativität* jenseits der kombinierenden Fähigkeit der Informationstechnik, 5. die Fähigkeit, sehr *unterschiedliche Prozesse integriert zu bearbeiten*, 6. das *Sinnlich-Affektive*, welches uns – und nur uns selbst – glücklich und traurig macht, 7. die Möglichkeit, uns selbst musisch zu beschäftigen, 8. die Urteilskraft, die notwendig ist, in *politischen* – d. h. eben nicht durch Sachzwang vorprogrammierten – Entscheidungen selbst die Frau oder den Mann zu stellen. Und vieles mehr, das der Leser selbst leicht findet, wenn er sein menschliches Leben differenziert analysiert.

Das Ziel einer sinnhaften Komplementarität menschlicher und technischer Leistung fordert, diese verschiedenen Flächen menschlicher Leistung auszuformulieren und zu entfalten. Es würde weit über den Rahmen dieses Buches hinausgehen, für alle Gebiete «Anleitungen» für eine solche Differenzierung zu geben. Als Beispiel sei das in drei einfachen Gebieten angedeutet, zum einen im formalen Bildungswesen, in den Fächern Mathematik und Deutsch und zum anderen in der Frage nach einer richtigen «Freizeit».

Während es über die Jahrtausende in der *Mathematik* darauf ankam, daß der Mensch einerseits quantitative Zusammenhänge und abstrakte Strukturen beherrschte und andererseits in der Lage war, formale Prozesse nach strengen mathematischen Regeln fehlerfrei abzuwickeln, kommt es heute auf diesen zweiten Bereich nicht mehr so wesentlich an, da Taschenrechner und mathematische Expertensysteme hier alle wichtigen Aufgaben schnell und sicher erledigen.

Es bleibt als «typisch-menschlich» also das Verständnis quantitativer Zusammenhänge, die Fähigkeit, allgemeine Probleme auf mathematisierbare Darstellungen zu reduzieren, Modelle aufzubauen, die es erlauben, mit diesen mathematisierten Darstellungen umzugehen und schließlich die Ergebnisse mathematisierter Prozesse zu bewerten.

Dies alles sind allerdings sehr viel *schwierigere Anforderungen* als das klassisch-operative Rechnen. Es bedarf z. B. einer anderen Qualifikation, «auf Anhieb zu sehen», daß $57 \times 18{,}201$ größer als 1000000 und kleiner als 1100000 sein muß, als das Ergebnis mühsam auszumultiplizieren. Es ist eben einfach schwieriger, zu verstehen, *was* ein Integral wirklich ist und wozu man es nutzen kann, als die Produktregel der Integration auswendig zu lernen.

Moderner Mathematik-Unterricht wird natürlich nicht generell auf operative Inhalte verzichten können, aber es muß zu einer Schwerpunktverlagerung aus der z. Z. sehr starken Orientierung an rein operativen Zielen einerseits hin zu eigentlichen Verständnis- und Übersichtsaspekten und andererseits zu Bedeutungs- und Anwendungsbezügen kommen.

Bisher ist auch *keineswegs* bewiesen, daß derartige Fähigkeiten breiten Schichten *grundsätzlich nicht* zu vermitteln sind. Natürlich wird es in der Didaktik für die neuen Lernziele Schwierigkeiten geben, und es ist auch nicht zu erwarten, daß wir mit diesen Konzepten notwendigerweise überall bei den Lernenden – von den Lehrenden ganz abgesehen – auf fruchtbaren Boden stoßen. Aber der Versuch, das «Typisch-Menschliche» in der Mathematik herauszuarbeiten, muß unter allen Umständen vorangetrieben werden. Natürlich ist die Neudefinition von mathematischen Lernzielen um *vieles schwieriger* als die alte Faktensammlung – aber letztlich auch lohnender!

Ähnliche Überlegungen gelten für ein so wichtiges Fach wie *Deutsch*. Hier gibt es natürlich heute schon eine etwas bessere Balance zugunsten des Typisch-Menschlichen, wenn versucht wird, kulturelle Zusammenhänge oder Einbettungen individueller Erfahrungen in den «Zeitgeist» zu vermitteln. Diese wichtigen Ziele werden jedoch an vielen Stellen heute durch breite operative Trainingsphasen abgeschwächt, insbesondere im Bereich von – schlecht vermittelter – Grammatik und Orthographie.

Wir müssen uns in Zukunft ernsthaft fragen, ob der hohe Zeitaufwand für das orthographisch richtige Schreiben noch sinnvoll investiert ist, wenn ein Sprechschreiber (also die Maschine, die gesprochene Sprache immer in eine orthographisch richtige Schriftform überträgt) verfügbar sein wird. Sollten wir unter diesen Bedingungen nicht z. B. die *Lese-Fähigkeit,* die Fähigkeit zur Interpretation von Texten, die Freude am Lesen, die echte mitmenschliche Kommunikation, den reflektierten Umgang mit den Massenmedien, die Fähigkeit, im Team Probleme angehen zu können, intensiver betonen?

Gilt es nicht, sehr viel stärker als je zuvor die Sprachkompetenz, die Ausdrucksfähigkeit des einzelnen mit dem Ziel zu fördern, daß er seine Argumente in der sozialen Kommunikation differenziert und sprachlich gewandt vortragen und sich selbst ein klares Bild von schwierigen geistigen Zusammenhängen formulieren kann? Sollten wir nicht größeres Gewicht auf psycholinguistische Zusammenhänge legen, die es dem Lernenden (und später dem Erwachsenen) gestatten, zu verstehen, welche Zusammenhänge zwischen psychischer Struktur und sprachlicher Gestaltung bestehen? Sollten wir nicht stärker als bisher versuchen, einen *Überblick* über die großen Strömungen kultureller Leistungen deutscher und internationaler Autoren zu geben, anstatt uns nur mit einigen wenigen vereinzelt, punktuell und selektiv auseinanderzusetzen?

Auch am Fach Deutsch wird wieder deutlich, daß ein moderner Unterricht, der das Typisch-Menschliche zu entfalten sucht, natürlich schwieriger ist und nach anderen, neuen didaktischen Konzepten abgewickelt werden muß. Auch hier werden wir nicht umhinkommen, ganz konkret unter Nutzung moderner Denkzeugen *zu erproben,* welche Leistungen unbedingt beim Menschen bleiben müssen und bei welchen wir uns auf unser Denkzeug verlassen können.

Insbesondere die Frage des Informationszuganges muß im Deutschunterricht reflektiert werden. Bisher war das teure, «ferne» Buch in aller Regel für breite Schichten ein *fernes* Medium, dies sieht man an den Lesegewohnheiten im Verhältnis zu den Einschaltquoten der Fernseher! Ist es in Zukunft möglich, über moderne Massenspeicher und Telekommunikations-Systeme jedermann wieder mit der Schrift unmittelbar und kostengünstig «zusammenzubringen», so sollte das natürlich Auswirkungen auf den Deutschunterricht haben.

Ein weiterer notwendiger Wandel hin zum wirklich «psychisch Mobilen» liegt in einer sinnvollen Gestaltung der immer ausgedehnteren *Freizeit.* (Schon heute arbeitet in der Bundesrepublik jeder Beschäftigte im Mittel nur $1/7$ seiner Lebenszeit!)

Wir haben es uns nach Einführung des Fernsehens leider geleistet, täglich – im Mittel – zwei Stunden vor der Glotze totzuschlagen. Aber eine weitere Mediatisierung der Freizeit erscheint gesellschaftszerstörend, da die typisch-menschlichen Prozesse der sozialen Kommunikation und des politischen Handelns damit zunehmend verlorengehen werden. Wir sehen dies z. B. im Rückzug der Bundesbürger aus der Basisarbeit der politischen Parteien, wo weniger als 2 Millionen Parteimitglieder über 40 Millionen Wahlberechtigten gegenüberstehen.

Das Typisch-Menschliche entfalten heißt, sich insbesondere in der Freizeit Gedanken darüber zu machen, wie man seine Ziele, seine Werte, seine Normen, seine Vorstellungen bewußt und kritisch umsetzt, wie man letztlich wieder zu einem *Homo socialis* und einem *Homo politicus* wird.

Dabei – und dies wird leider immer falsch verstanden – ist das persönliche Denkzeug keineswegs im Wege, vielmehr bietet es ja gerade die Möglichkeit, den eigenen Freiraum effektiv zu entfalten. Viele lästige Routinen, die uns heute viel Zeit kosten, können in Zukunft informationstechnisch abgewickelt werden.

Menschliches Miteinander, die Fähigkeit, sich wirklich zu treffen, menschlich miteinander umzugehen, miteinander glücklich zu sein, politische Arbeit zu leisten, dies sollten zentrale Aufgaben der «neuen Freizeit» werden.

Das erscheint allerdings dann und nur dann möglich, wenn wir in Schule und Hochschule den Menschen für eben diese Freizeit qualifizieren. Zur Zeit gibt es hier ein breites Defizit. Dieses gilt es, durch moderne curriculare Ansätze, insbesondere auch in der Erwachsenen-Weiterbildung, zu überbrücken. Es gilt, nach einem gezielten Anreizsystem für echte «Freizeitaktivitäten» Ausschau zu halten, wobei die vielen und außerordentlich begrüßenswerten heutigen Angebote der Sozialpartner, der Kirchen, der Parteien, der Volkshochschulen auszubauen und anzureichern sind. Ein Teil der durch die effektive Nutzung des Denkzeuges im Betrieb gewonnenen Produktivität könnte sinnvoll für die Entfaltung des Typisch-Menschlichen genutzt werden! (Aber die Gewerkschaften versuchen nur Freizeit zu schaffen, ohne zu fragen, wozu sie eigentlich dienen soll!)

Oft werden von verschiedenen Seiten (z. B. Eltern, Lehrern, Arbeitnehmervertretungen usw.) Nachteile moderner Denkzeuge genannt: das Arbeiten mit dem PC «erzieht zum Einzelgänger», «fördert soziale Defizite», «macht Heimarbeit möglich und bringt ausbeuterische Zustände des vorigen Jahrhunderts zurück», «fördert psychologische Krankheiten, wie Arbeitssucht und Spielsucht», «bewirkt einen Verlust von Spontanität und Kreativität» usw.

Bisher haben wir keine eindeutigen Beweise für die Richtigkeit dieser Behauptungen, wir nehmen sie jedoch ernst! Um diese vielleicht möglichen Wirkungen des Denkzeuges zu verhindern oder zu begrenzen, sind Lehrer, Eltern, Schüler, Arbeitnehmer und Arbeitgeber gleichermaßen aufgefordert, für den *richtigen Einsatz* der Denkzeuge zu sorgen. Es hat – wie wir nachgewiesen haben – keinen Sinn, diese schlicht verbieten zu wollen. Es ist vielmehr an der Zeit, daß wir uns intensiv Gedanken darüber machen, *wie* wir mit dem neuen Denkzeug leben wollen.

Frauen und Informationstechnik

Blickt man auf die Entstehungsgeschichte der Informationstechnik zurück, so stellt man fest, daß diese Technik ausschließlich ein Produkt des Verstandes von Männern ist, weibliche Erfinderinnen gibt es praktisch nicht, nur im Vertrieb findet man einige Frauen. Dies hat natürlich zum einen mit der generellen Geschichte der Technik zu tun, in der Frauen – aus historisch verständlichen Gründen – nur eine marginale Rolle spielen.

Zum anderen sind für den Bereich der technischen Verarbeitung von Information aber – noch andere – Überlegungen begründbar: mit der Informationstechnik hat sich der Mann zunächst um seine ihm in der Evolution zugewachsenen Aufgaben gekümmert, nämlich um die Verarbeitung *kognitiv-rationaler* Prozesse in der Bewältigung der Umwelt. Es ist folglich auch der Mann, der sich mit dieser Technik weitgehend selbst wegrationalisiert. Seine Domäne war und ist die exzessive Nutzung der Leistungsfähigkeit der linken Gehirnhemisphäre, in der im wesentlichen die kognitiv-verbalen Prozesse ressortieren, die er nun mehr und mehr auf den Rechner überträgt.

So ist diese Technik eine Erleichterung für Leistungen, die in dieser Gesellschaft üblicherweise in erster Linie von Männern zu erbringen sind, aber auch eine ernste – bisher wohl kaum erkannte – Gefahr für die Position des Mannes in der Gesellschaft. Denn der Mann ist es, der seine Qualifikationen dadurch in Frage stellt, daß er sie zunehmend an die Technik übergibt.

Die Frauen halten sich heute in dieser Situation zurück. Das liegt zum einen daran, daß ihnen der professionalisierte Zugang zu technischen und rationalen Prozessen historisch stets verwehrt worden ist. Bei den Frauen führt die stärker durch die Nutzung der rechten Gehirnhemisphäre geprägte Leistung im Ganzheitlichen, Affektiven, Musischen und Sozialen zu einer Haltung, auf deren Grundlage sie sagen: Warum soll *ich* mit dieser Technik umgehen? Was kann *ich* mit dieser Technik wirklich anfangen? Wie kann *mich* diese Technik weiter voranbringen? Antworten auf derartige Fragen sind bei der heute üblichen Betrachtungsweise kaum möglich und sind auch nur selten versucht worden. Unter anderem ist es darauf zurückzuführen, daß Motivation und Engagement von Frauen im Umgang mit Denkzeugen derzeit außerordentlich begrenzt sind.

Dies darf aber nicht darüber hinwegtäuschen, daß die *Erwerbsarbeit* von Frauen durch die Informationstechnik in *erheblichem Umfang betroffen* ist. Der bisherige Arbeitsteilungsprozeß zwischen

Frauen und Männern hat im Ergebnis – leider – dazu geführt, daß Frauen an vielen Arbeitsplätzen im Produktions- und Dienstleitungsbereich nur die «einfachen», «repetitiven», «rational routinisierbaren» Tätigkeiten als «Abfallprodukt» männlicher Arbeit übertragen bekommen haben bzw. wahrnehmen – schlecht bezahlt, wenig weitergebildet und «wohleingepaßt» in ein von Männern vorgegebenes Rollenverständnis. Dieser – *abhängige* – Teil der Erwerbsarbeit von Frauen wird durch die Informationstechnik *außerordentlich hart* bedrängt. Man sieht das beispielsweise am Montageband und im Bereich der Textverarbeitung; der Sprechschreiber wird im nächsten Jahrzehnt eine Revolution in den Schreibbüros auslösen.

Was also können Frauen tun, wenn sich Denkzeuge primär in der Hand des Mannes ausbreiten und die Informationsverarbeitung vom Menschen zunehmend auf technische Systeme übertragen wird? Folgende Ansätze sollten intensiv verfolgt werden:

1. In den Unternehmen sollten Frauen nach Funktionen Ausschau halten, die ihrem Interesse an *ganzheitlicher Betrachtung* sozialer Prozesse entgegenkommen und die andererseits im Interesse eines reibungslosen Funktionierens der unternehmerischen Arbeitsorganisation bezahlt werden müssen. Das heißt: Frauen müssen versuchen, aktiver als bisher *gegen* die ihnen im Arbeitsprozeß übertragene Rolle einer «untergeordneten kognitiven Maschine» anzugehen.

Dies ist natürlich gerade in industriell dominierten Umgebungen nicht ganz einfach und sollte von Gewerkschaften und Parteien zielstrebig unterstützt und forciert werden. Aber auch für den Unternehmer gibt es gute Gründe für ein derartiges Vorgehen: die für eine neuartige «Verwendung der Frau» notwendigen Weiterbildungs- und Reorganisationsmaßnahmen sind eine *unabdingbare* Voraussetzung für die Leistungssteigerung von Unternehmen, die bisher gerade den Anteil der von Frauen erbrachten Leistungen unterschätzen und nicht in dem Sinne und in dem Ausmaß fördern, wie es für das Funktionieren eines *soziotechnischen Gesamtsystems* sinnvoll und notwendig erscheint.

2. Die Frauen sollten ihre Fähigkeit, Zusammenhänge ganzheitlich zu erkennen und zu interpretieren, als «Kampfmittel» gegenüber einem vom Manne bestimmten fraktionierten arbeitsteiligen Denken einsetzen. Dies bezieht sich sowohl auf den beruflichen als auch auf den privaten Bereich. Frauen können ihre Rolle als «kognitive und soziale Sklaven», die ihnen bisher in einer stark männlich betonten Welt übertragen worden ist, nur dann aufgeben, wenn es

ihnen gelingt, ihre primären Qualifikationen stärker herauszuarbeiten und sich einseitigen Rolleninterpretationen entgegenzusetzen.

Diese Zielsetzung, sich einerseits quer, andererseits komplementär zu den Leistungen der Informationstechnik zu verhalten, setzt allerdings zwingend voraus, daß Frauen die Leistungen der neuen Technik kennen und damit bewußt für die Verwirklichung ihrer Interessen nutzen können. Insofern sollten Frauen durchaus eine Motivation entwickeln, sich mit der Informationstechnik *intensiv* zu beschäftigen. Ohne Detailwissen über den Computer kann man keine Leistungen «jenseits» des Computers anbieten und vermarkten!

3. Letztlich wird die neue Technik zu einem grundsätzlich veränderten Rollenverständnis beider Geschlechter führen, mittelfristig vielleicht sogar zu einer deutlichen *Aufwertung der Position der Frau in einer Gesellschaft,* in der sich der Mann zunehmend wegrationalisiert hat, so er nicht – vielleicht – nachholt. Es wird außerordentlich wichtig sein, daß die Gesellschaft dieses Phänomen erkennt und nach Wegen sucht, wie Arbeitsteilung zwischen Frauen und Männern neu organisiert wird. Wir können gesellschaftlich nicht mehr mit den alten Rollenbildern weiterarbeiten, wenn wir wirklich von der Informationstechnik intensiv Gebrauch machen wollen!

4. Eine derartige Veränderung der Rollenbilder wird auch im *privaten Bereich* erhebliche Auswirkungen haben. Einerseits wird Familien- und Hausarbeit zu einer verbindlichen Aufgabe für beide Geschlechter werden. Andererseits kann die Informationstechnik – etwa in Form des beweglichen «Hausroboters» – dazu dienen, Frauen *und* Männer von der notwendigen Bewältigung wenig interessanter Routinetätigkeit im privaten Bereich zu befreien. Frauen *und* Männer sollten ihre Zeit dann dafür nutzen, das zu tun, was in unserer Gesellschaft mehr und mehr fehlt: die eigentliche *Erziehung* der *Kinder,* den Aufbau sozialer Kontakte in der engeren und weiteren Familie, das Mitwirken an der Bewältigung der sozialen Probleme zwischen den verschiedenen Gesellschaftsschichten und – last not least – teilhaben an der *Bewältigung der sozialen Lasten, die sich aus der zunehmend überalterten Population ergeben.*

Natürlich werden all diese Veränderungen tiefgreifende Konsequenzen bezüglich des Musters der finanziellen Honorierung in der Gesellschaft haben müssen. Die z. Z. «überbetonte» Bewertung kognitiv-rationaler Leistungen des Mannes, die ja nun durch Informationstechnik *wesentlich billiger* erbracht werden können, muß zugunsten einer höheren Bewertung der bisher durch Informationstechnik kaum ersetzbaren Leistungen von Frauen abgebaut werden.

Eine Option hierfür stellt die durch die höhere Arbeitsproduktivität möglich werdende vollautomatische Grundversorgung für alle dar. Dieses Modell geht davon aus, daß es möglich ist, durch intensive Nutzung vollautomatischer Fabriken, deren Besitz breit gestreut ist, *jeden Menschen* in der Bundesrepublik mit einer Grundversorgung im Bereich von Nahrungsmitteln, Textilien, Kommunikation und Transport zu versorgen. (Zu den Details der Grundversorgung siehe *Haefner, K.:* Mensch und Computer im Jahre 2000 – Ökonomie und Politik für eine humancomputerisierte Gesellschaft, 3. Auflage, Basel 1986.)

Abschließend sei darauf hingewiesen, daß Frauen das *notwendige* komplementäre Zusammenfügen menschlicher und technischer Informationsverarbeitung vielleicht am leichtesten realisieren können, weil sie schon heute vor allem für «typisch menschliche» Leistungen qualifiziert sind. Der große Nachqualifizierungsbedarf, den die Männer in dieser Hinsicht haben, besteht vermutlich bei den Frauen in diesem Maße nicht. Sie müssen allerdings den Mut haben, sich konstruktiv mit den Leistungen der Informationstechnik auseinanderzusetzen, um ihre Überlegenheit zu erkennen und sie sowohl in ihrem eigenen Interesse als auch zum Nutzen der Gesellschaft einzusetzen.

Realisierungschancen für die psychische Mobilität

Versuchen wir am Ende unserer Überlegungen zur Nutzung und Entwicklung von Denkzeugen eine Prognose, wo «die Reise wirklich hingeht», so kann man heute im wesentlichen drei Szenarien zeichnen: 1. ein *technikfreundliches,* 2. das des *Sichdurchwurstelns* und 3. die Vision einer breiten *Denkzeug-Verweigerung.* Versucht man herauszufinden, welches dieser Szenarien wahrscheinlich Wirklichkeit werden wird, so muß man die Kräfte zur Kenntnis nehmen, die heute in der Gesellschaft erkennbar sind und einen wesentlichen Einfluß auf die Zukunft haben werden.

Machen wir uns also an die Analyse der Kräfte: Zunächst ist erkennbar, daß zumindest eine kleine Gruppe aus allen Schichten (Schüler, Lehrer, Sachbearbeiter, Manager, Politiker) in der Bundesrepublik erkannt hat, welche Chancen das Konzept der psychischen Mobilität mit Informationstechnik bietet. Diese Gruppe wird ihre Möglichkeiten weiter wahrnehmen. Sie werden ihre Leistungen verbessern, ihre Betriebe zunehmend computerisieren, und sie werden ihre Verwaltungen optimieren und damit Wettbewerbsvorteile gewinnen.

Die informationstechnische Industrie wird weiterhin – angesichts sich abzeichnender interner Wettbewerbsverschärfung eher verstärkt – versuchen, Märkte im Bereich der Denkzeuge zu erschließen. – Die Deutsche Bundespost wird durch die Verfügbarmachung von neuen Netzwerken (ISDN) – zwar langsam, aber immerhin – Infrastrukturen aufbauen, in denen psychische Mobilität möglich gemacht wird. D. h., für eine auf die breite Bevölkerung bezogene Minderheit ist der Weg in die psychische Mobilität mit Denkzeugen *eine Option, die wahrgenommen werden wird.*

Eine wichtige Frage ist, inwieweit diese (derzeitige) Minderheit von einigen hunderttausend Personen breite Schichten und insbesondere das *Bildungswesen* mitziehen wird? Hierbei muß man relativ pessimistisch sein, wenn man Struktur und Altersverteilung der beamteten Lehrerschaft im Bildungswesen betrachtet: Wir haben eine relativ fest formierte, staatlich vorgeschriebene curriculare Organisation, die es sehr schwer macht, lokale Innovationen durchzusetzen. Wir haben eine Lehrerschaft, die z. Z. ein mittleres Alter um die 40 Jahre hat und damit – bei stagnierenden Geburtenzahlen – in den nächsten zwanzig Jahren *ohne erkennbaren Nachwuchs* im Dienst sein wird – wenn nicht ein Wunder im öffentlichen Dienst geschieht (siehe Abbau der Laufbahnstaus in der Bundeswehr).

Es ist kaum erkennbar, wie unter diesen Bedingungen deutliche Reorganisationen im Bildungswesen stattfinden können. D.h., das Bildungswesen wird als Träger der Innovation für eine Unterstützung breiter Schichten auf dem Wege in die psychische Mobilität mit Informationstechnik eher *hinderlich* als förderlich sein.

Es wird die «Neue Bildungskrise» bis an die gesellschaftliche Schmerzgrenze ausfahren und vermutlich erst durch eine große politische Initiative der neunziger Jahre eine neue Perspektive erhalten.

Auch aus dem *politischen Bereich* wird durch das derzeitige System der repräsentativen Demokratie nicht gerade ein Anreiz geschaffen, psychische Mobilität mit Informationstechnik voranzutreiben. Ist doch nur zu einsichtig, daß ein breites politisches Wissen bei vielen Bürgern die derzeitigen politischen Strukturen in Frage stellen würde. Eine «direktere Demokratie» psychisch mobiler Bürger erlaubt und fordert sehr viel mehr Partizipation, sehr viel mehr Mitbestimmung und Mitverantwortung, als dies heute von vielen in der Politik offensichtlich gewollt wird. Das zeigt das starke «Gegenhalten» gegen Bürgerinitiativen und Volksbefragungen nur zu deutlich.

Auch die zunehmende *Vergreisung der Bevölkerung* – im Jahre 2000 werden ca. 30 % der Bundesrepublikaner älter als 60 Jahre sein (!) – wird keine Kraft für Innovation im Denken und zukunftsorientiertes Handeln mit Denkzeugen sein. Damit liegt die Bundesrepublik natürlich im ernsten Wettbewerb mit den jungen Nationen im pazifischen Raum, in Lateinamerika, aber auch gegenüber den südeuropäischen Nationen in schlechter Position – wenn es ihr nicht gelingt, ihre Jugend stärker zu fördern und zu motivieren und insbesondere die «große Generation» der jetzt in die zwanziger Jahre kommenden jungen Frauen und Männer intensiv zu fördern.

Wagt man also zum Schluß eine Prognose, wie schnell die psychische Mobilität mit Informationstechnik kommen wird, so muß man – für die Bundesrepublik – eher pessimistisch antworten, «es wird noch einige Zeit dauern». In dieser Zeit allerdings besteht die ernste Gefahr eines Zerfalls der Gesellschaft in die, die sich die neue Technik schnell aneignen, und die, die bewußt darauf verzichten oder es mangels Unterstützung einfach nicht können. Hier entsteht – auch durch eine zunehmend «nicht-deutsche Technik» – ein sozialpolitischer Sprengstoff, den wir sehr ernst nehmen müssen, wenn wir uns über die Zukunft unserer Gesellschaft und unserer politischen Kultur Gedanken machen.

Denkzeug und Schrift – Historische Parallelen und ihre Konsequenzen

Vor ca. fünfeinhalbtausend Jahren begann im eurasischen Raum die Nutzung der Schrift. Damit setzte kulturell eine Revolution ein. Der tradierte Mensch-Mensch-Dialog wurde ergänzt und erweitert – aber auch substituiert – durch die objektivierte Aufzeichnung. Überlieferungen, die früher nur von Mensch zu Mensch weitergetragen werden konnten, ließen sich auf den ersten Medien – Lehm, später Papyrus und Papier – niederlegen.

Obwohl eine weite Verbreitung und Nutzung der Schrift Jahrtausende gebraucht hat, so ist doch erkennbar, daß bald nach ihrer Erfindung ein dramatischer Wandel des Selbstverständnisses des Menschen eintrat. Während bis zur Erfindung der Schrift der Mensch ausschließlich auf sein eigenes Gedächtnis angewiesen war, konnte er danach auf kulturelle Erfahrungen, Erinnerungen und Aufzeichnungen von Menschen zurückgreifen, die in der Vergangenheit lebten und zu denen er keine unmittelbare Beziehung hatte. Am deutlichsten wurde das wohl in der Nutzung der Niederschriften der Religionen, die als «externer Speicher» den Menschen ein Wissen verfügbar machten, welches früher nur mühsam von Generation zu Generation, von Gehirn zu Gehirn transportiert werden konnte.

Ein weiterer Durchbruch ergab sich mit Erfindung des Buchdrucks, also der *automatischen* Vervielfältigung von schriftlichen Vorlagen. Dies führte dazu, daß man im Schulwesen jedermann dazu anhielt, lesen und schreiben zu lernen. Der begrenzte menschliche Kurzzeitspeicher wurde individuell durch Papier und Bleistift dramatisch erweitert, das Gedächtnis jedes einzelnen wurde z. T. objektiviert, die «Informationsproduktion» begann zu explodieren.

Betrachten wir demgegenüber die sehr viel kürzere Geschichte des Denkzeuges, so sind hier bereits ähnliche Entwicklungen zu beobachten: durch die Abbildung von Prozessen auf informations*verarbeitenden* Systemen kann sich der Mensch von diesen freimachen. Er braucht sie nicht mehr alle selbst zu verwalten und abzuwickeln, er kann die Leistung seines Gehirns dramatisch erweitern. Mit einer *breiten* Verfügbarkeit von Denkzeugen und einer allgemeinen informationstechnischen Grundbildung werden immer mehr Menschen in den Stand versetzt werden, objektivierbare Prozesse *außerhalb* des Gehirns abzuwickeln. Wichtige Prozeduren zur Bewältigung des Lebens bleiben nicht mehr ausschließlich in menschlichen Gehirnen, sie werden in Form objektivierter Algorithmen und Heuristiken auf dem Rechner zum kulturellen Allgemeingut – so wie schriftlich niedergelegte Überlieferungen.

Die Wirkungen liegen auf der Hand: so wie die Schrift unsere Fähigkeit zur globalen *Weitergabe von gespeicherter Information* dramatisch erhöht hat, so sind wir mit der modernen Informationstechnik dabei, die *Weitergabe von Informationsverarbeitungsprozessen* außerhalb des menschlichen Gehirns sehr grundsätzlich zu verändern. Die Leistungen des menschlichen Geistes können in einem neuen Schritt – nach der Schrift als Speicher – durch das Denkzeug im Bereich der Verarbeitung erweitert werden. Dies ist der Beginn einer *neuen großen kulturellen Revolution*, deren Ausmaß und Konsequenzen wir uns heute genausowenig im Detail vorstellen können, wie dies zu Zeiten der Erfindung der Schrift für die Entwicklung der Kultur möglich war.

Wagt man eine erste Perspektive, so wird deutlich, daß wir individualistische, personenbezogene Prozeduren aufgeben und zu international verständlichen Grundprinzipien für Verfahren, Abläufe und Prozesse kommen werden. So wie uns die Schrift – zumindest in den Industrienationen – international zusammengeführt und letztlich zu einer kommunikativen Gesellschaft gemacht hat, so sind wir mit der modernen Informationstechnik dabei, Informations*verarbeitung* als globalen Prozeß zu organisieren. *Alle* Aspekte menschlichen Handelns werden durch Denkzeuge und die dahinterstehende Objektivierung von Prozeduren in gleicher Weise erfaßt werden – wie die schriftliche Kommunikation alle Bereiche menschlichen Lebens und Seins geformt hat.

Literaturhinweise

Brater, M. und Herz, G.: Persönlichkeitsbildung und Technologiebewältigung – Zu den Aufgaben der Berufsvorbereitung im Computerzeitalter. Erziehungskunst 6,1, 1986.

Bundländerkommission für Bildungsplanung und Forschungsförderung: Rahmenkonzept für die informationstechnische Bildung in Schule und Ausbildung. Bonn 1985.

Deutscher Frauenring e. V. Landesverband Hamburg: Schöne neue Frauenwelt. Hamburg 1985.

Ennals, R., Gwyn, R. and Zdravches, L.: Information Technology and Education: The Changing School. Chichester Sussex 1986.

Fischler, M. and Firschein, O.: Intelligence – The Eye, the Brain and the Computer. Amsterdam 1986.

Gill, K. (Ed.): Artificial Intelligence for Society. Chichester 1986.

Haefner, K.: Mensch und Computer im Jahr 2000 – Ökonomie und Politik für eine human computerisierte Gesellschaft. Basel 1986 (3. Auflage).

Haefner, K.: Die neue Bildungskrise – Lernen im Computer Zeitalter. Reinbeck 1985.

Hainline, D.: New developments in Computer assisted Language Learning. Beckenham 1986.

Kerner, I.: Informatik-Allgemeinbildung im sozialistischen Bildungssystem der DDR. Rechentechnik/Datenverarbeitung 23 (1), 13, 1986.

Kreibich, R.: Die Wissenschaftsgesellschaft, Von Galilei zur Hight-Tech-Revolution. Frankfurt 1986.

Lewis J. and Tagg, E. (Ed.): Trends in Computer Assisted Education. Oxford 1986

Lovis, F. and Tagg, E.: Informatics and Teacher Training. Amsterdam 1984.

Martin, J.: Manifest für die Informationstechnologie von morgen. Düsseldorf 1985.

Michie, D. und Jonston, R.: Der kreative Computer. Hamburg 1985.

Simon, H.: The Science of the Artificial Intelligence. Cambrigde, MA 1984.

Späth, L.: Wende in die Zukunft – Die Bundesrepublik auf dem Weg in die Informationsgesellschaft. Reinbeck 1985.

Terry, C. (Ed.): Teaching and Learning with Robots. Beckenham 1986.

Anhang
Weitere Details zur Entwicklung und Nutzung von Denkzeugen

Während im Hauptteil des Buches der Versuch gemacht wurde, zentrale Argumente für die psychische Mobilität mit Informationstechnik konsistent vorzustellen, werden im Anhang weitere Details und Probleme erörtert. Insbesondere werden die Optionen des computerunterstützten Problemlösens und der CUU sowie die Erstellung von Software und Courseware näher behandelt.

Der interessierte Leser findet hier zum einen praktische Hilfen bei der Realisierung seines individuellen Denkzeuges und zum anderen Unterstützung bei der Entwicklung von Software und Courseware.

Anhang I
Strategien des computerunterstützten Problemlösens

In diesem ersten Kapitel des Anhanges soll der Versuch unternommen werden, einen Überblick über notwendige Strategien zum Einsatz von Denkzeugen zu geben. Nur wer in der Lage ist, für einen großen Benutzerkreis gute Produkte zu produzieren, kann darauf hoffen, daß diese Produkte genutzt werden. Umgekehrt muß der Nutzer fordern, daß der Hard- und Software-Anbieter ihm leistungsfähige Strukturen verfügbar macht. In der Bundesrepublik ergeben sich hieraus zahlreiche Forderungen an die über das Bildungsmonopol verfügenden Länder, an das Bildungswesen, an die Wirtschaft und auch an die Deutsche Bundespost, die als Monopolist ebenfalls erheblichen Einfluß auf die Entwicklung der Technifizierung unserer informationellen Umwelt hat.

Im Bereich der Software-Technologie gibt es bereits einige Grundsätze, die die Anbieter-Seite binden sollten, während für die Nutzung der Informationstechnik nur das Konzept der «Informationstechnischen Grund-Bildung» der Bund-Länder-Kommission für Bildungsplanung für die Sekundarstufe I und für den Hochschulbereich vorliegt.

Letztes Ziel der folgenden Überlegungen bleibt natürlich die Beantwortung der Frage, wie kommen breite Schichten zu Denkzeugen, die sie zur Entfaltung der psychischen Mobilität mit Informationstechnik sinnvoll nutzen können?

Allgemeines

Während Strategien des computerunterstützten Unterrichts immer voraussetzen, daß im Denkzeug Information aufbereitet wird, die dem Lerner vermittelt werden soll, gehen problemlösende Systeme stets davon aus, daß der Nutzer bereits eine gewisse Kompetenz besitzt, um dem Rechner sein Problem zu vermitteln und Problemlösungen richtig zu nutzen. Das Denkzeug löst die Probleme aufgrund geeigneter Programme und Hardware-Strukturen im Dialog mit dem Menschen, ohne daß dieser das Detailwissen besitzt oder erwirbt, das im System integriert ist.

Dabei kann man heute grundsätzlich zwei alternative strukturelle Ansätze unterscheiden: das «Glass-Box»- und das «Black-Box»-Modell. Im Glass-Box-Ansatz wird dem Nutzer ein offenes System angeboten, er kann selbst die entsprechende Problemlösungs-Strategie transparent auswählen und Erklärungen vom System einholen. Es findet ein Dialog zwischen dem Programm und dem Nutzer statt, bis das Problem verstanden ist und schließlich mit der Problemlösung begonnen werden kann.

Anders sieht es bei den – leider immer noch weit verbreiteten – Black-Box-Systemen aus: hier wird vom Nutzer erwartet, daß er die gesamte innere Struktur des Problemlösers versteht (dafür «geschult» ist) und praktisch ohne Hilfe vom System seine Probleme spezifiziert sowie die vom Denkzeug gefundene Problemlösung ohne Nachfragen entgegennimmt.

Wir sind z. Z. in der Informationstechnik dabei, moderne Software derart zu organisieren, daß sie Glass-Box-Charakter bekommt. Die Amerikaner haben hierfür das Schlagwort «*What You See Is What You Get*» (WYSIWYG) eingeführt. An der Computer-Oberfläche sind alle Optionen des Programms verfügbar oder können aufgeblättert werden. Praktisch wird dies auf modernen Systemen durch Menüsteuerung oder durch Fenstertechnik unter Bereitstellung von kontextabhängiger Hilfe realisiert, die der Problemlösende jederzeit abrufen kann (**Abbildung 27**).

Leider existiert noch eine große Fülle von Programmen, die nach den alten (früher ökonomisch notwendigen) Prinzipien einer relativ engen Führung durch die Black-Box geschrieben sind. Bei diesen muß man als Benutzer den gesamten Dialog selbst kontrollieren. Inhaltliche Fehler-Nachrichten sind unter solchen Bedingungen leider häufig nicht vorhanden.

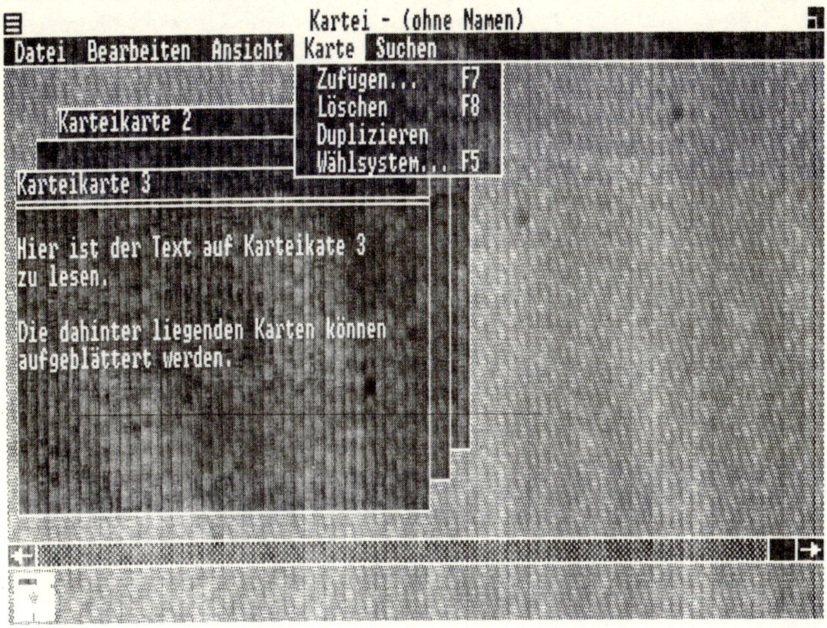

Abbildung 27
Fenstertechnik im System MICROSOFT WINDOW.
Man erkennt an der Oberkante die Optionen, die jeweils ausgeführt werden können. Im Mittelfeld sind die aktuellen Karteikarten dargestellt, an denen hier gearbeitet wird. Im unteren Bereich charakterisiert das Symbol für die Floppy das Symbol für die Möglichkeit des Zurückgehens in das Grundmenü.

Bei der Entwicklung von Problemlösungssystemen geht man heute von einer umfangreichen Systemanalyse des anstehenden Problems aus, implementiert dann Lösungs-Algorithmen oder -Heuristiken auf modernen Programmiersystemen und adaptiert sie schließlich auch auf Mikroprozessor basierenden Systemen. Dadurch entstehen in der Regel relativ «handliche» Problemlösungen, die mit gewissen Einschränkungen auch zwischen Denkzeugen verschiedener Hersteller portabel sind. Anbieter solcher Systeme versuchen zunehmend eine breite, weltweite Vermarktung, um die hohen Entwicklungskosten zu amortisieren.

Ein wichtiger Bestandteil moderner Problemlösungssysteme ist – wie wir gesehen haben – eine sorgfältig gestaltete Mensch-Computer-Kommunikation: diese führt bei guten Programmen zu einem dreigeteilten Bildschirm: 1. im Kopf findet sich eine Übersicht über die aktuelle Situation des Problemlösers, 2. in der Mitte liegt das eigentliche Arbeitsfeld und 3. in der unteren Zeile die Menü- oder Kommando-Struktur, die jeweils aktuell genutzt werden kann.

Im folgenden wollen wir uns einen Überblick über die *Grundstrategien* problemlösender Systeme verschaffen. Es sollen erstens *Informationssysteme* vorgestellt werden, die es heute erlauben, weltweit zu Literatur und Daten zuzugreifen. Zweitens wollen wir uns den *Expertensystemen* zuwenden, die – im Gegensatz zu den Informationssystemen oder zum computerunterstützten Unterricht – nicht versuchen, den Inhalt eines Bereiches zu vermitteln, sondern unmittelbar Fragen auf der Basis des Wissens und der Regeln von Experten beantworten. Im dritten Abschnitt sollen *sachbearbeitende Systeme* dargestellt werden. Diese stellen ein Mittelding zwischen dem nur informierenden Informationssystem und dem autonomen, die Probleme lösenden Expertensystem dar.

Informationssysteme

Informationssysteme sind Software-Systeme (Datenbanken), in denen Informationen in einer übersichtlichen und möglichst leicht zugreifbaren Form gespeichert werden können. In der Regel handelt es sich bei den Inhalten um die Sammlung von Zeitschriftenartikeln und Buchtiteln, aber auch um Daten aus Technik und Wirtschaft.

Würde man die gesamte in der Welt erscheinende Literatur systematisch an *einer* Stelle erfassen, so hätte man ein homogenes *Welt-Zentrum der Information,* und alle Benutzer könnten über einen einheitlichen Zugriff zu diesem Bestand Zugang finden. Diese Konzeption ist allerdings eine aus vielerlei Gründen unrealistische Fiktion. In Wirklichkeit suchen sich kommerziell arbeitende Informations-Anbieter aus dem Gesamtvolumen der auf der Welt erscheinenden Publikationen diejenigen heraus, von denen sie glauben, daß sie diese selbst brauchen oder über ein Informationssystem-Angebot kommerziell vermarkten können. Dies führt dazu, daß wir z. Z. weltweit ca. 2800 öffentliche Datenbanken haben, in denen jeweils spezielle Informationsbereiche gesammelt sind (z. B. Literatur aus den Ingenieurwissenschaften, aus der chemischen Literatur, Materialkonstanten, Daten über große Unternehmen). **Tabelle 11** gibt einen kleinen Ausschnitt öffentlich verfügbarer Systeme.

Informationssystem («Datenbasis»)	Verfügbare Information
Management Contents	Artikel aus 700 Zeitschriften aus dem Bereich Wirtschaft, Management
DUN Market Identifiers (D&B)	Datensammlung über große amerikanische und internationale Firmen (privat und öffentlich)
Electronic Yellow Pages	Geschäftsinformation der Elektronikbranche aus 4800 amerikanischen Telephon- und Adreßbüchern zusammengestellt
NEXIS	Volltext-Sammlung von Zeitungs- und Zeitschriftenartikel aller führenden Zeitungen und Zeitschriften
MEDLINE	Artikel aus 3000 medizinischen Zeitschriften
INSPEC	Datenbasis mit ca. 2 Millionen Eintragungen aus den modernen ingenieurswissenschaftlichen Publikationen
MENU	15 000 kommerziell verfügbare Software-Produkte für MIDI- und MINI-Computer
PATSEARCH	Alle US-Patente inklusive Patentzeichnungen, die lokal auf Bildplatten abgerufen werden können
UPI News	Ständiger Dienst (24 Std.) aktueller Nachrichten von UPI
Books in Print	Liste aller im Druck befindlichen Bücher von 12 000 Verlagen
Groliers Academic American Encyclopedia; Encyclopedia Britanica	Großes Nachschlagewerk (auch auf CD-ROM verfügbar)

Tabelle 11
Übersicht über einige typische Datenbanken.
Für alle wichtigen Sachgebiete existieren mittlerweile elektronische Datenbanken, in denen Information schnell verfügbar ist. Mit der hier vorgenommenen Aufstellung kann nur ein kleiner Auszug aus den ca. 2800 Datenbanken gegeben werden, die weltweit verfügbar sind, es sind hier nur typische Vertreter angegeben.

In der Regel enthalten Literatur-Informationssysteme heute von Artikeln *Titel, Autor,* wesentliche *Schlüsselworte* und eine *Zusammenfassung.* In einigen Fällen ist auch der gesamte Text des Dokumentes unmittelbar verfügbar (Volltextsysteme). Der Zugang zu Informationssystemen erfolgt in der Regel über Telekommunikations-Leitungen, wenn die Informationssysteme nicht In-House-Systeme sind oder in Form von optischen Massenspeichern unmittelbar vertrieben werden. Der Benutzer muß zunächst entscheiden, in welchem Datenbank-/Informationssystem er die gesuchte Information vermutet. Wenn er dies (aus entsprechenden Tabellenwerken) erfahren hat oder aufgrund ständiger Nutzung bereits weiß, baut er eine Leitung zwischen seinem Denkzeug und der Datenbank auf. Beim Datenbank-Anbieter muß sich der Benutzer vorher einen «Schlüssel» beschaffen, um in das System zu gelangen.

Die heutigen Dialoge zwischen dem Informationssuchenden und dem Informationssystem sind immer noch stark formalisiert und ziemlich «benutzer*un*freundlich». D.h., man muß für die jeweilige Datenbank die wesentlichen Benutzer-Regeln kennen. Der Ablauf erfolgt dann in der Regel folgendermaßen: Der Benutzer gibt dem Informationsanbieter am Bildschirm ein relevantes Schlüsselwort aus einem Thesaurus (Schlüsselwortverzeichnis) ein, der «Host-Rechner» reagiert mit einer Ausgabe der Anzahl der in seiner Datenbank verfügbaren Dokumente, die dem betreffenden Schlüsselwort zugeordnet sind. (In der Regel wird bei der ersten Anfrage eine große Zahl von Dokumenten angesprochen werden.) Durch Hinzufügung weiterer Schlüsselworte (in logischen Grund-Verbindungen) kann die Suchfrage weiter eingeschränkt werden, bis der Benutzer den eigentlichen Suchbereich erreicht hat.

Ergibt sich dann eine kleine Zahl von Dokumenten, so kann man diese unmittelbar am Bildschirm betrachten, man hat damit die Möglichkeit, sofort die gefundene Information zu nutzen. Werden viele Literaturstellen gefunden, wird man sie – aus Kostengründen – über einen Schnelldrucker in besonderen Zentren (in Europa oder den USA) ausdrucken lassen und bekommt sie dann per Post zugesandt.

Mit diesem Verfahren gelingt es, in *wenigen Minuten* einen Überblick über den Bestand an Information zu bekommen. Innerhalb *einiger Tage hat man die relevanten Titel* und die zugehörigen Zusammenfassungen. Allerdings muß man sich dann in der Regel die *Original-Literatur* noch aus Bibliotheken, gegebenenfalls auch international, beschaffen. Dies dauert Tage, mitunter leider Wochen.

Die Kosten für Recherchen in internationalen Datenbanken sind in den letzten Jahren deutlich zurückgegangen. Als groben Richtwert kann man heute mit 1 DM pro Minute Dialog rechnen, damit ist jedes Denkzeug in der Tat auch ein Zugangssystem zur «Weltbibliothek».

Die Bundesregierung hat in den siebziger Jahren und mit einem zweiten Ansatz in den frühen achtziger Jahren ein Netzwerk von *F*ach-*I*nformations-*Z*entren (FIZ) in der Bundesrepublik aufgebaut. In diesen sind zahlreiche Datenbanken unmittelbar verfügbar; sie brauchen also nicht international recherchiert zu werden. In den FIZ sind auch *deutschsprachige* Informations-Systeme verfügbar; die überwiegende Mehrheit der Dokumente ist allerdings englisch, so daß Sprachkenntnisse immer noch Voraussetzung für den Zugang zur «Weltbibliothek» darstellen.

Dies erschwert für viele den Informations-Zugang. Vielleicht ist dies auch ein Grund dafür, daß die Nutzung von Informations-Systemen in der Bundesrepublik recht begrenzt ist, während in den USA z. Z. 90 % des internationalen Datenbank-Marktes liegt.

Der Umgang mit den Informationssystemen muß noch wesentlich verbessert werden:

1. Synonymlisten für den Thesaurus. Jede Datenbank sollte bei der Recherche die Eingabe von Synonymen zu Begriffen aus dem Thesaurus erlauben; in Deutschland kann der «Duden» die Grundlage liefern.

2. Abfrage- und Such-Kommandos in der Landessprache. Die Datenbanksprache sollte vom Benutzer frei wählbar sein; die «Übersetzung» von der gewählten Kommunikationssprache in die Datenbank interne Formate könnte im Denkzeug durch ein Programm erfolgen, das im Augenblick des Aufrufs der Datenbank und der Wahl der Sprache geladen wird.

Derartige Entwicklungen sind für moderne Denkzeuge demnächst zu erwarten. Automatische Sprech-Übersetzer für «einfache Formulierungen» existieren (z. B. Systeme wie SYSTRAN oder LOGOS), sie liefern brauchbare Grobübersetzungen.

Expertensysteme und ihre Konsequenzen

Wir haben mit dem zweiten Hauptsatz der Informationstechnik (siehe Kapitel II) erkannt, daß es möglich ist, auch «vage Prozesse» erfolgreich auf den Rechner abzubilden. Hiervon wird bei der Organisation von sogenannten Expertensystemen zunehmend Gebrauch gemacht. Das Entwicklungsziel der Anbieter besteht darin, ein Software-Paket bereitzustellen, welches auf der Basis vorgespeicherten Wissens unmittelbar Probleme löst und Fragen beantwortet.

Allerdings müssen beim heutigen Stand der Entwicklung von Expertensystemen Probleme und Fragen noch relativ klar vorstrukturiert und gut formatiert eingegeben werden. Auch die Antworten sind nicht notwendigerweise vom Laien zu verstehen, sie richten sich häufig an Fachleute, die Expertensysteme als *Unterstützung* nutzen. – Für viele Sachgebiete – von der Mathematik über die Reparaturanweisung für Getriebe bis zur Medizin – sind recht leistungsfähige Expertensysteme für (z. Z. schmale) Teilgebiete entwickelt worden oder in Entwicklung. «Richtige, leistungsfähige» Expertensysteme sind natürlich nur solche, die sich im empirischen Vergleich mit Experten als «gleichauf» oder «besser» erwiesen haben; diesen Test haben z. Z. vielleicht 20 bis 30 Expertensysteme passiert, ein Teil von diesen ist kommerziell im Routineeinsatz.

Intern bestehen Expertensysteme aus mehreren Software-Modulen. **Abbildung 28** gibt eine Übersicht über die Grundstruktur: eine allgemeine *Dialog-Software* sorgt dafür, daß die Kommunikation zum einen mit dem Benutzer und zum anderen mit dem Experten, der sein Wissen in das System übergeben hat, hergestellt wird. Für den Betrieb dieser Dialogschnittstelle sind geeignete *Wissens-Basen* im Expertensystem zu speichern, die es gestatten, Eingaben angemessen zu analysieren und in formatierte Strukturen zu übersetzen, die dann intern im Expertensystem weiter verarbeitet werden.

Das im Expertensystem vorhandene «stabile Wissen» wird im wesentlichen in zwei Repräsentationsformen abgespeichert: zum einen als *Datenbasis* («Objekt-Bank»), in der die für ein Teilgebiet relevanten Begriffe in einer entsprechenden Form (z. B. als Baum) organisiert und abgelegt sind. Zum anderen in eine *Regelbank,* die es erlaubt, die wichtigsten Regeln des betreffenden Sachgebietes zu speichern. Datenbasis und Regelbank müssen aufeinander abgestimmt sein, in einigen Systemen gibt es auch eine vermischte Repräsentation beider Strukturen (z. B. semantische Netze).

Zwischenergebnisse im «beratenden Dialog» werden auf einer *Blackboard* mitgeschrieben, sie können als Erklärungs-System genutzt werden, um «Wie»- und «Warum»-Fragen des Benutzers zu beantworten.

Wird an das Expertensystem eine Frage gestellt, so wandelt die Dialog-Software diese in eine formatierte Anfrage an den «Experten im System» – bestehend aus Daten-Basis und Regel-Bank – um. Durch

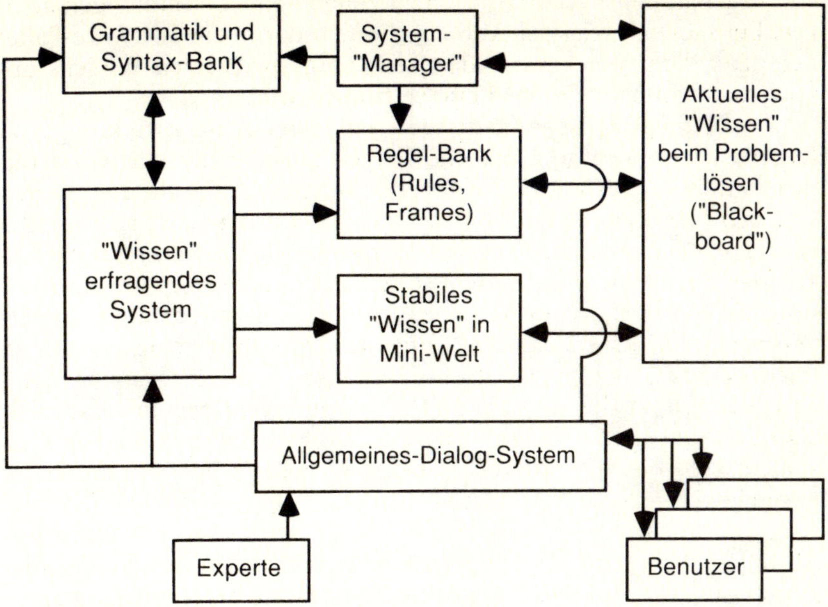

Abbildung 28
Struktur und Komponenten eines Expertensystems.
Der Benutzer (oder der Experte) kommunizieren mit dem Expertensystem über ein allgemeines Dialogsystem. Im *Konsultations*modus ruft der Benutzer die stabile Wissensbasis und die Regelbank auf. Erklärungen bekommt er unter Berücksichtigung der Bank aktuellen Wissens. – Das wissenserfragende System wird vom Experten im „*Lehr*"-Modus benutzt, um neue Information in das Expertensystem einzuspannen.

relativ komplizierte Inferenzen wird dann nach Lösungen für die Frage gesucht. Hierbei schreibt das Expertensystem Zwischenschritte auf der «Blackboard» mit.

Das Inferenzsystem arbeitet mit heuristischen Verfahren, d. h., es werden unterschiedliche Lösungsansätze erprobt, bewertet und verworfen oder weiter genutzt. **Abbildung 29** zeigt einen einfachen Weg für ein «vorwärtssuchendes» Programm. Durch Bewertungen der einzelnen Wege ist es in diesem Beispiel möglich, mit einer relativ kleinen Zahl von Verzweigungen auszukommen, auch wenn der gesamte Entscheidungsbaum außerordentlich umfangreich ist.

Am Beispiel des Schachcomputers (der ja im Prinzip ein «Schachexperte» ist) kann man sich die Arbeitsweise vieler Experten-

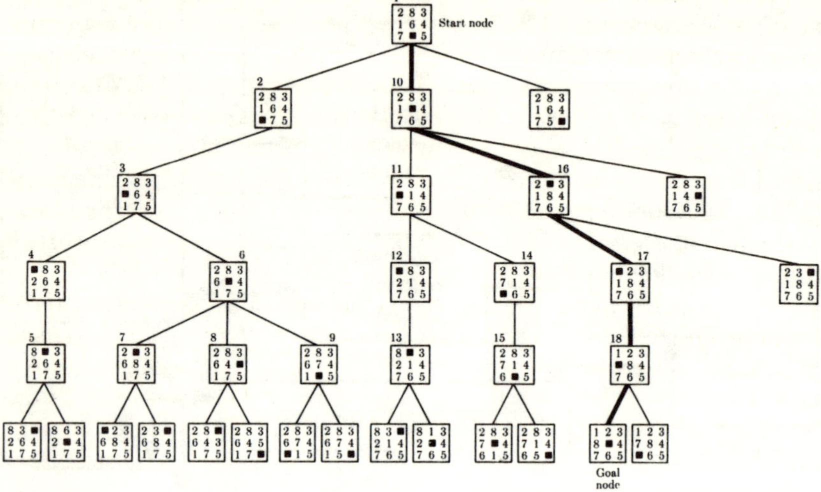

Abbildung 29
Entscheidungsbaum in einem einfachen Puzzle.
Ausgehend von einer zufälligen Anordnung der Puzzlesteine 1 bis 8 sind die verschiedenen Optionen gezeigt. Der optimale Weg vom Startknoten zum Zielknoten ist durch eine dunkle Linie gekennzeichnet. Ein heuristisches Verfahren versucht jeweils in jeder Phase die aktuelle Situation zu bewerten und nur den möglichst besten Zug zu machen, um mit einem Minimum an Verzweigungen zum Zielknoten zu kommen.

systeme im Prinzip klarmachen: Da es grundsätzlich unmöglich ist, mit vorhandenen Rechnern in überschaubaren Zeiten erfolgreiche Schachzüge *algorithmisch*, (d. h. durch Verfolgung aller möglichen Züge) zu ermitteln (die Anzahl der Züge, die geprüft werden müßte, liegt bei 10 hoch 120), wird im Schachcomputer nur eine kleine Zahl von Zug-Folgen systematisch durchgespielt, dann werden diese bewertet. Das Programm («der Schachexperte») zieht jeweils den Zug mit der höchsten Bewertung – und ist damit außerordentlich erfolgreich gegenüber allen Nicht-Profis! Verschiedene Schachprogramme zeigen auch ein Beispiel für eine weitere Eigenschaft guter Expertensysteme: sie *lernen*. Der Schachcomputer «merkt» sich Fehler bzw. Zugkombinationen, die zu einem gravierenden Fehler (z. B. Figurenverlust) geführt haben, und sucht diese in Zukunft zu vermeiden.

In **Tabelle 12** findet sich eine Übersicht über einige interessante Expertensysteme und ihre Leistungen. Berücksichtigt man, daß es heute möglich ist, unter Nutzung von besonderen Software-Programmiersystemen (sogenannten «Software-Shells») in ein «leeres» Expertensystem organisiertes Wissen «einzufüllen», so wird klar, daß wir in absehbarer Zeit für *viele* Wissensbereiche Expertensysteme haben werden. Studien zeigen, daß weltweit an *einigen tausend* neuer Expertensysteme gearbeitet wird, während der Bestand realer Systeme heute (1986) bei 300 liegt. Allerdings zählen hier auch experimentelle Systeme mit, die zur praktischen Nutzung echter Expertisen natürlich (noch) unbrauchbar sind.

Expertensysteme fordern heute für ihre Implementation recht leistungsfähige Denkzeuge oder sogar noch mittlere Rechnersysteme in Schreibtischgröße. Es ist jedoch erkennbar, daß in wenigen Jahren viele Expertensysteme verfügbar sein werden. Dies wird durch die Nutzung sehr dichter *optischer Massenspeicher* (im GByte-Bereich) und durch intensive *Parallelverarbeitung* und *neue Prozessorarchitekturen* möglich gemacht werden.

Name des Expertensystems	Typische Leistungen
MYCIN/NEOMYCIN	Diagnostiziert und therapiert im Dialog mit einem Arzt Infektionskrankheiten
DENDRAL/ METADENDRAL	Analysiert organische Substanzen anhand von Massenspektrogrammen
MACSYMA	Löst viele mathematische Probleme durch Symbolmanipulation
SOPHIE	«Intelligenter» Tutor, der das Wissen über ein elektronisches Labor besitzt und vermittelt
DEX.C3	Fehlerdiagnose eines automatischen Getriebes von Ford
INTRA	System «hilft» bei der Erstellung von Software
XCON	Konfiguriert Computersysteme

Tabelle 12
Übersicht über einige typische Expertensysteme.
Weltweit sind einige 1000 Expertensysteme in Arbeit, von denen allerdings bisher nur wenige eine kommerzielle Nutzung erfahren haben; die Liste gibt einen Überblick über einige interessante Systeme.

Mit der breiten Verfügbarkeit von Expertensystemen entsteht natürlich eine sehr grundsätzliche Frage an Bildungs- und Ausbildungskonzepten: *Was soll noch gelernt werden, wenn in Expertensystemen das Wissen unmittelbar und operativ verfügbar ist?*

In der Mathematik stellt sich dieses Problem schon heute exemplarisch und sehr deutlich: mathematische Expertensysteme wurden wegen ihrer überschaubaren (weitgehend algorithmischen) Arbeitsweise schon sehr früh realisiert. **Tabelle 1** (s. Seite 20) zeigt z. B. die Lösungszeiten für einige mathematische Operationen. Das dabei benutzte symbolmanipulierende Expertensystem *muMATH* läuft seit Jahren auf *portablen* persönlichen Computern. – Der Speicherbedarf des Programms beträgt ca. 200 000 Zeichen, dies entspricht nur einem *kleinen* Bruchteil des Text-Volumens, welches man braucht, um das im System operativ verfügbare Wissen in Form von mathematischem Text niederzuschreiben!

Hieraus ergibt sich unmittelbar das Problem, wie eigentlich moderner Mathematikunterricht aussehen soll? Ist es wirklich noch sinnvoll, operative Prozesse im Detail im Kopf nach dem Motto «ständig zu stählen den Geist, bis er gänzlich entweicht» zu üben, wenn die Operationen so elegant und so sicher von technischen Systemen abgewickelt werden können? Woher kommt die Motivation beim Lernenden, sich noch mit diesen Fertigkeiten zu beschäftigen, wenn er *weiß*, daß er in der realen Praxis doch das Expertensystem nutzen wird? Kann etwa das «Lernen-auf-Vorrat» in Zukunft ganz entfallen, und können wir uns völlig auf Expertensysteme verlassen?

Diese Fragen müssen bei der Konzeption zukünftiger Bildungs- und Ausbildungspläne intensiv berücksichtigt werden. Dabei ist allerdings zu bedenken, daß der Umgang mit einem Expertensystem (heutiger Bauart) durchaus Kenntnisse der *Struktur des entsprechenden Bereiches* beim Benutzer fordert. D. h., daß wir in Bildung und Ausbildung verstärkt *Übersichten, Strukturen* und das *Fragenkönnen* vermitteln müssen. Gelingt dies, so könnte der reine Routinebereich (die alten Fertigkeiten) mittelfristig sicher zu Lasten von Expertensystemen abgebaut werden. Der «psychisch Mobile» muß *anders* qualifiziert werden als der alte *autonome Homo sapiens*.

Ähnliche Entwicklungen haben wir – unbemerkt (?) – in anderen Lernbereichen schon hinter uns: bäuerliche Qualifikationen – Basis der Existenzerhaltung des Menschen – werden z. B. schon lange nicht mehr an die breite Bevölkerung weitergegeben, weil wir uns auf die Arbeitsteilung verlassen. Arithmetisches Rechnen ist mehr und mehr als operative Leistung verlorengegangen, seitdem die Taschenrechner weit verbreitet sind usw.

Neu an den Expertensystemen ist allerdings, daß sie – zunehmend – auch in *sehr schwierigen* Domänen zuverlässige Auskünfte garantieren – immer vorausgesetzt, daß ihre Wissens- und Regel-Banken auf dem letzten Stand sind. Sie bieten zunehmend Leistungen, die viele – auch bei intensiven Lernbemühungen – nicht erreichen. (Glauben Sie, daß Sie es in absehbarer Zeit lernen könnten, das Integral oder die Differentialgleichung in **Tabelle 1** (s. S. 20) zu lösen?)

Sachbearbeitungssystem – Herausforderung an den Sachbearbeiter

Eine ausführlichere Behandlung wichtiger Sachbearbeitungssysteme, die heute – unter Einsatz moderner Informationstechnik – genutzt werden oder nutzbar sind, würde den Rahmen dieses Buches bei weitem sprengen, gibt es doch praktisch *keine* Sachbearbeitung von Vorgängen mehr, die nicht durch informationstechnische Systeme unterstützt werden kann.

Als eindeutigen Begriff kann man Sachbearbeitungssysteme allerdings nur begrenzt verwenden; viele derartige Systeme stehen in Verbindung zu anderen informationstechnischen Systemen, z. B. – wie schon erwähnt – zu Experten- oder Produktions-Systemen. So bietet z. B. eine Marketingfirma in San Diego ein «Expertensystem» an, das bei der Planung eines neuen Geschäftes – von der Aufstellung der Regale bis zum Marketing der Artikel – helfen soll.

Die Grundidee des Sachbearbeitungssystems besteht darin, daß in einer vorgegebenen Arbeitssituation ein Teil oder – in einigen Fällen – sogar große Flächen der kognitiven Prozesse des Menschen auf Informationstechnik übertragen werden. Dies führt in der Regel dazu, daß der Mensch in die Lage versetzt wird, sich kreativeren und aufwendigeren Aufgaben zuzuwenden, während die Informationstechnik eine Vielzahl der notwendigen Routinen äußerst zuverlässig abwickelt. Häufig ergibt sich daraus dann auch eine «Totalverdrängung» des Menschen (siehe Kontenführer, Bankenrechner oder Facharbeiter, Roboter). Ferner sind generell «Vorverlagerungen» der kognitiven Prozesse zu beobachten; in der «vollautomatischen Fabrik» z. B. übernimmt der Konstrukteur schon bei der Produktspezifikation die eigentliche Produktion mit flexiblen Fertigungssystemen. Er «zieht» die Arbeit aus der Werkstatt ins Konstruktionsbüro *nach vorne*.

Sachbearbeitungssysteme unterstellen stets die Verfügbarkeit angemessener Information und geeigneter Algorithmen oder heuristischer Verfahren. Fehlt eine dieser Komponenten, so ist computerisierte Sachbearbeitung unmöglich, der Computer kann dann nur Unterstützung und Entscheidungshilfe bieten. Alle Daten und Verfahren müssen durch eine systematische Analyse der betrieblichen Situation herausgearbeitet werden. Nach 25 Jahren intensiver Nutzung der Informationstechnik gibt es heute allerdings für *fast alle* Flächen menschlicher Arbeit derartige Analysen und daraus resultierende informationstechnische Systeme.

Die Grundkonfiguration von Sachbearbeitungssystemen zeigt **Abbildung 30.** Man erkennt, daß neben dem eigentlichen Rechner mit geeigneten Dialogstationen der Zugang zu Daten und zu weiteren Teilen des Betriebes von großer Wichtigkeit ist. Deswegen sind Sachbearbeitungssysteme in der Regel Teile von integrierten Systemen aus unterschiedlichen Hardware- und Software-Modulen. Hierbei wird stets der Versuch unternommen, wichtige Daten gemischt zentral und dezentral, aber stets unter einer *gemeinsamen Verwaltung* zu halten. Dem Sachbearbeiter werden an seinem Arbeitsplatz eine Vielzahl von anwendungsspezifischen Routinen und alle relevanten Daten verfügbar gemacht. Im Büro – dem Arbeitsplatz des «kognitiven Arbeiters» – sind solche Systeme deshalb in der Regel in Kommunikationssysteme integriert.

In den Banken und Versicherungen sind das zunächst Systeme gewesen, die das Massengeschäft der Routine-Buchungen übernehmen. Im Bereich der Konstruktion arbeitet der Konstrukteur im Computer *A*ided *D*esign (CAD) mit Systemen, die ihm die wesentlichen Bauelemente der zu entwickelnden Strukturen (z. B. Maschinen oder elektronische Schaltung) zur Verfügung stellen, sowie DIN- oder z. B. VDEH-Vorschriften berücksichtigen. In der Finanzwirtschaft werden die Eingaben im wesentlichen noch vom Menschen gemacht, die Abwicklung der dann auf diese Eingaben anzuwendenden Algorithmen ist aber an den Rechner delegiert, der z. B. Bilanzen erstellt oder Steuerfestsetzungen unter Berücksichtigung der gesetzlichen Regelungen durchführt.

Das Konzept der psychischen Mobilität auf die betriebliche Praxis der Sachbearbeitung angewandt, zeigt, daß in der Tat menschliche Fähigkeiten *jenseits* der Computerleistungen außerordentlich wichtig werden. Sie stellen die eigentliche Basis des «organisierten Chaos» dar, welches jedes *leistungsfähige* Büro auszeichnet. Da es bisher noch wenige wissenschaftlich begründete betriebswirtschaftliche Konzepte gibt, wie Sachbearbeitungs-Systeme angemessen geführt werden kön-

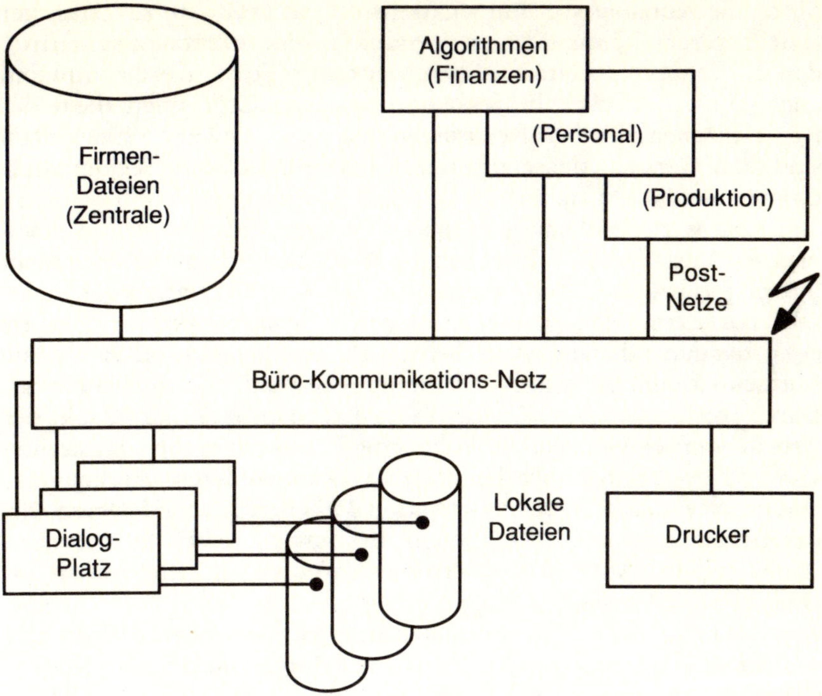

Abbildung 30
Struktur eines Bürokommunikationssystems.
Im Zentrum des Bürokommunikationssystems stehen zum einen die kommunikative Soft- und Hardware und zum anderen die relevanten Daten und Algorithmen. Hardwaremäßig wird der Benutzer durch einen Dialogplatz unterstützt, der auch als Denkzeug ausgestattet sein kann. Bürokommunikationssysteme müssen integrierbar sein in die öffentlichen Postnetze und ggfs. in bereits existierende DV-Systeme.

nen, ist z. Z. leider ein deutlicher Trend zur *technologie*getriebenen Integration moderner Techniken im Betrieb zu erkennen. Viele Konzepte sind zu stark hardware- und herstellerabhängig, sie berücksichtigen zu wenig die organisatorischen und soziokulturellen Aspekte gegenüber den Rationalisierungsaspekten zur Kostendegression.

Es herrscht in vielen Branchen Konsens, daß die Nutzung der Informationstechnik die Leistung des Unternehmens verbessert, ohne daß notwendigerweise vorher betriebswirtschaftliche Rechnungen die Effizienz der Sachbearbeitungssysteme nachweisen können oder ein Konkurrenzdruck zur Realisierung solcher Systeme besteht. Die Unternehmen handeln dennoch richtig, wenn man berücksichtigt, daß durch die Nutzung von Informationstechnik Produkte zuverlässiger erstellt werden können (Massenproduktion von «Präzisionsgütern»), daß die Reaktions-Zeiten auf den Märkten verkürzt werden und daß auch sehr komplizierte Prozesse bearbeitet werden können, die in der Regel mit menschlichen Ressourcen allein nur schwer zu bewältigen sind (z. B. Banken-Massengeschäft, Lackierer-Roboter, Sonderanfertigung mit CNC-Maschinen).

Ein weiterer wichtiger Aspekt von Sachbearbeitungssystemen liegt darin, daß in der Regel nicht nur ein Sachbearbeiter mit einem informationstechnischen System arbeitet, *sondern mehrere* gemeinsam nach einer Problemlösung suchen. Kommunikative Systeme ergänzen dabei die alte Mensch-Mensch-Kommunikation durch eine Mensch-Computer- und Computer-Computer-Kommunikation. Damit verändern sich Arbeitsplatz, Arbeitsprozeß und Ziele der Arbeit: zum einen wird als Folge eine zunehmende Spezialisierung vom «kreativen» Sachbearbeiter beklagt, zum anderen ist erkennbar, daß durch eine geeignete Organisation der Systeme der einzelne Sachbearbeiter auch mehr Kompetenz bekommen kann. Ihm können umfassendere Aufgaben übertragen werden. Häufig wird im Unternehmen beides bewirkt.

Der Wandel des Arbeitsplatzes fast jedes «Sachbearbeiters», ja sogar jedes Berufstätigen als Folge eines durch Informationstechnik geänderten Arbeitsprozesses vollzieht sich natürlich nicht «wertfrei» am Menschen vorbei. Dieser muß sich darauf – mental und kognitiv – einstellen. Er muß begreifen, daß sein altes Berufsbild, das ihm vor vielen Jahren in Lehre und Studium vermittelt wurde, *überholt ist,* daß dieser Beruf *so* nicht mehr existiert. Er muß insbesondere lernen, mit der Situation fertig zu werden, daß der «Vorrat seines Wissens», den er durch «Lernen auf Vorrat» erworben hatte, nicht ausreicht – er muß zum einen die Technik nutzen und zum anderen ständig weiterlernen.

Zunehmende Vernetzung und Leistungssteigerung von Sachbearbeitungssystemen – z. B. im Handel, in der Material-Wirtschaft oder in der vollautomatischen Fabrik – führt zu einer systematischen und kontinuierlichen Verdrängung menschlicher Informationsverarbeitung aus den alten Arbeitsfeldern. Insbesondere die Nutzung des zweiten Hauptsatzes der Informationstechnik – also die Entwicklung und Nutzung leistungsfähiger heuristischer Verfahren – führt letztlich dazu, daß immer schwierigere Prozesse informationstechnisch realisiert werden können.

Von zentraler Bedeutung für die Ökonomie von Sachbearbeitungssystemen ist die Einsicht, daß die in den verschiedenen

Branchen notwendigen Prozesse auf relativ einheitliche Verfahren zurückgeführt werden können (siehe z. B. Textverarbeitung, Buchung, Sortieren, Korrespondenz, Kontrolle, Terminabstimmung).

Wenn es der einen oder anderen Stelle *einmal* gelingt, derartige Routinen informationstechnisch zu implementieren, so ist klar, daß diese Prozesse dann auf andere Anwendungen übertragen werden können. Auch angesichts der degressiven Kosten-Leistungs-Verhältnisse der Informationstechnik werden deshalb immer neue Bereiche der Sachbearbeitung computerisiert werden.

Aufgabe der Organisation moderner Büros muß es deshalb sein, die *typisch-menschliche Leistung* herauszuarbeiten und in das Zentrum der Initiativen des Betriebes zu stellen: Kreativität, Teamfähigkeit, Kommunikationsfähigkeit, Entscheidungsfähigkeit usw. müssen intensiv entwickelt werden. Das heißt, Sachbearbeitungssysteme fordern einerseits die organisatorische Integration von Informationstechnik *und* andererseits vor allem *intensive* Bildungs-, Ausbildungs- und Fortbildungsmaßnahmen. In der heutigen Praxis wird der letztere Aspekt allerdings bisher zu wenig berücksichtigt. Häufig wird nur die alte Qualifikation am Arbeitsplatz durch Technik substituiert, *ohne* dem Menschen eine Chance zu geben, seine eigenen Leistungen rechtzeitig weiterzuentwickeln.

Denkzeuge beim Management

Das mittlere und das Top-Management arbeiten in der Bundesrepublik heute noch nach den Führungsstrategien und den Führungsprinzipien der sechziger und siebziger Jahre. Sie gehen von einem im wesentlichen «manuellen Betrieb» aus, in dem es gilt, Menschen zu führen. Dabei übersehen sie jedoch häufig, daß sie durch vielerlei Entscheidungen – die sie ohne detaillierte Sachkenntnis aufgrund der Vorlagen ihrer Spezialisten schon lange gefällt haben – nunmehr einer halbautomatischen Fabrik oder einem mehr oder minder automatisierten Dienstleistungsbereich vorstehen. Hier klaffen Welten auseinander.

Insbesondere sind auch geeignete Weiterbildungsmaßnahmen im Bereich der höheren Führungskräfte außerordentlich schwierig; ein vertieftes Verständnis der aus der Nutzung der Informationstechnik resultierenden Konsequenzen ist häufig nicht vorhanden. Auch die Grundlagen der modernen Technik – d. h. nicht die Bytes und Bits im

Rechner, sondern die eigentlichen strukturellen Prinzipien der ersten fünf Hauptsätze der Informationstechnik – sind beim Management häufig nicht als *operativ* nutzbare Fähigkeiten und Fertigkeiten verfügbar. So findet eine «Meta-Führung» statt, die sich nicht auf Sachkompetenz stützen kann.

Daraus resultiert dann – fast notwendigerweise –, daß nur ein verschwindend kleiner Anteil des deutschen Managements wirklich ein Denkzeug im eigentlichen Sinne benutzt. Es gibt zwar hin und wieder einen persönlichen Computer alter Bauart mit großem Bildschirm und unhandlichem Gehäuse im Büro herumstehend. Portable Systeme mit flachem Bildschirm und einfachem Anschluß an die notwendigen telekommunikativen Netze im Haus und die dahinter stehenden Datenbanken sucht man in den Führungsetagen deutscher Unternehmen in der Regel umsonst.

Dies hat allerdings nicht nur mit dem diesbezüglich schlechten Aus- und Weiterbildungszustand des Managements zu tun, sondern es beruht auch auf vielerlei organisatorischen und technischen Gründen. Hier spielen im wesentlichen folgende Aspekte eine Rolle:

1. In den Unternehmen und insbesondere in den Großunternehmen haben die alten Rechenzentren und Organisationsabteilungen eine «Betonwand» um sich aufgebaut, durch die sie nur hin und wieder Papier durchreichen, die Integrationstiefe von Terminals ist in der Regel bescheiden, sie reicht auf alle Fälle nur selten in die Vorstandsetagen.

2. Die Organisation von Wissen im Unternehmen läßt in der Regel zu wünschen übrig, es gibt nur selten *transparente* Datenbanken-Systeme, die vom Management schnell und effizient genutzt werden können. Die Daten sind organisatorisch und technisch verteilt, wenig kompatibel und zu einer integrierten Nutzung unzureichend abgestimmt.

3. Es fehlt häufig an der Bereitstellung geeigneter Daten-Verdichtung, die natürlich eine unabdingbare Voraussetzung dafür ist, daß das Top-Management sich mit Information aus Informationstechnik befaßt. So ist der mündliche Vortrag oder die schriftliche Vorlage immer noch das beste Informations-Konzentrations-Verfahren. Hier haben zum einen die Rechenzentren gefehlt, die diesen Informationsbedarf nicht erkannt und umgesetzt haben. Auch Assistenten und Mitarbeiter haben – manchmal aus nicht ganz uneigennützigen Gründen – den Zugang des Managements zur primären Information zu verhindern gewußt.

4. Dadurch hatte das Management bisher kaum die Möglichkeit eines «Learning-By-Doing». Dies ist jedoch eine unabdingbare Voraussetzung, wenn es darum geht, sich mit dem Denkzeug und seinen Potentialen vertraut zu machen. Weil gar nicht erst der Einstieg versucht wird, gibt es in diesem Bereich auch praktisch keine Evolution der Nutzung des persönlichen Informations- und Telekommunikationssystems.

5. Natürlich spielt auch Prestige in den Vorstands-Etagen eine wichtige Rolle, die Macht über Menschen wird häufig dem sachorientierten Entscheidungsprozeß vorgezogen. So entsteht leicht der Trend, Denkzeuge an die Mitarbeiter weiterzureichen, um sich von diesen bedienen zu lassen. Wozu braucht man Denkzeuge, «man läßt denken»! Dabei wird übersehen, daß hier weitere subjektive Einschätzungen in die Daten einfließen, die eine objektive, sachorientierte und strategische Bewertung mitunter erschweren oder sogar unmöglich machen.

6. In den Betrieben bestimmen in der Regel diejenigen, die schon lange in der Informationsverarbeitung tätig sind, auch die Struktur der informationstechnischen End-Geräte. Deshalb gelangen nur selten leichte, portable und wirklich leistungsfähige Denkzeuge auf die Tische des Top-Managements. Da aber gerade von diesen viel gereist wird, ist natürlich eine klassische Workstation völlig fehl am Platze. Nur das modernste, leichteste und komfortabelste System kann hier zum Erfolg führen. (Daß es sich bei der Auswahl keineswegs um Kostenfragen handelt, liegt auf der Hand: moderne portable Systeme liegen heute inklusive geeigneter Software bei 5000 bis 15 000 DM, dies entspricht in aller Regel einem kleinen Bruchteil des Jahreseinkommens von Managern.)

Gelänge es, Denkzeuge – sinnvoll genutzt – in die Hände des Managements zu bekommen, so würden sich daraus für die deutschen Unternehmen eine Reihe erheblicher Vorteile ergeben: (A) das Management hätte die Möglichkeit, schneller und transparenter qualitative Zusammenhänge zu erkennen. (B) Es wäre in der Lage, z. B. durch Simulationen auch komplizierte System-Zusammenhänge besser zu verstehen als durch den in der Regel stark qualitativ geprägten Vortrag von Mitarbeitern. (C) Eine gezieltere Kontrolle von Daten im Unternehmen könnte durch die Führungskräfte erfolgen, Mißverständnisse oder auch gezielte Mißinformation wären zu überwinden. (D) Da die alte Hierarchie nicht mehr in allen Fällen notwendig wäre, könnte das Management durch Direktzugriff auf Daten unter Nutzung geeigneter Prozeduren schneller reagieren. (E) Die Kommunikation mit Mitarbeitern in allen Schichten wäre über tradierte Grenzen hinaus wesentlich erleichtert und würde sicherstellen, daß insbesondere das Krisen-Management verbessert würde. (F) Die permanente Verfügbarkeit relevanter Daten würde es dem Management gestatten, Schwachstellen schneller als bisher zu erkennen und schnell zu beseitigen.

Leider fehlt es insgesamt an Mut in vielen Vorstands-Etagen, Konzepte dieser Art pragmatisch und experimentell zu erproben. Hier stört offensichtlich die «deutsche Gründlichkeit», die zunächst ein in sich geschlossenes, abgerundetes und wohlerprobtes System erwartet, bevor man bereit ist, sich mit einer neuen Strategie einzulassen. Im Ausland ist die Situation anders: in Frankreich, Großbritannien, in den USA und in Japan wird mit wesentlich pragmatischeren Ansätzen der Versuch gemacht, Denkzeuge als Führungsinstrumente zu nutzen. «Learning-By-Doing» scheint hier eine unabdingbare Forderung, die auch umgesetzt wird.

Insbesondere im Management sollte sich durch die Nutzung des Denkzeuges eine neue Komplementarität zwischen verbal-kognitiv-rationalen Routinen, die mit Informationstechnik unterstützt werden können, einerseits und den Leistungen in der *wirklich menschlichen Führung* eines Unternehmens andererseits ergeben. Das Management muß qualifiziert werden, die halbautomatische Fabrik dadurch zu führen, daß es zum einen die Automaten beherrscht und zum anderen die Mitarbeiter in einem viel höheren Maße als je zuvor motiviert, organisiert und in ihren Aufgaben zur Organisation dieser soziotechnischen Struktur unterstützt. Dadurch, daß das Management z. Z. zuviel Arbeit ohne jegliche technische Unterstützung in die rein kognitiv-verbalen Prozesse steckt, vernachlässigt es die eigentliche Führung der Menschen. Und dies in einer Welt, in der viele Verarbeitungsprozesse zunehmend auf Märkten gekauft werden können und daraus keine Wettbewerbsvorteile der Unternehmen mehr zu erwirtschaften sind.

Resümee

Betrachten wir die Strategien des computerunterstützten Problemlösens insgesamt, so wird deutlich, daß es ein *Kontinuum* von Problemlösungs-Strategien gibt, welches von der reinen Bereitstellung von Information in technischen Systemen über die Mischung von menschlicher und technischer Informationsverarbeitung (computerunterstützte Sachbearbeitung) bis zur direkten Bereitstellung von fertigen Problemlösungen (z. B. in Expertensystemen) reicht. Bei allen diesen Konzepten geht man – zu Recht – grundsätzlich davon aus, daß das Denkzeug zumindest algorithmische Prozeduren, große Daten-Bestände und vor allem schnell auszuführende Routinearbeit besser leisten kann als das menschliche Informationsverarbeitungs-System.

So erscheint es – sowohl zur Entlastung des Menschen als auch zur Bewältigung der Wettbewerbssituation – angemessen und notwendig, die Komplementarität von menschlicher und technischer Informationsverarbeitung sinnvoll voranzutreiben. Die Organisation derartiger «Misch-Systeme» fordert allerdings zunächst eine systematische Analyse und ein vertieftes Verständnis der notwendigen Prozesse am Arbeitsplatz des kognitiv Arbeitenden. Führt man die Systemanalyse sachgerecht durch, so erkennt man bald, daß der Mensch eine Reihe neuer interessanter Aufgaben nicht nur übernehmen *kann,* sondern unbedingt muß! Hier liegt noch ein großes Arbeitsfeld für Psychologen, Pädagogen und Soziologen einerseits sowie für Arbeitgeber und Gewerkschaften andererseits!

Viele heute weit verbreitete Substitutionseffekte beruhen *leider* darauf, daß alte Routinearbeit durch Informationstechnik übernommen wird, *ohne* gleichzeitig sicherzustellen, daß das «organisierte Chaos» weiter entfaltet wird. Es kommt darauf an, in einer *angemessenen Balance* sowohl die automatisierbaren Routinen zu substituieren als auch die «chaotischen» Prozesse systematisch weiterzuentwickeln. Dies stellt außerordentlich hohe Anforderungen an die Aus-, Weiter- und Fortbildung.

Der Fortschritt in letzterem Bereich ist jedoch – leider – sehr viel geringer als der bei der pragmatischen Einführung von Informationstechnik. Dies hat zum einen finanzielle Gründe und beruht zum anderen darauf, daß wir eben *jeden einzelnen* in der Weiterentwicklung seiner eigenen Leistungen ausbilden müssen, während es bei informationstechnischen Lösungen ausreicht, *einmal* eine angemessene Lösung zu finden!

Während Informationstechnik zu vergleichbar *geringen Kosten kopiert und weiter verteilt wird,* steigen Bildungs- und Ausbildungskosten – insbesondere solange wir die Verfahren des computerunterstützten Unterrichts nicht intensiver weiterentwickeln und nutzen – *proportional* zur Zahl der zu Qualifizierenden. Damit bleibt der jenseits der Leistungen der Informationstechnik nicht weiter qualifizierte «außen vor», er ist nicht «psychisch mobil» und hat damit bei den heutigen Formen des informationstechnisch unterstützten Problemlösens und Lernens das Nachsehen.

Literaturhinweise

Blomeyer-Bartenstein, H. und Both, R.: Datenkommunikation und Lokale Computer-Netzwerke, München 1985.
Brauer, W. und B. Rading (Hrsg.): Wissensbasierte Systeme, Berlin 1985.
Bundy, A. (Ed.): Catalogue of Artificial Intelligence Tools, Berlin 1984.
Chytil, M. K. and R. Engelbrecht (Eds.): Expert Medical Systems. Wilmslow 1987.
Clifford, M.: Managing with dBase III. Indianapolis 1985.
Coy, W.: Industrieroboter – Zur Archäologie der zweiten Schöpfung, Berlin 1985.
Eberlein, W.: CAD-Datenbanksysteme, Berlin 1986.
Förster, H.: Business BTX, München 1987
Freund, G., P. Kayser und P. Schuh (Hrsg.): RKW-Handbuch Mikroelektronik, Berlin 1983 ff.
Giannesini, F. et. al.: Prolog, Amsterdam 1986.
Grout, B., I. Athanasopoulos and R. Kutlin: Desktop Publishing from A to Z. Berkeley 1986.
Harmon, P. und King, C.: Expertensysteme in der Praxis, München 1986.
Hayes-Roth, F., Waterman, D. and D. Lenat (Eds.): Building Expert Systems. London 1983.
Hofer, H.: Datenfernverarbeitung, Berlin 1984.
Karcher, H.: Büro der Zukunft, Baden-Baden 1983.
Klahr, P. and D. Waterman (Eds.): Expert Systems – Techniques, Tools and Applications. Reading, MA. 1986.
Kolbert, M.: Unternehmensanalyse mit Symphony, München 1986.
Kyd., C.: Financial Modelling Using Lotus 1-2-3. Berkeley 1986.
Lotus: The Lotus Guide to Symphony for Decision Makers, Amsterdam 1986.
Mertens, P.: Industrielle Datenverarbeitung, Bd. 1 u. 2, Wiesbaden 1983.
Newman, W. and R. Sproull: Grundzüge der interaktiven Computergrafik, Hamburg 1986.
Oberle, W.: Calculus and the Computer, Amsterdam 1986.
Roberts, S.: Creative Design with Microcomputers, Hemel Hemstead 84.
K.G. Sauer-Verlag: Verzeichnis deutscher Datenbanken, Datenbankbetreiber und Informationsvermittlungsstellen, München 1985.
Savory, S. (Hrsg.): Künstliche Intelligenz und Expertensysteme, München 1985.
Schicker, P.: Datenübertragung und Rechnernetze, Stuttgart 1986.
Spur, G. und F.-L. Krause: CAD-Technik, Lehr- und Arbeitsbuch für die Rechnerunterstützung in Konstruktion und Arbeitsplanung, München 1984.
Steinbuch, P. und Moos, A.: Dialog-Datenverarbeitung, München 1985.
Tompkins, W. and Webster, J. (Ed.): Design of Microcomputer-Based Medical Instrumentation, Hemel Hemstead 1981.
Witkin, R.: Managementaufgaben mit Multiplan gelöst. Braunschweig/Wiesbaden 1986.

Anhang II
Strategien im Einsatz von Denkzeugen zum Lernen

In diesem Kapitel werden die unterschiedlichen Nutzungsarten des Denkzeuges beim computerunterstützten Unterricht systematischer analysiert. Hiermit soll ein Überblick über die breite Mannigfaltigkeit von Möglichkeiten des CUU gegeben werden.

Insbesondere ist klarzustellen, daß es viele bisher noch ungenutzte Optionen dieser Art der Nutzung von Denkzeugen gibt. Es wird auch darauf verwiesen, daß es im Bereich des computerunterstützten Unterrichts (CUU) viele alte, wissenschaftlich gefestigte Einsichten gibt, die allerdings mit der beginnenden Nutzung des Mikrocomputers – der Renaissance des CUU – seit den späten siebziger Jahren verloren zu sein scheinen.

Einführung

Seit der ersten Nutzung des Computers als Lehr- und Lern-System Ende der fünfziger Jahre haben sich mehrere unterschiedliche Strategien im CUU entwickelt und durchgesetzt, die allerdings in realen Situationen des computerunterstützten Unterrichts in aller Regel als eine Mischung auftreten. Wir wollen uns in diesem Abschnitt mit den heute am häufigsten verwendeten auseinandersetzen und ferner prüfen, für welche Lernzielfelder welche Strategien am besten geeignet erscheinen.

Eine eindeutige Deduktion von Lernstrategien aus vorgegebenen Lern*zielen* ist der Pädagogik bis heute allerdings auch im CUU nicht gelungen.

Während in frühen Einsätzen des CUU relativ einfache Konzepte zur Anwendung kamen, haben sich über die Zeit neuere und interessantere Strategien entwickelt. Dies sagt allerdings nichts über die Qualität und über konkrete Leistung der jeweiligen Lehrstrategien aus, wenn es gilt, vorgegebene Lernziele zu erreichen.

Nimmt man die sorgfältigen Evaluationsuntersuchungen ernst, so ist es durchaus möglich, mit einfachen Strategien (z. B. «Drill und Praxis») Lernziele *erfolgreich* zu vermitteln. Für andere Lernzielfelder mag aber durchaus eine komplizierte Strategie (z. B. Simulation) sinnvoll sein.

Lehrer-Ersatz – aber mit Maßen

Die Grundidee modernen computerunterstützten Unterrichts besteht darin, den personalen Unterricht zu erweitern und zu ergänzen. Häufig ist es dabei möglich, mit Hilfe des CUU Lernziele anzustreben, die mit personaler Lehre grundsätzlich nicht vermittelbar sind (z. B. Schwerpunkt Simulationen, siehe unten) oder schwerfallen. Weltweit versuchen Tausende von Courseware-Einheiten auf verschiedenen Systemen dieses Ziel anzustreben. Als Beispiel sind aus dem PLATO-System einige Sachgebiete, zu denen dort CUU existiert, alphabetisch aufgelistet (**Tabelle 13**) und für Englisch die verfügbaren Courseware-Einheiten (**Tabelle 14**).

Wenn wir uns also im folgenden den unterschiedlichen *Lehr*strategien zuwenden, so wird dabei immer davon ausgegangen, daß diese *nicht* die ganze curriculare Fläche überstreichen sollen, sondern

INSTRUCTIONAL AREAS	
1. Accountancy	30. Education
2. Aeronautical Engineering	31. Electrical Engineering
3. Agricultural Economics	32. Engineering Graphics
4. Agronomy	33. English
5. Anatomy	34. English as 2nd Language
6. Architecture	35. Esperanto
7. Astronomy	36. Foods and Nutrition
8. Aviation	37. French
9. Biochemistry	38. General Science
10. Bioengineering	39. Geography and Mapping
11. Biology	40. Geology
12. Biology-Genetics	41. Guidance and Counseling
13. Biophysics	42. Health Professions
14. Botany	43. Hebrew (Modern)
15. Ceramic Engineering	44. History
16. Chemical Engineering	45. Japanese
17. Chemistry	46. Journalism
18. Chinese	47. Latin
19. Communications	48. Law
20. Computer-Based Learning	49. Library Science
21. Computer Graphics	50. Linguistics
22. Computer Science	51. Literature
23. Comp. Sys. Utilities	52. Machinist Training
24. Crystallography	53. Mathematics
25. Danish	54. Mechanical Engineering
26. Data Processing	55. Medical Technology
27. Demonstrations and Games	56. Medicine
28. Dentistry	57. Microbiology
29. Economics	58. Microscopy

Tabelle 13
Auszug aus der alphabetischen Liste der Themen für die in PLATO Courseware verfügbar ist.
Bei den professionellen Anbietern von computerunterstütztem Unterricht hat sich mittlerweile eine große Bibliothek von CUU angesammelt. In dieser Tabelle wird beispielhaft das Angebot der Firma CDC angegeben. Für jeden Bereich sind viele Unterrichtsprogramme verfügbar (siehe auch die nächste Tabelle).

	Seite im PLATO Katalog
English language	
Capitalization	110
Composition and exercises	110
Grammar	113
Orthography and spelling	120
Pronunciation	120
Punctuation	120
Word formation	122
Word formation–Examinations, exercises, etc.	122
English language–Alphabeting	122
English language–Analogy	122
English language–Antonyms	123
English language–Dialects–Anecdotes, facetiae, satire, etc.	123
English language–Dictionaries	123
English language–Diphthongs	123
English language–Homonyms	123
English language–Middle English, 1100–1500	123
English language–Parts of speech	123
English language–Study and teaching–Foreign students	
Dictation (Educational method)	123
Grammar	124
Introduction to PLATO	124
Reading comprehension	124
Remedial grammar	124
Spelling	126
Vocabulary and culture	126
English language–Syllabication	127
English language–Synonyms and antonyms	127
English language–Usage	127
English language–Usage–Testing	127
English language–Vowels	127
English literature–Middle English, 1100–1500	128

Tabelle 14
Auszug aus dem PLATO-Katalog für den Bereich des Englisch-Unterrichts.
In dieser Tabelle sieht man die Vielfalt der unterschiedlichen Programme, die bereits für ein einziges Fachgebiet – nämlich hier die natürliche Sprache Englisch – verfügbar sind.

jeweils *nur* in speziellen Bereichen eingesetzt werden. – Niemand hat bisher ernsthaft den Versuch unternommen, ein ganzes Schuljahr oder ein Jahr an der Universität völlig auf den Rechner zu übertragen.

Dies erscheint auch wenig sinnvoll, da wir wissen, daß die Verfolgung der «geheimen Lernziele» (z. B. das Aufmerksamkeitwecken, Einordnenüben, Fleißigsein usw.) ein wichtiger Teil der Arbeit im Bildungswesen ist. Ferner gibt es eine Vielzahl persönlicher *mitmenschlicher* Erfahrungen, die *unabdingbare* Voraussetzungen für die Qualifizierung des Menschen sind. Für diese kann computerunterstützter Unterricht nie ein Ersatz sein. Insbesondere sollte der CUU *nicht* im Kindergarten und in der Primarstufe genutzt werden. Dort kommt es auf die Entwicklung von Mensch-Mensch-Beziehungen und nicht auf kognitive Routine an. Im Mensch-Mensch-Bezug kann aber der CUU per se nichts leisten.

Allerdings muß hier auch festgehalten werden, daß der computerunterstützte Unterricht gegenüber dem personalen Unterricht eine Reihe von interessanten Vorteilen bietet: der Rechner als Lehr-System ist außerordentlich *geduldig,* er kann *jederzeit* und *überall* benutzt werden, er geht auf *individuelle* Bedürfnisse des Lernenden ein, er erlaubt *objektivierte* Rückkopplung zwischen Lehrsystem und Lernendem, gestattet ein *Testen* der Ergebnisse des Lernprozesses, auf die sich Lehr-System und Lernender verlassen können usw.

Deshalb gilt es, *angemessene Mischungen* aus personalen Lernphasen und CUU zu realisieren, in denen die Vorteile *beider* Lern-/Lehrformen sinnvoll genutzt werden. Am ausgeprägtesten ist dieses Konzept in der «*C*omputer *M*anaged *I*nstruction» (CMI). Hier übernimmt der Computer grundsätzlich die Orientierung des Lernenden in der informationellen Umwelt, er gibt Hinweise auf die richtigen Lernmaterialien, auf die Nutzung personaler Lernphasen, und es erlaubt dem Lernenden, seinen eigenen Wissensstand durch den Lernzugang zu Test-Banken jederzeit zu überprüfen.

Gleichzeitig gestattet diese Strategie dem für die Lehre Verantwortlichen einen permanenten und jederzeitigen Überblick über die «Lernfortschritte» aller Lernenden, er kann dann entweder über den Rechner oder über personale Phasen dem Lernenden Hinweise zur Bewältigung besonderer Defizite oder aber auch zur Vertiefung von Lernfeldern geben.

Selbst-Test-Hilfe-Programme

Die Überprüfung von Grundwissen bereitet in personalen Lern-Phasen einige Schwierigkeiten: zum einen findet man selten geduldige Lehrer, die willens sind, mit Einzelpersonen in einem Stoffbereich individuell Defizite aufzuspüren und aufzuarbeiten (siehe z. B. Defizite in der *Orthographie*), zum anderen gibt es für viele Fachgebiete am Ort nicht notwendigerweise die richtigen Spezialisten (siehe z. B. den Mangel an Lehrern, die in Informatik qualifiziert sind).

In dieser Situation kann CUU sinnvoll genutzt werden. Die Grundstrategie der Selbst-Test-Hilfe-Programme ist in **Abbildung 31** dargestellt. Der Entwickler derartiger Systeme versucht, für das betreffende Gebiet eine hierarchisch geordnete Testbatterie zu erarbeiten und bietet sie im Rechner dem Lernenden an.

Wichtig bei diesen Testbatterien sind folgende Aspekte: (A) es müssen genügend Tests vorhanden sein, ca. 5 pro Lernziel-Bereich; (B) die Tests müssen dem Benutzer zufällig präsentiert werden können; (C) es sollten möglichst verschiedene Teststrategien verwandt werden, z. B. «Multiple Choice», Richtig – Falsch, Ordnen, Zuordnen, Frei-Text-Antwort, Erfolg in Lehr-Spielen; (D) die Testprogramme müssen in der Lage sein, aufgrund der Fehler eine genaue Diagnose über die Lernsituation zu erlauben.

Wenn der Lernende in der Lage ist, die Tests richtig zu bearbeiten, so wird er vom Computerprogramm in dieser Testbatterie weiter vorangeführt. Stellen sich Schwierigkeiten bei der Beantwortung von Fragen ein, so versucht das Lehrsystem dem Lernenden Hilfen anzubieten, die letztlich dazu führen, daß die Tests erfolgreich abgeschlossen werden können. In Ausnahmefällen kann es natürlich vorkommen, daß die Hilfen in diesem System unzureichend sind, falls gravierende Lücken vorliegen, dann muß das System in klassische Literatur oder sonstige Lehrveranstaltungen herausverzweigen.

Systeme dieser Art sind besonders sinnvoll *vor* dem Eintritt in Lehrveranstaltungen, die von einer Wissens-Basis ausgehen. So kann man in der Schule z. B. derartige Kurse vor dem Einstieg in Leistungs-Kurse der reformierten Oberstufe als «Lift-Kurse» anbieten. Auch beim Übergang von der Schule zur Universität eignen sich derartige Systeme gut. Sie gestatten es dem Studenten, rechtzeitig zu erkennen, welche Problembereiche er noch zu bearbeiten hat und wo er die von der Universität geforderten Leistungen bereits erbringt.

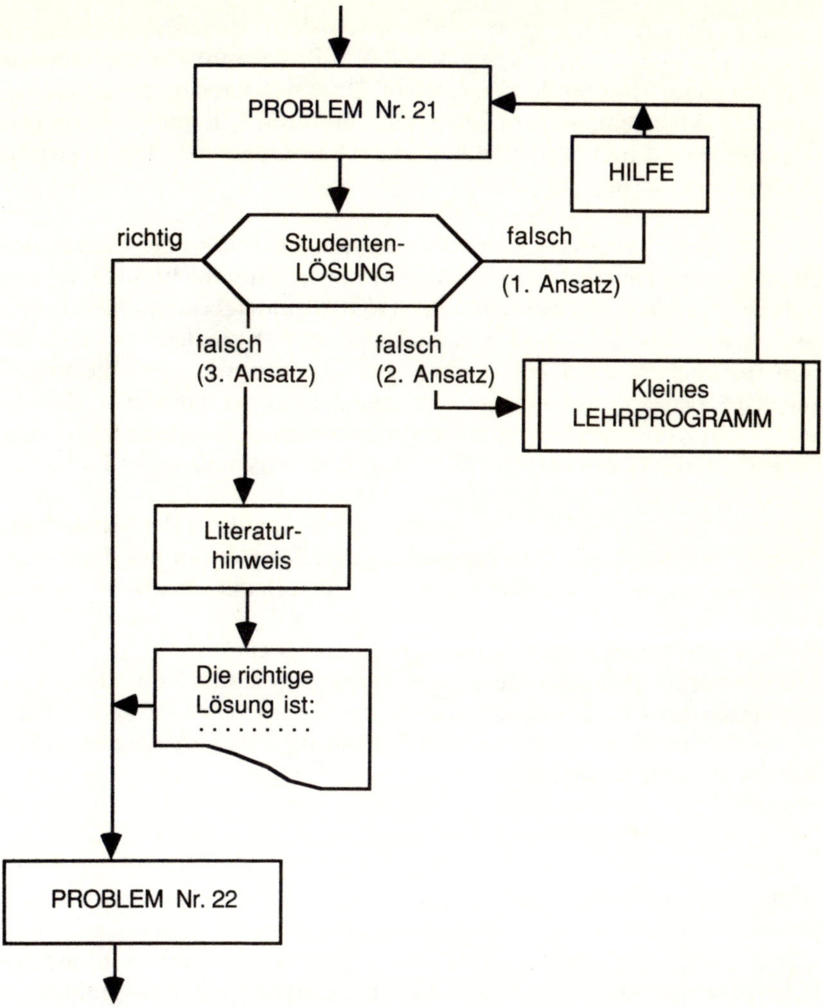

Abbildung 31
Typische Struktur eines Selbsttest-Hilfe-Programms.
In der Abbildung ist ein kleines Stück aus einem größeren Selbsttest-Hilfe-Programm dargestellt. Man sieht, daß dem Lernenden zunächst das Problem Nr. 21 vorgelegt wird. Ausgehend von diesem Problem werden Fragen gestellt, die unterschiedliche Reaktionen auslösen können. In Abhängigkeit von den Ergebnissen der Anfrage wird eine weitere Verzweigung zu Hilfsprogrammen oder zu neuen Problemen vorgenommen.

Einige Beispiele mögen diese Strategie verdeutlichen:

1. An der Universität Freiburg wurde in den frühen siebziger Jahren ein elaboriertes Selbst-Test-Hilfe-Programm für die *Chemie* entwickelt und mit Studenten getestet. Damals hatten dort die Lernenden die Möglichkeit, vor dem Besuch von Chemie-Vorlesungen jeweils ihren aktuellen Wissensstand am Computer zu überprüfen und ggf. aufzubessern.

2. Ähnlich geht man im Fachbereich Chemie an der Universität Illinois vor. Den Studenten werden im dortigen PLATO-System Selbsttests (über 200 Bereiche) *verpflichtend* angeboten. Die Studenten müssen am PLATO-System nachweisen, daß sie den entsprechenden Stoff beherrschen, *bevor* sie ins Labor gehen oder einen bestimmten Kurs belegen können. Dadurch wird erreicht, daß die Studenten mit einem Mindestwissen ihre Versuche im Labor beginnen, dies führt zu verkürzten Laborzeiten und zur besseren Auslastung des Labors.

3. Eine in den USA sehr verbreitete Anwendung der Selbst-Test-Hilfe-Strategie ist die Durcharbeitung von Tests des Bundesluftfahrtamtes (FAA) zur Vorbereitung auf den privaten Pilotenschein.

4. Sehr viele Lehrbücher werden in den USA mit Test- und Frageteil herausgebracht. Derartige Testbatterien sind heute auch auf Disketten für PCs erhältlich. Sie stellen mehr und mehr Selbst-Test-Hilfe-Programme dar, die man in Begleitung zum Lehrbuch mit dem Denkzeug bearbeitet.

Programmierte Instruktion

Gilt es, *neue* Lerninhalte, *neue* Fähigkeiten und Fertigkeiten nur am Computer zu vermitteln, so kann dazu die Strategie der programmierten Instruktion verwandt werden. **Abbildung 32** gibt einen Überblick über das Grundkonzept. Diese Strategie ist im wesentlichen die auf den Computer gebrauchte «Programmierte Unterweisung» in Buchform, erweitert ggf. durch Bild und Ton.

Das gesamte Lerngebiet wird vom Entwickler derartiger Courseware in kleinere Abschnitte gegliedert, die untereinander verknüpft sind. Dem Lernenden werden jeweils kleinere Teilbereiche am Bildschirm in einer sinnvollen Aufbereitung angeboten (**Abbildung 33**).

Nach jedem Lernangebot wird versucht, durch eine oder mehrere Testfragen sicherzustellen, daß der Lerninhalt des letzten Blockes wirklich verstanden wurde. Stellt sich heraus, daß der Lernende nicht in der Lage ist, diese Tests erfolgreich abzuschließen, werden im System Hilfe-Schleifen angeboten. Auch hier gilt dasselbe Prinzip wie beim Selbst-Test-Hilfe-Programm, falls sich unerwartete Lernschwierigkeiten ergeben, müssen weitere Lernangebote einbezogen werden.

Bei der Gestaltung der programmierten Instruktion kommt es sehr wesentlich darauf an, daß man den Lernenden in den verschiedenen Teilen des Programms ständig angemessen motiviert. Dies hat zur Folge, daß eine einheitliche, standardisierte Struktur für einen attraktiven programmierten Unterricht ungeeignet ist. Der Lernende beginnt sich bei einer sehr starren Struktur schnell zu langweilen. Daher gilt es, zum einen durch die Strukturierung des Materials Anreize zu schaffen und zum anderen durch Abwechslungen in den Test-Phasen den Lernenden stets neu zu motivieren, mit dem Stoff umzugehen.

Im Rechner ist es in der programmierten Instruktion möglich, die während der Test-Phase anfallenden Ergebnisse (z.B. «richtig», «falsch», «gerade so») als Lernerdaten systematisch zu speichern, so daß man dem Lernenden jederzeit die Möglichkeit geben kann, selbst einen Überblick über seine Leistungen zu bekommen. Ferner lassen sich die Lernerdaten in der Courseware nutzen, um den Lernenden angemessen zu führen.

Gleichzeitig hat auch der für die Lehre Verantwortliche stets einen relativ guten Überblick, zum einen über den Fortschritt der Lernenden und zum anderen über die Qualität des Programms. Erkennt er nämlich als Anbieter einer Courseware, daß an bestimmten Stellen wieder Schwierigkeiten auftreten, so kann er hier Verbesserungen in der Struktur des Lehrprogramms vornehmen.

In der Regel wird man eine programmierte Instruktion mit einem Abschlußtest beenden, in dem der Lernende über die gesamte Fläche des Programms seine Qualifikationen unter Beweis stellt. Hierbei benutzt man Tests aus einer im Rechner abgespeicherten oder durch ein geeignetes Programm individuell generierten Testbatterie. Dadurch wird vermieden, daß vorgefertigte Antworten auf Fragen vom Lernenden eventuell von außen «hereingemogelt» werden.

Für den Abschlußtest ist besonders wichtig, daß das Resultat nicht nur lautet «bestanden» oder «nicht bestanden», sondern daß eine sehr differenzierte Aufstellung der Defizite gegeben wird, die es dem Lernenden ermöglicht, sein Wissen gezielt zu verbessern. Gute

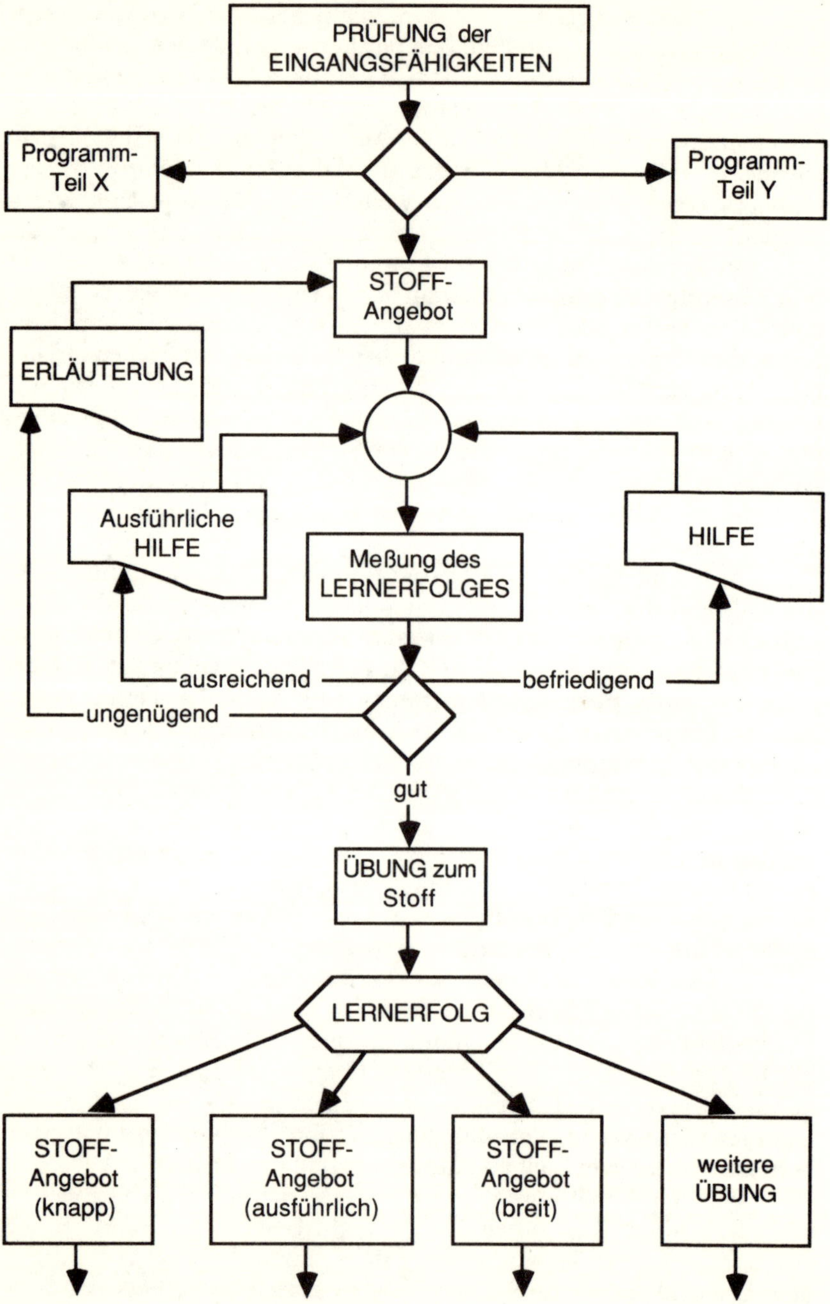
PRÜFUNG der EINGANGSFÄHIGKEITEN
Programm-Teil X
Programm-Teil Y
STOFF-Angebot
ERLÄUTERUNG
Ausführliche HILFE
Meßung des LERNERFOLGES
HILFE
ausreichend
befriedigend
ungenügend
gut
ÜBUNG zum Stoff
LERNERFOLG
STOFF-Angebot (knapp)
STOFF-Angebot (ausführlich)
STOFF-Angebot (breit)
weitere ÜBUNG

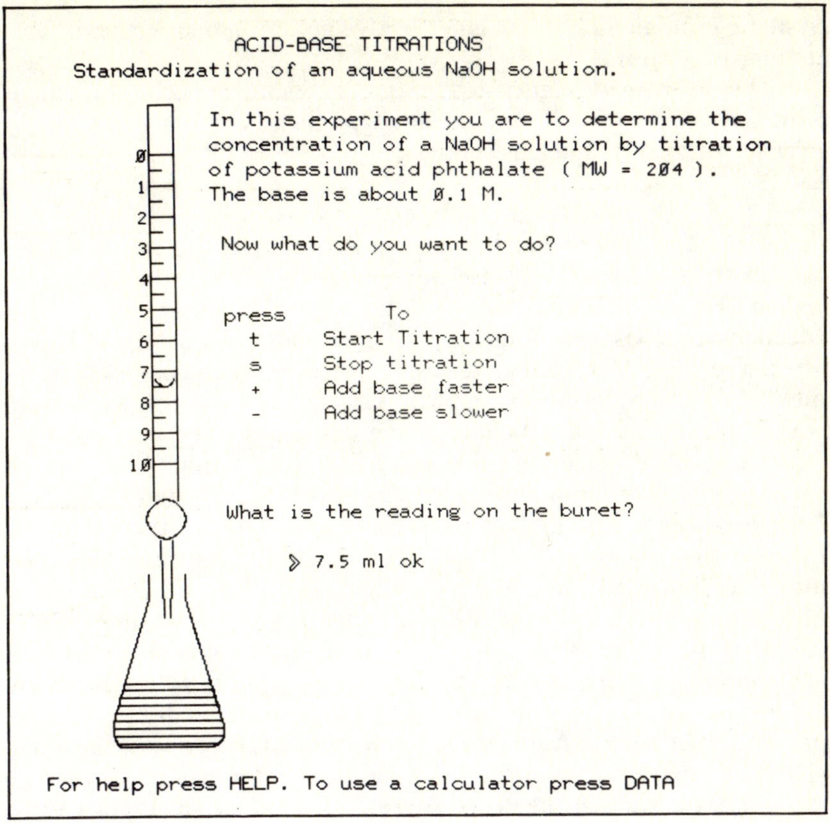

Abbildung 33
Bildschirmaufsicht auf ein Informationsangebot in einer Chemie-Lektion im PLATO-System.
Der Lernende erhält eine Auswahl (t, s, +, −) aus der er wählt, danach wird der Stand im Meßgefäß abgefragt. Der Lernende hat hier den richtigen Wert (7,5ml) eingegeben.

←Abbildung 32
Struktur einer programmierten Instruktion im CUU.
Im Eingangsbereich dieser programmierten Instruktion wird zunächst die Leistungsfähigkeit des Lernenden durch einen Eingangstest geprüft. In Abhängigkeit von seinen Leistungen wird er verzweigt, entweder in das eigentliche Programm oder in Programmteile X bzw. Y. Im eigentlichen Programm wird ein Stück Lernstoff angeboten und unmittelbar danach die Messung des Lernerfolges durchgeführt. Ist diese Messung des Lernerfolges nur ausreichend oder befriedigend, so werden weitere Hilfen gegeben. Wird das Lernziel gut erreicht, so findet eine Fortführung der Übungen statt und schließlich eine Messung des Lernerfolges, die über die weitere Führung des Lernenden in der gesamten programmierten Instruktion entscheidet.

Systeme ermöglichen sogar eine Verzweigung in entsprechende Vertiefungsprogramme.

Diese Strategie eignet sich besonders, wenn der Lehrstoff einem Adressatenkreis schnell und sicher zugänglich gemacht werden soll. Dies sei an zwei Beispielen erläutert:

1. Bei der Einführung des neuen Bremssystems ABS stand ein deutscher Automobilhersteller vor der Alternative, den notwendigen Lehrstoff in klassischer Weise aufzubereiten, entsprechende Materialien (Folien, Handbücher usw.) zu entwickeln und für ca. 160 Mechaniker zwischen Schleswig-Holstein und dem Allgäu Kurse abzuhalten, die Mechaniker zu testen und eventuell nachzuschulen – oder aber computerunterstützt vor Ort zu unterrichten. Gefordert war eine extrem *sichere* Beherrschung des Lehrstoffes, da es bei der Funktion ABS letztlich um Leben oder Tod gehen kann.

Das Automobilunternehmen entschied sich für den CUU. Der Lehrstoff wurde dem Teilnehmerkreis entsprechend aufbereitet. Der theoretische Teil (bestehend aus Test, Graphik, bewegter Graphik und Interaktionen), der die notwendigen Kenntnisse über das Anti-Blockier-System vermitteln sollte, konnte am PLATO-Computer in ca. 60 Minuten durchgearbeitet werden. In einem zweiten Teil wurde am Computer gezeigt, wie mit dem ABS-Testgerät Fehlfunktionen aufgespürt werden können. Schließlich folgte in einem dritten Teil die praktische Arbeit am Auto. Jeder Teil wurde durch Tests am Terminal abgeschlossen, und bei Fehlern wurde sehr differenziert zurückverzweigt; nur Lernende, die den Test bestanden hatten, durften weiter.

Das Lernen mit dem Computer hat fast allen Beteiligten «Spaß gemacht» (über 93 %!), wie eine anonyme Befragung zeigt. Etwa ebenso viele hatten keine Probleme mit dem «Lehr-Computer» und wünschten sich weitere Wissensvermittlung auf diese Weise.

2. Ein weiterer Einsatz der programmierten Instruktion soll am Beispiel der CUU-Anwendung, in der US Airforce erläutert werden. Die Wartungstruppe für Kampfflugzeuge muß ständig in der Instandsetzung und Pflege neuester Technologie trainiert werden; der Unterricht besteht aus Theorie und Praxis. Die Airforce-Schule führt eine konsequente Einteilung des Lehrstoffes in kleine 2-Stunden-Abschnitte sowohl in der Theorie als auch in der Praxis durch. Diese Module werden dann so in den Ausbildungsplan aufgenommen, daß sich immer eine Theorie-Sitzung mit praktischer Arbeit am technischen Gerät abwechselt.

Die gesamte Theorie-Vermittlung wird mit dem Computer

durchgeführt. Der CUU ergab folgende Vorteile: (A) die Theoriezeit verkürzte sich um ca. 33 %; (B) die Durchfallquote ging von ca. 40 % auf unter 5 % zurück; (C) diese Ergebnisse führten zu einer Verringerung des notwendigen Schulungsbudgets; (D) die Rolle des Instruktors änderte sich: er ist nicht mehr der Vorlesende/Lehrende, sondern der Tutor/Betreuer, der sich um einzelne Soldaten gezielt kümmern kann.

Simulation und Modellbildung

Bei der Simulation wird im Rechner das Modell eines realen (oder gedachten) Systems in einer mathematisierten oder anderen formalen Darstellung abgebildet und dem Lernenden die Möglichkeit gegeben, mit diesem Modell im Dialog umzugehen (z. B. die Bewegung eines Flugzeuges zu kontrollieren oder das Ökosystem eines Teiches zu verändern). Dabei ist es oberstes Lernziel dieser Strategie des CUU, daß der Lernende das Modell versteht und Wissen erwirbt, welches es ihm gestattet, über den modellierten Bereich sinnvoll Auskunft zu geben und mit dem Modell erfolgreich umzugehen.

Die Grundstrategie zeigt **Abbildung 34.** Bei der Umsetzung *kognitiver Modelle* (z. B. in der Physik bei der Abbildung der Gesetze der Elektrizitätslehre oder der Newtonschen Bewegungsgesetze, in der Chemie bei Modellen der Thermodynamik und Reaktionskinetik, in der Soziologie bei der Simulation von Bevölkerungsentwicklungen, in der Stadtplanung bei der Simulation von Verkehrsströmen, in der Grammatik bei einfachen syntaktischen Regeln) wählt man im allgemeinen eine mathematisierte Form, die sich im Rechner gut darstellen und manipulieren läßt – selbst wenn es relativ komplizierte mathematische Zusammenhänge sind.

Der Lernende hat jeweils die Möglichkeit, in das Modell Eingaben zu machen, das Modell generiert die relevanten Ausgaben. Dabei erlaubt der CUU in diesem Bereich die Nachfrage des Lernenden nach zentralen Regeln des Modells und ggf. auch eine gezielte Modifikation, wodurch die Variabilität transparent gemacht werden kann. Insbesondere auch zeitabhängige Phänomene (z. B. die Entwicklung einer Population) können bearbeitet werden, ohne daß man zehn oder hundert Jahre warten muß (siehe Beispiel Waldsterben).

In der Regel wird man die Ausgaben aus dem Modell didaktisch interpretieren, bevor man sie an den Lernenden weitergibt, und umge-

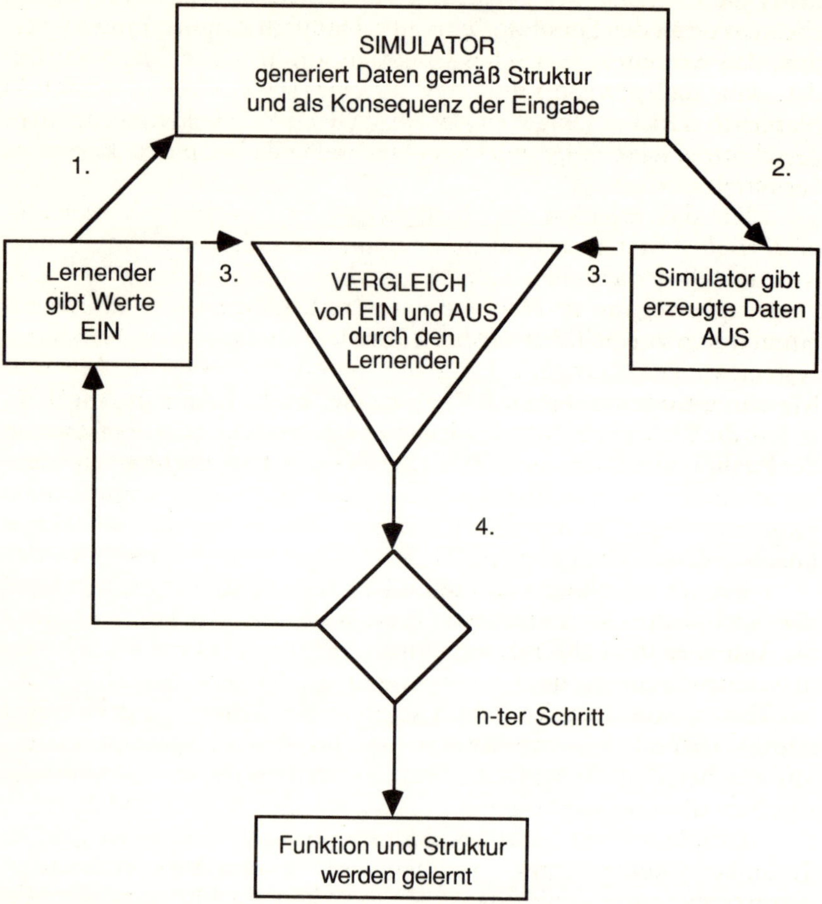

Abbildung 34
Struktur eines Simulationsprogrammes.
Ausgehend von Daten, die der Lernende in Simulatoren eingibt, erzeugt der Simulator einen Output, der mit den Eingaben verglichen wird. Über eine geeignete didaktische Strategie ist es möglich, einen Abgleich zwischen Eingaben und Ausgaben zu machen und diese zu interpretieren. Der Lernende durchläuft diesen Zyklus mehrfach.

kehrt die Eingaben des Lernenden zunächst didaktisch analysieren, ehe man sie an den Simulator übergibt. Dadurch kann verhindert werden, daß ein rein spielerisches Umgehen mit dem Simulator stattfindet, ohne daß gewisse Einsichten systematisch erarbeitet werden. – Natürlich darf das Umgehen mit Modellen die reale Erfahrung nicht verschütten, diese *muß* an leichter zugänglichen Beispielen gesondert vermittelt werden.

Für das Erlernen von Fertigkeiten im Umgang mit *manuell-motorischen* Systemen baut man Simulatoren, die auch die erzeugte Kinetik selbst darstellen *und* an den Lernenden weitergeben (z. B. Flugzeugbewegung in Flug-Simulatoren, Schlingern des Schiffs bei Simulatoren von Schiffsbrücken, Lärm bei Simulation von Wartungssystemen). Der Lernende kann den Simulator über eine Mensch-Maschine-Kommunikation betreiben, die der Praxis entspricht. D. h., er hat die gleichen Kontroll-Mechanismen verfügbar, die er auch in der Realität nutzt. Der Simulator erlaubt es, systematisch verschiedenste Strategien zu vermitteln, ohne daß der Lernende – wie in realen Situationen – ggf. unmittelbar gefährdet oder teures Gerät unökonomisch in Anspruch genommen wird.

Bei der Schulung von manuell-motorischen Fertigkeiten kann der persönliche Computer sowohl die Rolle des Simulators als auch die Aufgaben des Lehrers übernehmen, z. B. beim Lehren des Schreibmaschineschreibens: der Computer stellt die Aufgabe, einen bestimmten Text zu schreiben, er stellt fest, ob und wie diese Aufgabe gelöst wurde: «fehlerfrei», «mit Fehlern», «mit oder ohne Korrekturtaste», «in welcher Zeit» usw. Gleichzeitig «verhält» sich die Tastatur wie eine Schreibmaschine.

Es können mit Simulationen auch weitergehende «manuelle» Techniken trainiert werden, wenn andere Ein- und Ausgabegeräte an den Rechner angeschlossen werden. So kann ein Musikstudent sein Gehör üben, indem ihm der Rechner bestimmte Tonfolgen oder Intervalle vorspielt (ein Instrument simuliert). Über eine Klaviertastatur (anstelle der normalen Rechnertastatur) kann der Student im Tondiktat zeigen, daß er bestimmte Tonfolgen spielen kann – wobei der Rechner allerdings nur die manuelle Fertigkeit prüft, nicht die «Stimmung» der «Interpretation».

Daß die Simulations-Strategie für sehr unterschiedliche Ebenen genutzt werden kann, sollen noch einige Beispiele erläutern:

1. Population Dynamics. Diese Anwendung stammt von Prof. Handler (University of Illinois), der die demographischen Daten verschiedener Länder erfaßte und ein demographisches Modell entwarf, das die unterschiedlichsten Parameter berücksichtigt (z. B. Sterberate, Fruchtbarkeit, Produktion, Nahrungsmittel, Ressourcen usw.). Mit diesem Modell kann man jetzt Situationen, z. B. Hungersnot, Geburtenkontrolle, ... «durchspielen» und sehen, welche Folgen sich ergeben. Man lernt komplexe Zusammenhänge quantitativ zu bearbeiten.

2. Bürgerinfo. Bei dieser Anwendung wird der Computer zur Information der Bürger eingesetzt, um eine größere Bürgernähe zu erreichen: bei geplanten städtebaulichen Infrastrukturmaßnahmen, die einen größeren Eingriff in die Belange der Bürger haben, z. B. Straßenbahnstillegungen, Untertunnelungen, Entwässerungsmaßnahmen usw., kann der Computer zur Versachlichung der Diskussion beitragen, indem a) die zur Diskussion gestellten Planungen graphisch dargestellt werden: Stadtpläne (farbig mit Zoom-Möglichkeit), Aufzeigen verschiedener Alternativen, Zeigen von Abläufen durch bewegte Graphik und Videoplatteneinsatz, b) zusätzlich zu dieser Darstellung von Fakten kann der Computer auch Planungs- und Tendenzberechnungen liefern: ein Geschäftsmann kann sich z. B. die zu erwartende Steigerung des Umsatzes (oder auch die Einbußen), die durch Verlegen einer Haltestelle oder Schließen einer Straße für den Autoverkehr zu erwarten ist, berechnen. – Die Universität von Illinois hat ein solches «Info-System» für seine Studenten installiert.

Computer Managed Instruction

Wie oben schon angedeutet, wird bei der Computer *M*anaged *I*nstruction (CMI) der Versuch gemacht, den Rechner *als Tutor zu nutzen.* D. h., man gibt in den Rechner nur eine generelle Lehrstrategie ein, wie sich ein Lernender in einem Lehrbereich bewegen soll, Lernen erfolgt in der Regel *nicht* nur am Rechner. **Abbildung 35** zeigt das Grundprinzip.

Zentral für CMI ist zum einen eine angemessene Diagnose des aktuellen Lernzustandes des Lernenden, welche über geeignete Tests erreicht wird. Zum anderen muß das System über einen ausreichenden Vorrat an Lern-Ressourcen verfügen, den es dem Lernenden anbieten kann, um die Lernziele erreichbar zu machen. Das Anbieten der Ressourcen hängt vom individuellen Verhalten des Lerners/Benutzers (Testergebnisse, Zeit, Lernweg usw.) ab.

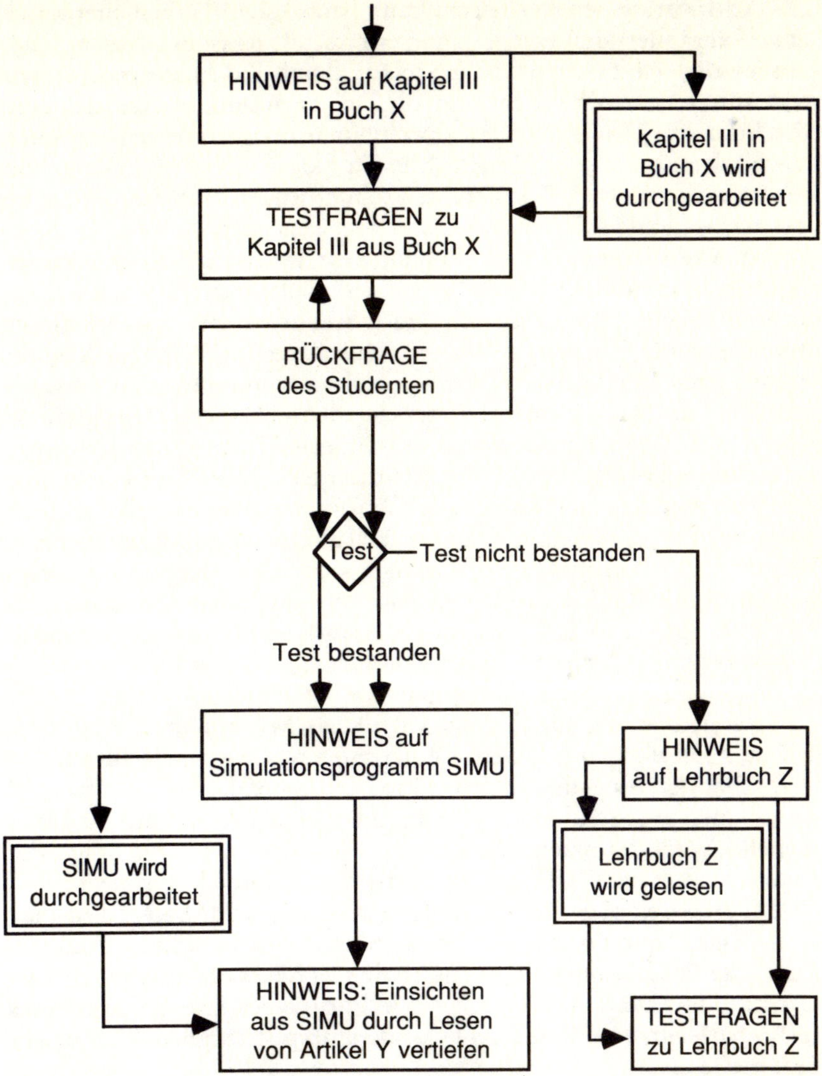

Abbildung 35
Struktur der Computer-Managed-Instruction.
Der Lernende bekommt vom Rechner Hinweise bzw. Testfragen vorgelegt. Der eigentliche Lernprozeß findet aber in der Regel außerhalb der Computer-Managed-Instruction in eigenen Lektionen statt, die Lehrbücher, traditionelle Kurse oder auch computerunterstützten Unterricht enthalten können. Insgesamt übernimmt der Rechner die Funktion des Tutors. Hierzu ist es nötig, geeignete Tests und Hinweise im Rechner zu implementieren.

CMI-Strategien werden am häufigsten in Lernbereichen mit sich schnell verändernden Lerninhalten eingesetzt, da es mit diesem Konzept möglich ist, Lehrmaterialien relativ flexibel anzupassen: Ein Verweis auf einen Artikel kann mit diesem einen anderen ersetzen, ein Abschnitt in einem veralteten durch einen neuen in einem besseren Lehrbuch ausgetauscht, aktuelle Literatur kann unmittelbar eingefügt werden usw. Auch die Tests können schnell an die aktuellen Lernziele und den Stand des Wissens im Fachgebiet angepaßt werden.

Voraussetzung für die Nutzung sehr vieler CMI-Systeme ist es allerdings, daß der Lernende selbst schon über eine gewisse Selbst-Lern-Fähigkeit verfügt und sich relativ frei organisieren kann. Einige moderne CMI-Systeme geben in Verbindung mit Methoden der «künstlichen Intelligenz» Hinweise und «Rezepte» für den weiteren Lernweg. In dieser Hinsicht unterscheidet sich diese Strategie sehr grundsätzlich von der starren programmierten Instruktion.

Besonders attraktive Implementierungen dieser Strategie finden wir in Labors an den Hochschulen. Dort übernimmt der Rechner die Aufgabe der Organisation von Vorbereitung und Umgang mit Experimenten, die Auswertung sowie deren Bewertung sowie alle notwendigen Hinweise für Literatur zum Sachverhalt. Insbesondere bei der Auswertung von Experimenten kann dem Lernenden über Standardprogramme am Rechner intensiv geholfen werden, dadurch wird Zeit für wichtige Lernbereiche verfügbar.

Derjenige, der für den Betrieb eines CMI-Systems verantwortlich ist, kann sich aufgrund der Lernerdaten relativ schnell einen Überblick über den aktuellen Lernzustand der Lernenden verschaffen und damit auch während eines Kurses oder einer Veranstaltung rasch aktuelle Veränderungen vornehmen. (Die sehr kritische Frage des Datenschutzes bei CMI und CUU wird weiter unten besprochen.)

Voraussetzung für ein funktionierendes CMI-System ist eine angemessene Sammlung von Lern-Einheiten, Filmen, Experimenten, Auswerte-Programmen usw. außerhalb des Rechners in einer kleinen «Mediodik». Diese muß möglichst in Form eines Präsenz-Apparates verfügbar sein, so daß jeder Lernende jederzeit zu allen Materialien zugreifen kann.

Einige Beispiele sollen die CMI-Strategien verdeutlichen:

1. Das System ACSES (*A*utomati*c* *S*cience *E*ducation *S*ystem) an der University of Illinois ist im Sinne der obigen Definition kein «reines» CMI-System, da es nur Courseware als Ressourcen verwendet. Andererseits zeigt es die Möglichkeiten, die einem Studenten

durch den Einsatz eines Computers beim Verfolgen seines Lernzieles gegeben sind. Der Student kann sich jederzeit seinen «Standort» und die empfohlenen nächsten Lerneinheiten anzeigen lassen. Darüber hinaus kann er sich auch individuell beraten lassen, indem er sich seinen «Notenspiegel» zeigen und Möglichkeiten nennen läßt, eventuelle Lücken zu schließen. Selbst auf Fragen wie «Was soll ich heute durcharbeiten?» oder «Ich möchte dort weitermachen, wo ich gestern aufgehört habe» reagiert ACSES.

2. CMI-Systeme, die verschiedene Medien, aber keinen CUU als Ressourcen berücksichtigten, wurden Anfang der siebziger Jahre in der Bundesrepublik entwickelt. Einige dieser Systeme dienten nur der Kursablaufplanung (z. B. PROKOS), andere versuchten auch, individuelle Daten zu berücksichtigen. Diese Systeme arbeiteten im allgemeinen «off-line»; d. h., Daten wurden per Lochkarten dem System mitgeteilt und die Ergebnisse ausgedruckt.

3. Bei einer Fluggesellschaft ließen einerseits bestehende Bestimmungen der Luftfahrtbehörden (Prüfungen der Piloten in regelmäßigen Abständen) und andererseits besondere gesetzliche Auflagen (Aufbewahren der nachprüfbaren Testergebnisse) den Einsatz eines CMI-Systems (PLM) für das Testen, Ordnen und Speichern der Resultate und für die Steuerung des curricularen Ablaufs als geeignet erscheinen. Das Flugunternehmen bereitete das vorhandene Lehrmaterial für seine Piloten in der Weise vor, daß genügend viele Kopien der Handbücher, Textvorlagen, Bildmaterial, Dias, Filme/Videos im Schulungszentrum vorhanden waren. Der Lernende meldet sich am System an und führt einen «Einstufungstest» aus. Je nachdem, wie der Test des Lernenden ausfällt, bekommt er verschiedene Lernaktivitäten zugeordnet, um ein bestimmtes Lernziel zu erreichen. Nach Durcharbeiten dieser Aktivität meldet er sich wieder am System für einen Test. Bei Bestehen erhält er eine Lernaktivität für ein neues Lernziel; hat er den Test nicht bestanden, muß er die alte Aktivität wiederholen.

Die Umstellung der Schulung von Frontal-Klassen/Gruppen-Unterricht auf individualisiertes Lernen, verwaltet durch ein CMI-System, fand beim Flugpersonal nur Zustimmung; die Lernenden können sich ihre Zeit besser einteilen und sind durchweg schneller fertig als im «klassischen» Kurs.

«Der Computer als Lernender»

In die Welt des computerunterstützten Unterrichts gehört auch ein modernes Konzept der Nutzung des Rechners zum Lernen, welches die Amerikaner «Tutee» nennen, bei dem die Idee des «Computers als Tutor» umgekehrt wird. Der Lernende bekommt den Auftrag, ein Problem derart auf dem Rechner auszubilden, daß der Rechner in der Lage ist, das Problem zu lösen. Bei dieser Strategie wird angestrebt, daß der Lernende durch den Abbildungsprozeß selber das Material angemessen aufzubereiten lernt und in der Lage ist, es strukturiert weiterzugeben. Er vermittelt es dabei nur nicht an einen anderen Menschen, sondern – in einer formalen, notwendigerweise richtigen, Repräsentation – an den Rechner. **Abbildung 36** stellt das Grundschema dieser CUU-Organisation dar.

Die Schwierigkeit bei dieser Strategie besteht darin, zu überprüfen, ob und wie der Lernende zu einer angemessenen Problemlösung kommt – und ihm ggf. gezielt zu helfen. Bisher gibt es nur wenige Ansätze von Programm-Verifikationsmethoden, die es erlauben würden, ein vom Lernenden erstelltes Programm zu prüfen. Man kann bisher nur kontrollieren, ob das Programm formal richtig ist und für einige Eingaben zu richtigen Problemlösungen kommt. Ist dies der Fall, so kann man unterstellen, daß der Lernende zumindest *einen* Weg gefunden hat, die Probleme zu repräsentieren und auf dem Rechner zum Laufen zu bringen.

Ein oft genutztes Verfahren ist die Abbildung algorithmischer Verfahren durch den Lernenden auf den Computer. Ein Prozeß wird dazu von ihm analysiert und beschrieben, der Lernende überträgt ihn in ein Programm. Der Rechner analysiert das Programm auf formale und sachliche Richtigkeit, indem er Eingaben und Ausgaben vergleicht. Werden Fehler gefunden, so gibt sie der Rechner an den Lernenden aus. Dieser muß das Programm korrigieren usw. In diese Kategorie gehört vor allem Courseware, die das Programmieren vermittelt.

«Intelligenter» computerunterstützter Unterricht (ICUU)

Schon in der Frühzeit des CUU hat man versucht, Programme zu entwickeln, die sich – nach einem didaktisch-lernpsychologischen Modell – adaptiv an den Lernenden anpassen. Schlagworte wie

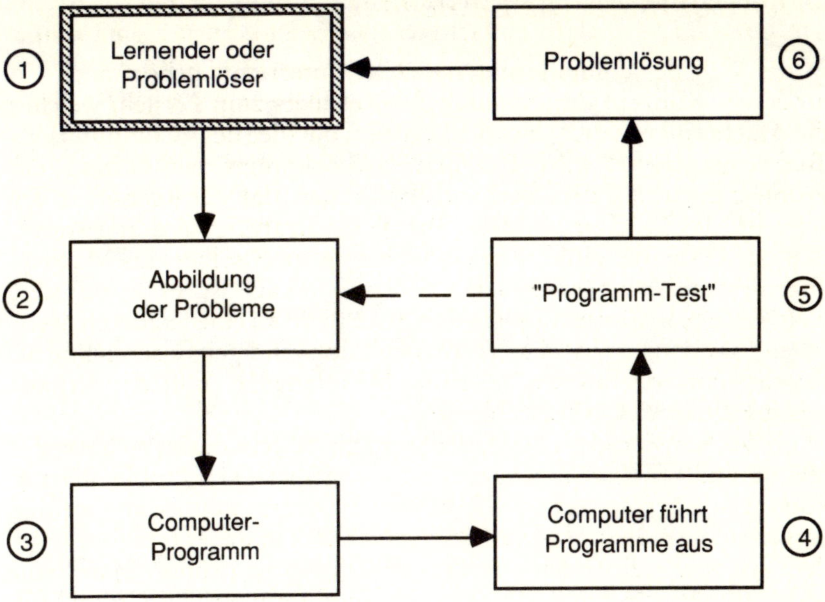

Abbildung 36
Struktur der Nutzung des Computers als Lernendem.
Bei dieser Strategie versucht der Lernende (oder der Problemlöser) ein Problem auf den Rechner abzubilden, indem er ein passendes Computerprogramm schreibt. Der Computer führt dieses Programm aus und übernimmt gleichzeitig den Test auf Richtigkeit der Problemlösung. Eine richtige Problemlösung führt dazu, daß der Lernende eine Antwort auf seine Frage aufgrund der von ihm spezifizierten Problemlösung bekommt. Er lernt, indem er selber Konzepte (an den Rechner) zu vermitteln versucht.

«lernergesteuerter Unterricht» oder «kybernetische Lern-Steuerung» weisen in diese Richtung. Allerdings waren einerseits die Rechner-Ressourcen, die man damals zur Verarbeitung von Daten über den Lernenden verfügbar hatte sowie andererseits die Mensch-Computer-Kommunikation, noch nicht so weit fortgeschritten, daß adaptive Programme wirklich realistisch waren. Hinzu kam, daß eine formale Theorie des Lehrens und Lernens, die für viele Prozesse anwendbar ist, «damals» nicht existierte – woran sich allerdings bis heute wenig geändert hat.

Seit etwa einem Jahrzehnt gibt es nun neue interessante Beziehungen zwischen den Ansätzen der künstlichen Intelligenzforschung

(«Artificial Intelligence») und dem computerunterstützten Unterricht. Die *Grundidee* ist relativ einfach: wenn sich der Lernende am Computer so oder so verhält, müßte es doch möglich sein, aus dem Lernerverhalten unter Berücksichtigung eines «idealen Lerners» Rückschlüsse auf den Lernprozeß zu ziehen und darauf aufbauend das im Computer gespeicherte Sachwissen entsprechend angepaßt darzubieten. «Intelligenter» computerunterstützter Unterricht geht also von der Annahme aus, daß nicht nur bei Lernenden, sondern auch im Computerprogramm Hand in Hand mit dem Lernfortschritt Veränderungen vorgehen müssen (wie das ja bei Schüler/Lehrer im personalen Unterricht der Fall ist). Die Grundstrategie gibt **Abbildung 37** wieder.

Bei dieser Art der Organisation von Lernmaterial im Rechner entstehen drei Probleme: 1. Angemessenes Meta-Wissen über den Lernenden muß gesammelt und effizient genutzt werden. 2. Das «Lehrwissen» muß in einer geeigneten (flexiblen) Form gespeichert werden. 3. Die Lehrstrategie muß als «Lehrwissen» im Rechner abgelegt werden.

Vielerlei Ansätze in dieser Richtung sind bisher nur langsam vorangekommen, es gibt nur wenige genutzte Courseware, die alle drei Komponenten realisiert. Die Entwicklungskosten für «intelligenten» CUU übersteigen den Aufwand für andere Lehrstrategien um ein Vielfaches, wenn man nicht auf gut organisierte Wissensbasen zurückgreifen kann. Ob sich diese hohen Investitionen gegenüber gutem personalem Unterricht wirklich rentieren, muß sich erst noch zeigen. Langfristig ist vom ICUU allerdings eine wesentliche Verbesserung des CUU zu erwarten – wenn es gelingt, passende Software-Shells für CUU aufzubauen, die «nur noch» das Einfüllen von «Wissen» und «Lehrstrategie» erfordern.

Bisher ist «intelligenter» CUU sicher ein interessanter Forschungsbereich, der auch einen Beitrag zur Bildung lernpsychologischer Modelle liefern kann. Es fehlen nämlich immer noch wichtige Grundlagen über das menschliche Lernen, die zur Modellierung im ICUU wichtig sind.

Zwei Beispiele sollen hier kurz besprochen werden:

1. In jüngster Zeit hat Steinberg ein Modell für ICUU auf PLATO entwickelt. Sie geht, um das Modell adaptiv zu gestalten, von *drei* sich dynamisch verändernden Profilen aus: dem Lerner-Profil, dem Problem-Profil und dem Instruktions-Profil. Diese Profile verändern sich während der ICUU, weil der Zusammenhang zwischen diesen ein dynamisches Modell ist, welches nach folgendem Schema

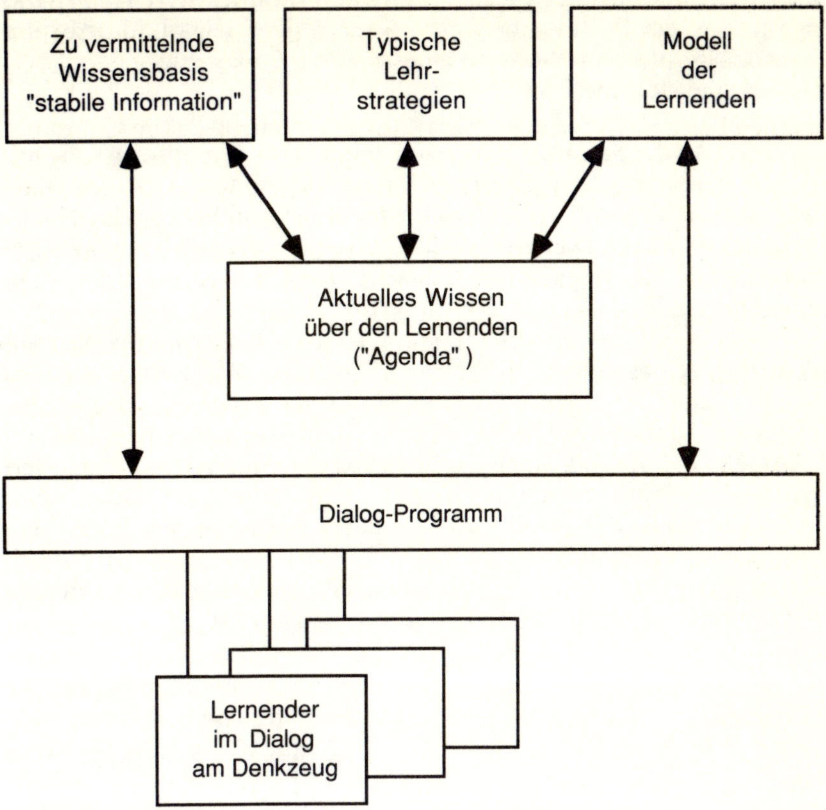

Abbildung 37
Struktur des ICUU.
Beim *I*ntelligenten Computer*u*nterstützten *U*nterricht (ICUU) wird auf eine Wissensbasis («stabile Information») zurückgegriffen, deren aktuelle Organisation sich nach dem Wissen über den Lernenden richtet. ICUU hat also gewisse Ähnlichkeiten mit Expertensystemen, nur daß nicht der Versuch unternommen wird, Probleme des Lernenden direkt zu lösen, sondern dem Lernenden das Expertenwissen zu vermitteln.

läuft: «Abstimmen der Profile» bewirkt «Ziele festsetzen», bewirkt «Anpassen der Profile», bewirkt «Ändern der Ziele» und «Abstimmen der Profile» usw. So kann eine adaptive Anpassung an den Lernfortschritt erfolgen.

2. An der Stanford University entstand im Zusammenhang mit der Weiterentwicklung des medizinischen Expertensystems MYCIN (zur Diagnose und Therapie von Infektionskrankheiten) das ICUU-System *GUIDON*. Dieses versucht das Regelwerk, welches in MYCIN zur Stellung der Diagnose genutzt wird, an den Medizinstudenten in einem relativ freien Lerndialog zu vermitteln.

Während die Lehrerfolge von GUIDON bisher relativ bescheiden sind, zeigte sich ein interessantes Phänomen: die Regeln, die in MYCIN ganz erfolgreich arbeiten, sind relativ schlecht geeignet für ihre Vermittlung im ICUU. Man hat sie deshalb reorganisieren müssen (*NEOMYCIN*). Wir kennen das auch vom Menschen nur zu gut: Hervorragende Spezialisten müssen keineswegs immer gute Lehrer sein!

Der Ansatz von GUIDON erhält natürlich große Bedeutung angesichts dessen, daß wir immer mehr Wissen für Expertensysteme strukturieren. Es lassen sich dann jeweils Datenstrukturen für den ICUU in den verschiedensten Bereichen entwickeln!

Praktische Überlegungen zum Einsatz des Denkzeuges im CUU

Beim Einsatz von Denkzeugen wendet man sich primär an Computerlaien. Für diese Zielgruppe ist ein *benutzerfreundliches* und *sicheres* System erforderlich. Die daraus resultierenden Auswirkungen sollen im folgenden kurz beschrieben werden: die Anforderungen, die ein Lerner/Nutzer an allgemein verfügbaren CUU hat, lassen sich einfach definieren: es muß erkennbar sein, daß die Nutzung von Denkzeugen gegenüber dem Lernen mit einem Buch oder mit anderen herkömmlichen Medien *deutliche* Vorteile bietet.

Zur einfachen Bedienung gehört eine optimale Mensch-Maschine-Schnittstelle mit «laiengerechter» Hardware. Hierzu gehört auch, daß der Lerner längere Arbeitssitzungen unterbrechen kann. Das System muß «wissen», wo bei Wiederaufnahme der Arbeit ein Einstieg in die abgebrochene Lektion sinnvoll ist.

Als zentrale Aufgaben des Lernens bei dieser Art des Unterrichts sind organisatorisch zu berücksichtigen: einfaches Durcharbeiten der gespeicherten Courseware, übersichtliche Lösung der Testaufgaben, einfache Kontaktaufnahme mit dem Lehrer/Autor der Courseware und flexibler Zugriff auf zusätzliche Informations-Datenbanken und Dateien.

Forderungen an Courseware-Autoren sind: das konzipierte CUU-System muß so offen beschaffen sein, daß möglichst viele der vorstellbaren pädagogischen Strategien zur Erreichung des Lernzieles umgesetzt werden. Da auch der Pädagoge in der Regel ein Computerlaie ist, muß das Computersystem nicht nur einfach zu bedienen, sondern auch zu «programmieren» sein. Der Pädagoge muß mit Hilfe des Autorensystems Aufgaben lösen können wie: Lektionen und Testaufgaben erstellen und Informationen bereitstellen, Lektionen testen, Lektionen unter den gleichen Bedingungen ausführen können wie die Schüler, Schülertestdaten und -resultate abrufen und sowohl statistisch als auch pädagogisch auswerten können, CIM (*C*omputer *M*anaged *I*nstruction)-Daten erfassen, auf Vollständigkeit prüfen, evtl. darauf aufbauend zusätzliche Tests vorschlagen und leicht aus dem Autoren- in den Studenten-Mode wechseln können.

Bei der Organisation der entstehenden Hard- und Software-Bibliotheken ist die eigentliche Verwaltung der Denkzeuge vom organisatorischen Rahmen, in dem CUU stattfinden kann, zu unterscheiden: es ist klar, daß es hierbei große Unterschiede zwischen einem privaten Nutzer des CUU und dem Einsatz von CUU im Rahmen des öffentlichen Bildungssystems gibt. Für formale Bildungseinrichtungen muß gelten: die Berechtigung des Zuganges zu den Denkzeugen ist zu regeln; das Urheberrecht für Software stellt Anforderungen an die Organisation einer «Medienbibliothek»; die eingesetzten Lektionen und Informationen müssen ständig gewartet werden, so daß durch Aktualität ein Anreiz zur Benutzung entsteht.

Zu berücksichtigen sind ferner Möglichkeiten von Qualifikationszertifikaten oder Zeugnissen. Die Gebührenabrechnung mit dem Nutzer oder dessen Kostenstelle (z. B. Arbeitsamt) ist zu regeln. Wünschenswert ist auch eine Unterstützung der Verwaltungsaufgaben wie Kursankündigung, Teilnehmerlisten und Vergabe von Denkzeugen zu bestimmten Zeiten an die Teilnehmer.

Der Schutz der aus pädagogischen Gründen zu speichernden persönlichen Daten, die sich aus einer solchen Unterrichtsform ergeben, muß den Forderungen der Datenschutzgesetze genügen. – Die Entwicklung und die Evaluation von CUU müssen durch geeignete personelle und technische Ausstattung gesichert werden. Dies bedeutet auch, daß die Wandlung des tradierten Lehrerbildes durch intensive Fort- und Weiterbildungsmaßnahmen eingeleitet werden muß. Pädagogen müssen ausreichend Sachverstand über CUU besitzen, um die notwendige Balance zwischen medialem und personalem Unterricht zu finden.

Welche Strategie für welche Lernziele?

Zu dieser Übersicht über zentrale Strategien, die im computerunterstützten Unterricht genutzt wurden und werden, sind sehr bewußt einige wenige Möglichkeiten besonders herausgestellt worden. Wie bereits erwähnt, findet man in der Realität des wirklich genutzten CUU allerdings häufig *Mischungen der verschiedenen Strategien* in einer einzigen Courseware. Dies erscheint auch sinnvoll, da sich ja die didaktischen Konzeptionen während eines größeren Programms wandeln sollten, wenn es Inhalt oder Lernender erfordern.

Allerdings zeigt sich in der Praxis, daß es auch vielerlei Fehlinterpretationen dieser Grundstrategien gibt: zum einen werden sie – insbesondere aus Gründen einer vereinfachten Erstellung der Courseware – manchmal besonders *stur durchgehalten.* Dazu tragen auch viele der auf dem Markt befindlichen «Autorenmodelle» bei; diese erlauben schnelles «Produzieren» von Courseware, bieten aber dem Lernenden wenig Abwechslung. Dies hat dann häufig zur Folge, daß der Lernende sich außerordentlich demotiviert durch das Programm «schleppt».

Zum anderen wird häufig auch zu oft zwischen den Strategien hin- und hergesprungen – um «das Programm interessant» zu machen –, so daß der Lernende jegliche Art der konsistenten Orientierung vermißt, die für einen erfolgreichen Lernprozeß unabdingbar ist.

Oft ist die Frage diskutiert worden, inwieweit einzelne Lehr-/Lernstrategien für bestimmte Lernzielbereiche (kognitive, affektive, psychisch-motorische) besonders sinnvoll sind. Die hierzu angestellten theoretischen Überlegungen sowie die empirischen Evaluationsstudien lassen jedoch keineswegs für alle Wissensgebiete Schlußfolgerungen im Sinne einer einfachen Zuordnung zu. Es gibt allerdings einige Beziehungen, die man als Lernender und als Anbieter von Courseware berücksichtigen sollte. Sie sind in **Tabelle 15** zusammengetragen.

Lehrstrategie	Lernzielbereich			
	«Wissen»	«Beherrschen»	«Verstehen»	«Bewerten»
Selbst-Test-Hilfe	++	+		
Programmierte Instruktion	+	++	+	
Simulation/ Modelle				+
Computer Managed Instruktion	+	+	+	
Computer als Lernender			+	+
ICUU	+	+	+	

Tabelle 15
Wirksamkeit von Lehrstrategien im Hinblick auf unterschiedliche Lernzielbereiche.
In der Tabelle wird ein Überblick gegeben über die Wirkung unterschiedlicher Lehrstrategien im Hinblick auf die Lernzielhierarchie. Keine Eintragung heißt «wenig effektiv», ein + heißt «effektiv» und ++ «recht effektiv». Die Tabelle kann nur als *generelle Orientierung* angesehen werden, sie ist letztlich von den zu vermittelnden Inhalten abhängig und muß für die Praxis empirisch begründet werden.

Die doppelt angekreuzten Bereiche zeigen Felder, in denen mit der betreffenden Lernstrategie im CUU nach aller Erfahrung relativ gut gearbeitet werden kann. In den einfach angekreuzten Feldern bietet Courseware der betreffenden Strategie eine Möglichkeit. In den anderen Feldern sollte man auf die betreffende Lehrstrategie besser ganz verzichten; hier gilt es, auf eine andere Strategie auszuweichen oder grundsätzlich vielleicht den Computer nicht zu nutzen.

Wer sich mit dem Erfolg unterschiedlicher Lehrstrategien für verschiedene Lernfelder befassen will, sollte die umfangreichen Kataloge studieren, in denen heute international verfügbare Courseware zusammengestellt wird. Man bekommt relativ schnell einen Eindruck über die Verteilung der Strategien – unter pragmatischen und ökonomischen Randbedingungen!

Literaturhinweise

Academician Blagovest Sendov and Dr. Stancher (Ed.): Children in an information Age – Tomorrow's Problems Today. Oxford 1986.

Anderhub, A.: Bibliotheken und Neue Medien – Ein Berliner Beispiel. LOG IN, 4(2), 9, 1984.

Arlt, W. und Haefner, K. (Hrsg.): Informatik als Herausforderung an Schule und Ausbildung. Berlin 1984.

Arnold, R. and Habermann, D.: Microelektronics and Professional Education in Africa. Berlin 1986.

Bagnall, K. et al.: Self-Testing Programm on Plato. Special Project Report, Proceedings of the 1982 ADCIS Conference, p. 318, Vancouver, p. 318, 1983.

Barr, A. and Feigenbaum, E.: The Handbook of Artificial Intelligence Volume II. p. 223, Stanford 1982.

Becher, H. (Ed.): Instructional Uses of School Computers. Reports from the 1985 National Survey, 1, 1986.

Becker, H. (Ed.): School Uses of Microcomputers. Center for Social Organization for Schools Reports from a National Survey 4, 1984.

Bericht der Kultusministerkonferenz 1986: Neue Medien und moderne Technologien in der Schule, Bonn 1986.

Blease, D.: Evaluating Educational Software. London 1986.

Clancey, W.: Knowledge-Based Tutoring – The Guidon Program. Cambridge 1986.

Cline, H. et al.: The Electronic Schoolhouse: The IBM Secondary School Computer Education Program. London 1986.

Ebert, W.: Bildungspolitik in einer Zeit des Umbruchs. Trostberg 1986.

Ennals, R.; Gwyn, R. and Zdravches, L.: Information Technology and Education: The Changing School. Chicester Sussex 1986.

Epie Institute: TESS – The Educational Software Selector. New York 1986.

Evangelische Akademie Locum, Niedersächsisches Kultusministerium (Hrsg.): Loccumer Protokolle 23 – Neue Technologien und Schule. Rehburg/Loccum 1984.

Eyferth, K. et al.: Computer im Unterricht – Formen, Erfolge und Grenzen einer Lerntechnologie in der Schule. Stuttgart 1974.

Haas, H.; Hauf, A. und Sturm, L. (Hrsg.): Mikroelektronik und Schule. Paderborn 1983.

Hallworth, H. and Brebner, A.: Computer Assisted Instruction in Schools. Arlington (Virginia) 1980.

Hameyer, U.: Computer an Sonderschulen? Die erste bundesdeutsche Tagung: Ziele und Empfehlungen. Weinheim 1986.

Hempstead, R.: Curriculum Development through Communication Technology. Intern. Journal instructional Media, 2(1), 0, 1974.

Kearsley, G. and Hunka, S.: Copyright and CAI. ACM Sigcue Bulletin, 11(2), 1977.

Klingen, L. und Otto, A.: Computereinsatz im Unterricht – Der pädagogische Hintergrund. Stuttgart 1986.

Kniefel, D. (Edg.): Computer Education for Elementary and Secondary Schools. New York 1981.

Kunz, E.: Informatik an Bayerns Realschulen. Die Realschule, 92, 249, 1984.

L'Allier, J. and Tennyson, R.: Principles of Instructional Design Applied to an Introductory Course of Educational Computing, Journal of Computer-Based Instruction 7, 26, 1980.

Mandl, H. und Hron, A.: Wissenserwerb mit intelligenten tutoriellen System. Unterrichtswissenschaft 4, 1986.

Menzel, K.; Probst, G. und Werner, W.: Computereinsatz im Mathematikunterricht 2 – Materialien für die Klassenstufen 9 und 10. Stuttgart 1986.

Moonen, J. and Wuite-Harmsma, H.: Computer and Education: Policy Problems and Experiences. Amsterdam 1984.

O'Shea, T. und Self, J.: Lernen und Lehren mit Computern – Künstliche Intelligenz im Unterricht. Basel 1986.

Pipitone, F.: An Expert System for Electronics Troubleshooting Based on Qualitative Causal Reasoning. Journal of Computer-Based Instruction, 13, 39, 1986.

Pliske, D. and Psotka, J.: Exploratory Programming enviroments for designing ICAI. Journal of Computer-Based Instruction 13, 52, 1986.

Pogrow, S.: Education in the Computer Age – Issues of Policy, Practice and Reform. London 1983.

Reese, R.; Lounesto, P. and Segenga, D.: The Use of muMath in the Calculus Classroom. Institute of Mathematics Helsinki. 1986 im Druck.

Rostron, A. and Sewell, D.: Microtechnology in Special Education. Baltimore 1983.

Schnotz, W. et al.: Aufbau und Funktionsweise von Mikrocomputern – Ein Selbstinstruktionsprogramm. Weinheim 1986.

Sleeman, D. and Brown, J. (Ed.): Intelligent Tutoring Systems. Orlando 1985.

Sleeman, D. and Brown J.: Intelligent Tutoring Systems. New York 1982.

Steinberg, E.: Teaching Computers to Teach. London 1984.

Taylor, R. (Ed.): The Computer in the School – Tutor, Tool, Tutee. New York 1980.

Tennyson, R. and Rothen, W.: Management of Computer-Based Instruction: Design of an Adaptive Control Strategy. Journal of Computer-Based Instruction 5, 63, 1979.

Vincent, B. and T.: Information Technology and further Education. London 1985.

Williams, M.; Holland, J. and Stevens, A.: An overview of STEAMER: An advanced computer-assisted instruction system for propulsion engineering. Behavior Research Methods & Instrumentation 13(2), 85, 1981.

Anhang III
Produktion von Software

Entwicklung und professionelle Produktion qualitativ hochwertiger Software ist ein außerordentlich wichtiger Baustein für die Realisierung psychischer Mobilität. Nur wenn es gelingt, gute Software zu erstellen, kann das Konzept der psychischen Mobilität mit Informationstechnik wirklich ernsthaft realisiert werden, leistungsfähige Hardware allein ist unzureichend! Zum einen kommt es darauf an, den Prozeß der Software-Produktion wirklich zu verstehen und angemessen zu organisieren, zum anderen ist es wichtig, daß dabei geeignete Werkzeuge (Tools) genutzt werden; beide Aspekte werden im folgenden Kapitel behandelt.

Keine Arbeit für Dilettanten

Konzeption und Vermarktung eines sich an den informationstechnischen Laien wendenden Denkzeuges fordern, daß Problemlöser und «Lernzeuge» leistungsfähige Hardware *und* Software besitzen. Der mit Informationstechnik psychisch mobil zu Machende muß *ohne* großen Aufwand seine *individuellen* Problemlösungen nutzen und ggf. für sich weiterentwickeln können. Er muß in der Lage sein, aus einer transparenten Landschaft von Problemlösungen die jeweils richtige schnell und einfach auszusuchen. Insbesondere muß er für individuelle Qualifikationsanforderungen leistungsfähige Courseware auswählen können.

Zieht man aus diesen – hier nur sehr allgemein formulierten – Randbedingungen für die Nutzung Konsequenzen für die Produktion, so ergeben sich *außerordentlich hohe Anforderungen* an die Entwicklung von Software. Wir sind schon seit einem Jahrzehnt aus dem Zeitalter «improvisierter» Softwarepakete heraus. Die Erstellung angemessener Problemlöser und insbesondere die Erstellung von guter Courseware ist nicht mehr die Aufgabe von Dilettanten oder «Gelegenheits-Programmierern»! (Dies war in den fünfziger und sechziger Jahren ganz anders, als noch fast ausschließlich für EDV-Spezialisten gearbeitet wurde und nur wenige spezielle Programme verfügbar waren.)

Heute haben wir in der Hardware ausreichend Prozessorleistung verfügbar und können große Datenspeicher anbieten, die es gestatten, auf große Informationsmengen zuzugreifen und sie schnell zu verarbeiten; dies ist allerdings dann und nur dann möglich, wenn angemessene Software genutzt wird. D. h., Daten sind in Form von Informations- bzw. Datenbanken-Systemen zu organisieren.

Algorithmen und Heuristiken müssen fehlerfrei und leistungsfähig in geeigneten Programmiersystemen auf den Rechner abgebildet werden.

Besondere Aufmerksamkeit ist dabei auch der Mensch-Computer-Kommunikation zu widmen. Hier geht es nicht nur um das Problem der Gestaltung von Bildschirmoberflächen, sondern insbesondere um die Frage, wie die technische Organisation von Wissen und von Prozeduren für den Benutzer *transparent* gemacht werden kann.

Auch das Zeitalter der «Black Boxes» geht dem Ende entgegen. Wir müssen versuchen, Denkzeuge in ihrer Software so zu organisieren, daß der Benutzer «Wie»- und «Warum»-Fragen stellen kann. D. h., Software muß stets in der Lage sein, *sich selber in ihrer Funktion zu erklären,* einzelne Problemlösungsschritte transparent vorzuführen. Dies sind Anforderungen an die Software-Ergonomie, die *heute* allerdings nur von wenigen Produkten wirklich befriedigt werden. In Zukunft jedoch werden sie für den naiven Benutzer von *großer Bedeutung* sein, wenn er sich wirklich auf sein Denkzeug soll verlassen können.

«Black-Boxes» erzeugen Angst, weil sie undurchschaubar sind. Ein großer Teil der Abneigung gegenüber der Informationstechnik geht darauf zurück, daß «Ich nicht weiß, was er mit meinen Daten macht!». Dies ist – leider – früher auch von vielen Programmierern und Analytikern so gewollt gewesen. Man fühlte sich als ein Künstler oder Musiker, der in der Lage war, auf dem «Instrument Computer» zu spielen. (Ein berühmtes Buch aus den sechziger Jahren heißt «The Art of Computer Programming».) Diese Haltung muß sich natürlich in einer transparenten informationellen Umwelt grundsätzlich ändern; Ansätze dazu sind auch schon an vielen Stellen erkennbar.

Ein zentraler Aspekt guter Software sind ferner *Fehlerfreiheit* und *Zuverlässigkeit.* Da es bisher keine Methoden («formale Verifikation») gibt, die 100prozentig sicherstellen, daß eine vorgegebene Software genau das tut, was in ihrem «Pflichtenheft» beschrieben ist, und nichts weiter, muß jede Software einer ausführlichen Testphase unterzogen werden, in der sie auch «exotischen» Bedingungen ausgesetzt wird. Damit wird erreicht, daß alle potentiellen Fehler naiver Benutzer von vornherein ausgemerzt werden und jeder mit der Software wirklich nach seinen Interessen «idiotensicher» umgehen kann.

Eine andere Forderung heißt *Aufwärts-Kompatibilität.* Darunter ist zu verstehen, daß ein Software-Produkt auch noch auf einem Denkzeug der nächsten «Generation» lauffähig bleibt. Dies ist um so wichtiger, je enger die Kopplung der problemlösenden Software, des Denkzeuges und des Benutzers ist. Hat man sich einmal an einen Problemlösungsmechanismus gewöhnt, sollte man ihn auch auf einem neuen System der nächsten Generation schnell verfügbar haben. (Dies entspricht ein wenig den Gewohnheiten, die wir uns im Bereich der physischen Mobilität angewöhnt haben, wo wir auch gerne wollen, daß im neuesten Autotyp der Scheibenwischer nicht plötzlich mit einem Griff unter dem Sitz zu bedienen ist.)

Weitere Forderungen an die Software kommen aus Randbedingungen ihrer Integrationsfähigkeit in verteilte informationstechnische Systeme. Denkzeuge dürfen nicht nur autonome Problemlöser sein, sie müssen vielmehr auch mit Datenbanken und zentralen Rechnern sowie mit anderen Denkzeugen arbeiten können. Der Benutzer muß Daten aus Datenbanken abrufen und in sein System überführen können, er muß zu Hochleistungsrechnern zugreifen können, um schwierige Algorithmen oder Heuristiken schnell abzuwickeln, die Kommunikation mit anderen Denkzeugen bei Kollegen und Freunden muß unterstützt werden. Die Schnittstellen der Software mit der «Rest-Welt» müssen transparent und standardisiert sein.

Das Einhalten von *strengen Regeln bei der Abbildung von Problemlösern auf den Rechner, die strukturierte Erstellung von Programmen,* eine *differenzierte Dokumentation* und die *sorgfältige Ausmerzung aller Fehler* sind heute Mindestbedingungen für die Erstellung qualifizierter Software.

Sind schon die Anforderungen an problemlösende Software hoch, so sind diese noch weiter zu steigern, wenn es darum geht, wirklich *leistungsfähige Courseware* zu erstellen. Während nämlich beim Problem die Lösung als Programm unmittelbar verfügbar ist, das direkt getestet und bewertet werden kann, ist das gewünschte Ergebnis der Nutzung einer Courseware ein Lernprozeß, der sich *subjektiv im Lernenden abspielt und von «außen» nur schwer getestet werden kann.* Die Überprüfung der Effektivität dieses Lernprozesses ist ein wichtiges Stück der Entwicklung von Courseware, wobei die Gesamtheit der «alten» pädagogischen Probleme auch hier zu berücksichtigen ist.

In das Pflichtenheft eines Problemlösers kann man grundsätzlich eine gewisse Zuverlässigkeit der Problemlösung hineinschreiben. Mit Tests läßt sich dann jederzeit prüfen, ob diese wirklich erfüllt sind. Schreibt man jedoch ins Pflichtenheft von Courseware Lernziele hinein, so wird man immer feststellen, daß diese nur bei einer «idealen mittleren Population» vom Lernenden erreicht werden können. «Rechts» und «links» von diesem Idealwert gibt es breite Streuungen, die zum einen auf das unterschiedliche Vorwissen der Lernenden und zum anderen auf eine breite Streuung der Lernfähigkeit zurückzuführen sind.

«Gute» Courseware versucht zwar grundsätzlich, fast alle Lernenden auf ein gewisses Niveau zu bringen, aber dieses Ziel kann auch bei idealen Programmen nur begrenzt erreicht werden. Dieser Aspekt muß also zusätzlich zu den Schwierigkeiten, die bereits für die Erstellung von Problemlösen benannt wurden, berücksichtigt werden, wenn es gilt, hochwertige Courseware zu entwickeln.

Für die Courseware-Erstellung, für die Festlegung von Richtlinien und für Beispiele guter Courseware in verschiedenen Bereichen muß die Lehrerschaft als Träger des pädagogischen Wissens neben den Hochschulen aufgefordert werden, intensiv mitzuarbeiten. (Es wäre sicher vernünftiger von der GEW, nach Möglichkeiten des Einsatzes und der Gestaltung von Denkzeugen zu suchen, als von «Klassenfeind» und «Lehrerersatz» zu sprechen.)

Trotz aller guten Methoden und Vorsätze ist die Entwicklung von Software und Courseware *außerordentlich* teuer. Man kann sich davon leicht ein erstes Bild machen, wenn man sich vergegenwärtigt, daß ein *guter* Systemanalytiker bzw. Programmierer pro Tag ungefähr *zehn Zeilen eines völlig neuen Programms* produziert – wenn man alle notwendigen Schritte der Problemspezifikation, der Systemanalyse, des «Prototyping» (erster Entwurf), der Implementation, der ersten Tests und schließlich der Betriebstests berücksichtigt und wenn auch auf eine sorgfältige Dokumentation geachtet wird. D. h., ein *völlig neues* problemlösendes Programm des Volumens von ca. 2000 Zeilen fordert gut *ein* Mann-Jahr (!) Arbeit oder – wenn man es auf die in der Branche üblichen Preise umrechnet – Aufwendungen in Höhe von ungefähr 100 000 bis 120 000 DM.

Diese Werte werden im Bereich guter Courseware für den CUU noch überschritten. Erledigt man alle auf dem Wege zur Entwicklung einer erfolgreichen Courseware notwendigen Schritte, so kommt man leicht auf fünfzig, hundert oder sogar einige hundert Stunden Arbeit *pro Stunde Dialog des Lernenden.* Rechnet man mit einem mittleren Wert von vielleicht hundert Arbeitsstunden pro Stunde Dialog, so heißt dies, daß eine Courseware für eine Stunde Unterricht ungefähr 10 000 DM kostet. Kein Lehrer kann also mal nebenher *gute* Courseware erstellen! Deswegen tun sich auch Verlage so schwer mit guter Courseware, sie sind gewohnt, lineare Manuskripte zu kaufen und zu publizieren, die wesentlich billiger in der Herstellung sind. (Für eine Stunde Lesezeit kann man vielleicht 10 Stunden Autorenzeit ansetzen.)

Natürlich gibt es auch bei Courseware Ausnahmen von der Regel: der Autor kann für bestimmte Lehrstrategien auf «Generatoren» zurückgreifen. So konnte z. B. bei einem umfangreichen Sprachkurs (über 100 Stunden Dialog) eine Produktivität von 20 Arbeitsstunden für eine Dialogstunde erreicht werden, wobei ein starres – didaktisch aber sinnvolles – Schema durchgehalten wurde.

Hohe Preise für Problemlöser und Courseware können natürlich nur über den Verkauf vieler Kopien wieder hereingeholt werden. Geht man – wie heute auf dem Denkzeug-Markt üblich – von Software-Preisen von ca. 300–1000 DM/Kopie (Verkaufspreis) aus, so erkennt man deutlich, daß *gute* Software nur verkäuflich ist, wenn genügend Denkzeuge gekauft werden, um mindestens einige tausend Kopien der Software absetzen zu können.

Man sieht also, daß aus den unterschiedlichsten Gründen die Erstellung von leistungsfähigen Software-Einheiten *keine Aufgabe für Amateure und Dilettanten* ist. Das Ergebnis von Bemühungen dieser Gruppe ist *nach aller Erfahrung* fast ausschließlich Schrott – allerdings mit dem Nachteil, daß dieser Schrott auch auf «Schrott-Märkten» kaum noch zu verkaufen ist. Es gibt jedoch – leider – immer wieder Bemühungen, mit wenig Geld schlechte Software (insbesondere Courseware) zu erstellen. Auf diese fallen dann auch zumindest einige herein, wodurch die Bemühungen seriöser Anbieter für gute Software – leider – konterkariert werden.

Daß insgesamt jedoch eine gute Chance besteht, wertvolle Software auf die Märkte zu bringen, beruht mehr und mehr darauf, daß die Zahl persönlicher Denkzeuge ständig zunimmt. Damit haben Software-Häuser und Informationstechnik-Hersteller die Möglichkeit, größere Investitionen in Software zu machen, können sie doch bei guter Qualität ihrer Produkte sicher sein, daß sie Zehntausende, Hunderttausende oder in seltenen Fällen auch Millionen Kopien (z. B. das Betriebssystem MS-DOS) von einem Produkt verkaufen. D. h. dann wiederum für den Markt, daß selbst bei Millionen-Investitionen in ein Software-System eine einzelne Kopie durchaus im Bereich von 100 oder 1000 DM liegen kann.

Leider haben sich deutsche Software-Häuser bisher um Problemlöser für Denkzeuge und um attraktive Courseware nur sehr begrenzt bemüht, wir nutzen häufig amerikanische Produkte. Hier bedarf es geeigneter Umsteuerungen in den Unternehmen und insbesondere bei der öffentlichen Hand, die ein Interesse haben muß, daß gute Software für Denkzeuge entsteht. Es geht nicht an, daß wir jährlich über 100 Milliarden in Bildung und Ausbildung investieren, aber nur wenige Millionen für gute Courseware und Problemlöser.

Grundlagen der Produktion von Software («Software-Engineering»)

An dieser Stelle kann natürlich nicht die Gesamtheit aller wichtigen Verfahrensschritte für die Produktion von Software (Problemlöser und Courseware) dargestellt werden. Wir wollen uns vielmehr auf zentrale Fragen konzentrieren, die zum einen potentiellen Software-Produzenten helfen sollen, ihr Risiko abzuschätzen, und zum anderen dem Nutzer von Software klarzumachen, worauf er bei realen Software-Angeboten achten muß.

Abbildung 38 zeigt die wesentlichen Schritte auf dem Wege vom Problem zur fertigen, ausgetesteten Software (den «Life Cycle», wie man diesen Informationsfluß wegen seiner Rückkopplungen auch nennt).

Bei der *Problemspezifikation* kommt es zunächst darauf an, die mit Software auf einem Denkzeug zu lösende Aufgabe *möglichst präzise* zu beschreiben. Dies ist relativ einfach bei quantifizierbaren Problemen und wird immer schwieriger, je weiter man in Verfahren hineinkommt, die auch der Mensch «vage» beherrscht. Allerdings ist es stets unmöglich, ohne eine präzise Problemspezifikation den weiteren Prozeß überhaupt zu durchlaufen, geschweige denn, zu guter Software zu kommen. Viele Flops auf den Märkten beruhen darauf, daß zuwenig Arbeit in die Problemspezifikation gesteckt wurde und damit Produkte entstanden, die weit unter den Anforderungen des normalen Benutzers lagen.

In einem zweiten Schritt – *der Problemanalyse* – gilt es dann, die Problemspezifikation systematisch daraufhin zu analysieren, 1. welche Informationen/Daten benutzt werden sollen, 2. welche Prozesse abzuwickeln sind und 3. wie der Lauf des Programms im Detail zu kontrollieren ist. In allen drei Bereichen gibt es vielerlei Probleme!

Bei der Festlegung von *relevanten Informationen* kommt es darauf an, diese gegenüber irrelevanten abzugrenzen und geeignete Strukturen zu finden, in denen die Informationen abzulegen sind (z. B. in Datenbanken-Systeme). Es ist festzulegen, woher die Daten stammen sollen und inwieweit sie stabil sind oder sich mit der Zeit verändern. Ist letzteres der Fall, so ist zu klären, wie sie auf dem letzten Stand zu halten sind.

Im Bereich der *Prozesse* kommt es zunächst darauf an, festzustellen, ob es einen geschlossenen *Algorithmus* (d. h. ein endliches, eindeutig auf einfache Grundoperationen zurückführbares Verfahren) gibt, welcher den abzubildenden Prozeß der Problemlösung beschreibt. Für einen großen Teil wichtiger Prozesse oder Teilprozesse sind heute bereits *fertige* Algorithmen verfügbar. Diese sind rechtzeitig aufzufinden und in der Systemanalyse zu beschreiben. Nur in Fällen, wo man sicher ist, daß ein Algorithmus noch nicht formal abgebildet ist, lohnt es, Arbeit in dessen Formalisierung zu stecken.

In einer – zunehmenden – Zahl von Fällen ist man allerdings nicht in der Lage, einen Algorithmus zu finden. Entweder sind die Daten zu unvollständig, um die Problemlösung mit einem Algorithmus geschlossen darzustellen, oder aber die Verarbeitungsleistungen

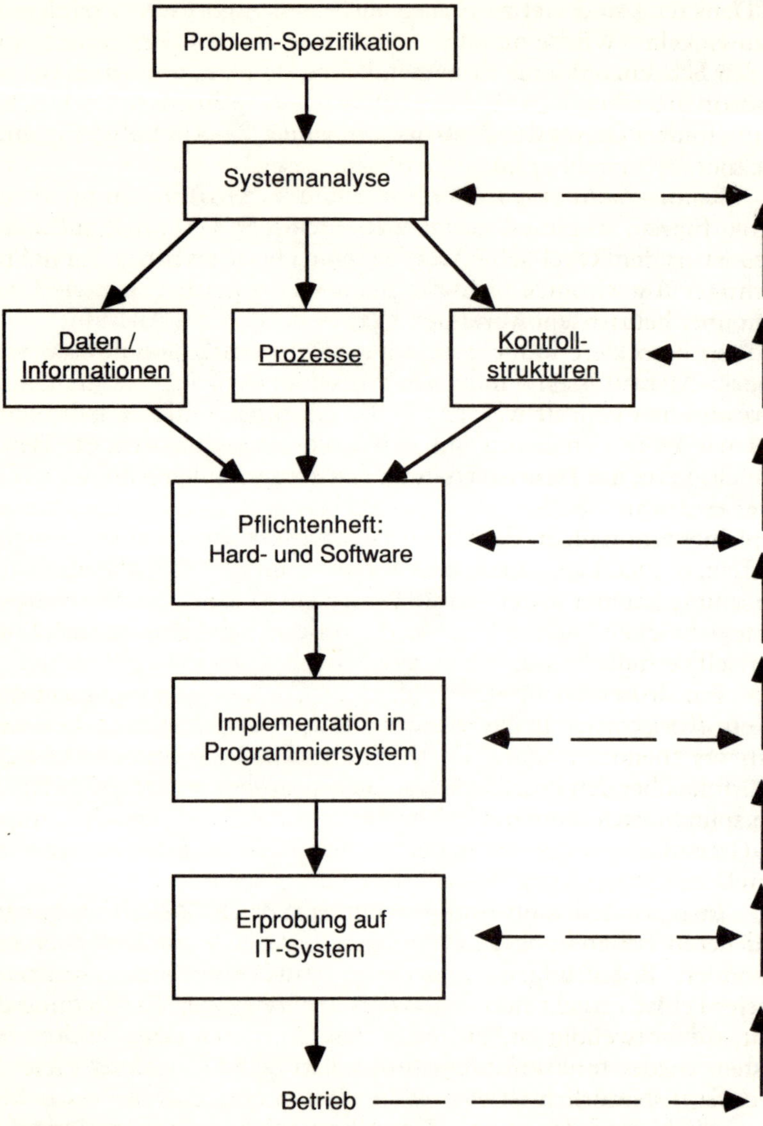

Abbildung 38
Typische Schritte bei der Entwicklung von Software («Software-Lebenszyklus»).
Die Darstellung gibt wesentliche Phasen, die notwendig sind, um ein Problem auf dem Rechner abzubilden. Wichtig ist vor allen Dingen die Zerlegung des Problems mit der Systemanalyse in Daten/Informationen, Prozesse und Kontrollstrukturen sowie die spätere Erprobung mit einem angemessenen Test im realen System.

im Denkzeug sind viel zu gering, um einen Algorithmus erfolgreich abzuwickeln. (Würde man z. B. versuchen, einen algorithmisch spielenden Schachcomputer zu bauen, so müßte man, von einer Grundposition ausgehend, ca. 10 hoch 120 Züge berechnen, um den richtigen zu finden. Dieses würde auch die gigantischsten heute verfügbaren Rechner unvorstellbar lange Zeiträume beschäftigen!)

Kommt man also zu der Einsicht, daß Algorithmen nicht zum Erfolg führen, so gilt es, geeignete *heuristische Verfahren* zu finden. Dies ist in der Regel schwierig, da es im Gegensatz zur Sammlung wichtiger Algorithmen bisher nur eine wenig gut organisierte Übersicht über heuristische Verfahren gibt.

Insbesondere braucht man bei heuristischen Verfahren bewertendes «Meta-Wissen», um einen Prozeß im Denkzeug zu steuern. Es muß also hier geprüft werden, woher dieses gewonnen werden kann und wie es in den heuristischen Prozeß einzuschleusen ist. Ferner braucht man, um Heuristiken angemessen zu implementieren, geeignete «Software-Shells», also spezielle Programmiersysteme, die zur Implementation nicht-algorithmischer Strukturen besonders geeignet sind, (z. B. PROLOG, LISP, KEE)! Die «künstliche Intelligenz (KI)»-Forschung hat hier in den letzten Jahren eine Reihe brauchbarer Konzepte entwickelt und implementiert, von denen einige jetzt auch kommerziell verfügbar sind.

Ein drittes wichtiges Problem ist die Spezifikation geeigneter *Kontrollstrukturen*. In der Systemanalyse des Problems muß klar werden, wer (Benutzer oder Programmteil) an welcher Stelle welche Art Kontrolle über den Prozeß und die Daten ausübt. Derartige Festlegungen spiegeln sich dann u. a. in der Organisation der Mensch-Computer-Grenzfläche wider und in der Art und Weise, wie der Benutzer mit dem Datenmaterial und den Prozessen umgehen kann.

Insbesondere sind in diesem Bereich auch Fehlerbedingungen und deren Behandlung zu spezifizieren. Zwei Werte sind hier von besonderer Bedeutung: die Zeit, die im Mittel zwischen dem Auftreten zweier Fehler vergeht (MTBF – *M*ean *T*ime *B*etween *F*ailure) und die Zeit, die notwendig ist, um nach dem Auftreten eines Fehlers das System wieder funktionsfähig zu machen (MTTR – *M*ean *T*ime *T*o *R*ecovery). Natürlich ist es eine Idealforderung, daß der erste Wert «unendlich» und der zweite Wert Null sei. Das ist aber technisch in aller Regel *nicht* zu realisieren. Deswegen muß man in Abhängigkeit von der gewünschten Qualität der Software *und der zu akzeptierenden Kosten* hier entsprechende Werte festlegen. (MTBF-Werte von einigen hundert Stunden und MTTR-Werte im Minutenbereich sind heute durchaus realistisch.)

Hat man diese systemanalytische Arbeit geleistet, so kann man die gewonnenen Einsichten in einem *Pflichtenheft* niederschreiben. In diesem sind insbesondere auch *typische Dialoge* zwischen dem (naiven) Benutzer des Denkzeuges und der Software im Detail zu spezifizieren. – Es sind Aussagen zu machen, inwieweit das System «selbsterklärend» (z. B. durch ein einführendes Lehrprogramm oder kontextunabhängige Hilfen) sein soll.

Das Pflichtenheft ist die Basis der *Implementation in einem Programmiersystem.* Dieses muß zum einen eine geeignete Programmiersprache zur Verfügung stellen – die Auswahl der Programmiersprache richtet sich nach der Problemklasse – und zum anderen sicherstellen, daß ein *strukturiertes* und *wohldokumentiertes* Produkt entsteht. Ferner sind qualifizierte Testhilfen unabdingbar.

Die *eigentliche Programmierung* muß *modular* erfolgen, d. h., die einzelnen Bereiche des Programms sind sorgfältig gegeneinander abzusetzen und derart zu strukturieren, daß jeweils nur «lokal» (d. h. in einem kleinen überschaubaren Teilbereich) mit Daten und Prozeduren gearbeitet wird. Damit soll sichergestellt werden, daß Wirkungen von Fehlern in einem Modul nicht in ein anderes Modul hineinwirken.

Nach Fertigstellung der einzelnen Module sind diese zunächst individuell zu testen; nach Beendigung der «Detail-Programmierung» ist das Zusammenspiel der einzelnen Module im Gesamtsystem noch im Programmiersystem auf logische Fehler zu analysieren und sicherzustellen, daß die Software zumindest im Programmiersystem einwandfrei funktioniert.

Daraufhin sollte der *Transfer der Software in das «Laufzeitsystem»*, d. h. die *reale* Umgebung der Nutzung der Software, erfolgen. Dort sind erneut Tests durchzuführen. Für Denkzeug-Software ist es sehr wichtig, festzustellen, inwieweit das entwickelte Produkt wirklich in der Lage ist, in der Umgebung des persönlichen Computers mit *typischen naiven* Benutzern zu arbeiten.

Nachdem das Entwicklungsteam sich von der Richtigkeit der Software überzeugt hat, wird das Software-Produkt in der Regel in einen sogenannten *Alpha-Test* gegeben: eine ausgewählte Gruppe von Benutzern bekommt das Produkt kostenlos, um damit Erfahrungen zu sammeln – allerdings mit der Verpflichtung, die auftretenden Fehler und Probleme dem Hersteller zu melden. In dieser Phase werden – in aller Regel – weitere Fehler gefunden, die dann korrigiert werden müssen; häufig findet eine Überarbeitung der gesamten Software statt.

Nach erfolgreichen Alpha-Tests wird das Produkt in den Markt gegeben, der Hersteller übernimmt dann gewisse Garantien für die Leistung der Software. In dieser Situation treten allerdings immer noch Fehler auf, die aber – bei guten Anbietern – schnell korrigiert werden, so daß nach einer gewissen Zeit von einem im wesentlichen fehlerfreien Produkt gesprochen werden kann.

Produktion von Problemlösern

Obwohl die obige Strategie grundsätzlich für alle Arten von Software-Entwicklungen gilt, sind bei der Herstellung von Problemlösern für Denkzeuge noch eine Reihe besonderer Schritte durchzuführen. Dies hängt im wesentlichen damit zusammen, daß derartige Problemlöser sich an «informationstechnische Analphabeten» wenden. Für diese muß sichergestellt werden, daß sich der Problemlöser stark an der Art und Weise orientiert, wie der Benutzer von Denkzeugen auch sonst mit seinen Problemen umgeht. Insbesondere gilt es deshalb bei der Entwicklung von Problemlösern für Denkzeuge, noch folgende Aspekte zu berücksichtigen:

1. Transparente und konsistente Struktur der Mensch-Computer-Kommunikation. Durch die Organisation eines einheitlichen Bildschirmaufbaus ist sicherzustellen, daß der Benutzer in jeder Phase des Dialogs mit seinem Denkzeug *erstens genau* weiß, wo er sich in der Software befindet, und *zweitens* jeweils alle Möglichkeiten übersieht, die er in einer bestimmten Situation am Bildschirm verfügbar hat.

Deshalb hat sich eine Dreiteilung des Bildschirms als praktisch erwiesen. Im *oberen Bereich* sollte stets der aktuelle Stand im Problemlöser dargestellt werden. Das *mittlere* (größere) Feld sollte dem Benutzer frei verfügbar sein, um dort Eingaben und Operationen machen zu können. Im *unteren* Bereich des Bildschirms sollte der Benutzer jederzeit die Möglichkeit haben, einen Überblick über die aktuell möglichen Optionen zu bekommen. D. h., dort muß in der Regel ein «Menü» angeboten werden, aus dem der Benutzer die nächsten Schritte auswählen kann. (Die Amerikaner nennen derartige Strukturen *«What you see is what you get».*)

Auch bei der Benutzung der sogenannten *Fenster-Technik*, bei der der Benutzer mehrere Fenster (die den aufeinanderliegenden Schichten von Papier auf dem traditionellen Schreibtisch entsprechen) öffnen und benutzen und schließen kann, muß *großer Wert auf Übersichtlichkeit* gelegt werden. Deshalb ist es sinnvoll, die Zahl der

Fenster nicht ausufern zu lassen; drei bis vier übereinanderliegende Fenster erscheinen eine obere Grenze für den normalen Nutzer. Auch bei dieser Fenster-Technik sollten jeweils der aktuelle Status, in dem sich der Benutzer befindet, und die aktuellen Optionen in den Fenstern deutlich dargestellt sein. Ein Beispiel dieser Technik zeigt **Abbildung 39.**

2. Transparenz von Daten und Prozeduren. Der Systementwickler muß darauf achten, daß der Problemlösende in jeder Phase der Programmnutzung die Möglichkeit hat, *sein Datenmaterial zu inspizieren* und die aktiven Prozeduren in einer für ihn verständlichen Form angezeigt zu bekommen. D. h., die Software muß so organisiert sein, daß *mindestens* auf der Ebene der Dokumentation ein Zugriff des Benutzers zur Programmstruktur möglich ist. *Daten* sollten möglichst in Form einer Datenbank transparent organisiert sein,

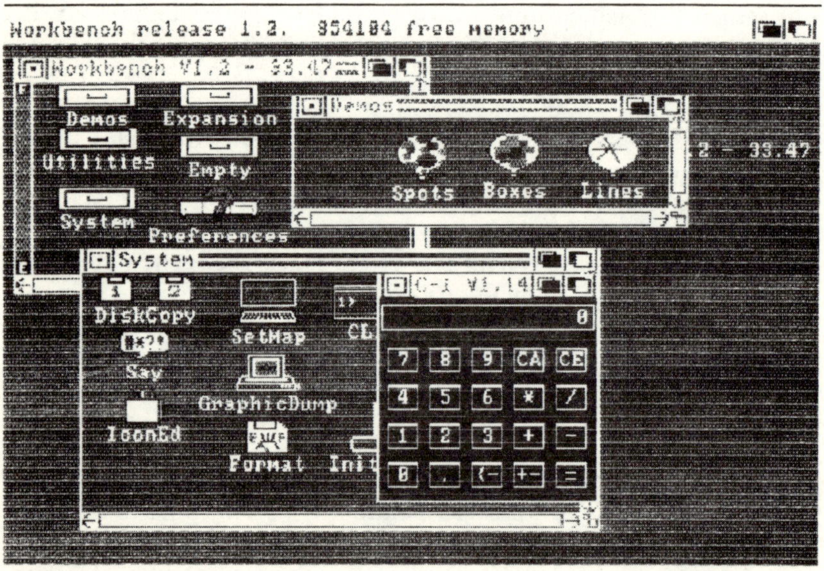

Abbildung 39
Übersichtlichkeit von Fenstertechnik.
Man erkennt auf dem Bildschirm vier Fenster, die übereinandergelagert sind. In dieser Ausführung ist eine Nutzung der Fenstertechnik noch sinnvoll. Werden jedoch mehr Fenster überlagert, so ist es für den Benutzer schwierig, jeweils die aktuellen Fenster auseinanderzuhalten.

so daß auch hier der Benutzer durch Zugriff über das Datenbank-Management-System sich jederzeit den Stand der Daten ansehen kann. **Abbildung 40** zeigt einen solchen Durchgriff auf Daten und Algorithmen in einem einfachen Beispiel.

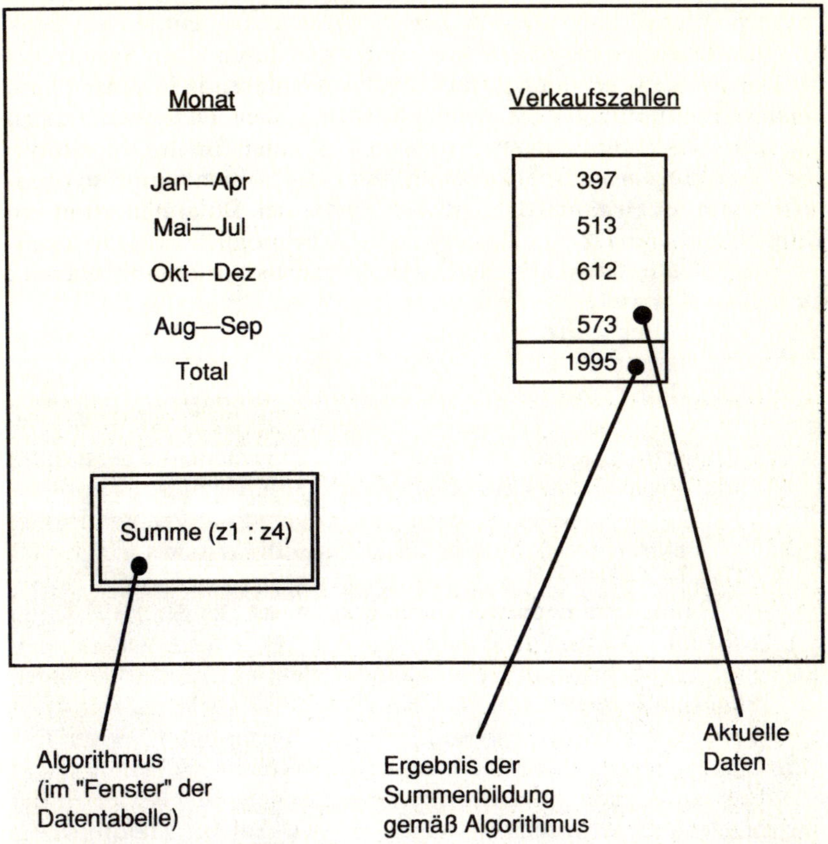

Abbildung 40
Schematische Darstellung der Möglichkeiten in MULTIPLAN, sowohl die Daten als auch die Algorithmenebene zu sehen.
In MULTIPLAN sieht man auf der Oberfläche jeweils die Datenstrukturen. An der linken unteren Bildschirmecke kann man durch diese Datenstruktur «hindurchschauen» und die für die einzelnen Datenfelder relevanten algorithmischen Operationen direkt betrachten. Man sieht also in die «hinter» der Datenstruktur liegende Ebene der algorithmischen Strukturen. (Dies ist ein Hilfsmittel, wenn man zwei voneinander getrennte Bildschirme zu vermeiden versucht, was heute die Praxis ist.)

3. Selbsterklärende Einführung und kontextabhängige Hilfen. Ein guter Problemlöser für Denkzeuge sollte sich selbst erklären, so daß *kein* Handbuch benötigt wird. D. h., bei der Software-Produktion muß bereits weitgehend auf die Erstellung eines Manuals zugunsten von eingebauter Courseware und Hilfen verzichtet werden – bestenfalls sollte ein *kurzer* Abriß der zentralen Funktionen des Programms in gedruckter Form vorliegen. (Dies ist gleichzeitig ein notwendiges Werbemittel!)

Jede Software sollte grundsätzlich am Anfang die Option bieten, einen *selbsterklärenden Modus* aufzurufen, in dem der Benutzer einen Überblick über die Programmstruktur bekommt. Nach Durcharbeiten dieser Einführung sollte der Benutzer *sofort* in der Lage sein, selbst im Programm zu arbeiten, wobei er speziellere Qualifikationen im Umgang mit dem Problemlöser «On-the-Job» erwirbt.

Dazu ist es notwendig, daß man jederzeit – in Abhängigkeit vom aktuellen Zustand der Problemlösung – im Programm kontextabhängige Hilfen aufrufen kann. Praktisch sollte dies in der Regel dadurch geschehen, daß eine besondere Taste (Sondertaste) für den Aufruf der «Hilfe» vorgesehen ist, die stets funktioniert. – Die Hilfen sind übersichtlich zu organisieren und so einzubetten, daß man nach ihrer Durcharbeitung jederzeit in den letzten (aktuellen) Zustand des Problemlösungsprozesses zurückspringen kann. Dazu ist es notwendig, daß man im System den jeweiligen Zustand der Problemlösung aufhebt («Lesezeichen»), bevor man in das Hilfe-System springt.

4. Fehlbedienungen weitgehend abfangen. Bei der Produktion von Problemlösern für Denkzeuge ist es außerordentlich wichtig, daß alle möglichen Schritte unternommen werden, um Fehlbedienungen des Programms *benutzerfreundlich abzufangen bzw. ganz auszuschließen*. Hierzu gehört insbesondere eine *logische Sperrung der Tastatur* gegenüber Eingaben, die in einem aktuellen Zustand nicht erlaubt sind. Gerade naive Benutzer machen natürlich Fehler an der Tastatur, und diese führen bei «ungeschützter» Software häufig in die Irre. Deshalb sollte in jedem Eingabezustand jeweils nur der Satz von Eingaben (Tasten bzw. Berührungen auf einem tastempfindlichen Schirm) akzeptiert werden, der auch wirklich vom Problemlöser behandelt werden kann. Alle anderen Eingaben sollten gar nicht erst auf dem Bildschirm angezeigt werden, sondern – z. B. über eine akustische Anzeige – zurückgewiesen werden. Man kann diese Forderung überspitzt formulieren: «Man muß sich jederzeit auf die Tastatur setzen können, ohne daß etwas passiert, was die Problemlösung stören könnte.»

5. Verfügbarkeit persönlicher Parameter. Persönliche Problemlöser müssen die Möglichkeit bieten, in einem «Einrichtungslauf» *individuelle Parameter zu setzen, um die Software den persönlichen Bedürfnissen anzupassen.* D. h. konkret, daß sich der Benutzer seine Dateistrukturen selbst einrichten können muß, daß er Einfluß auf die Organisation von Prozeduren nehmen kann und daß er – in bestimmten Grenzen – das Layout der Bildschirmorganisation bestimmen darf. Derartige Optionen sind benutzerfreundlich zu gestalten, d. h., der Benutzer sollte in einem speziellen Modus – möglichst in einem strengen Dialog – auf die möglichen Optionen hingewiesen werden, um seine persönlichen Werte an das Denkzeug zu übergeben. Diese Parameter können z. B. die «Sprache» (Englisch, Französisch, Deutsch) sein, in der der Benutzer mit seinem Denkzeug kommunizieren will, oder die Farben des Bildschirms (Hintergrund/Vordergrund), Eingabe über Tastatur, Maus, tastempfindlichen Bildschirm, Druckeranpassung.

6. Software-Leistungen müssen mit Hardware-Leistungen übereinstimmen. Bei der Spezifikation von Software ist auf die Leistungen der Hardware angemessen Bezug zu nehmen. Es kommt darauf an, ein *abgestimmtes* Gesamtsystem zu entwickeln, welches eine Reihe von Randwerten befriedigt:

(A) Die Bildschirmorganisation muß problemorientiert sein. D. h., in der Verarbeitung numerischer Werte sind andere Strukturen zu fordern als z. B. in der Textverarbeitung.

(B) Die Reaktionszeiten des Gesamtsystems müssen *den Vorstellungen des Benutzers* entsprechen. Der Mensch hat aufgrund seiner Erfahrungen eine gewisse Erwartung bezüglich Reaktionszeiten, d. h., er toleriert z. B. bei schwierigen Problemen durchaus längere Antwortzeiten, will aber bei einfachen Fragen schnell eine Antwort haben. Dies muß durch eine entsprechende Auslegung der Prozessor- und Speicherleistung und durch Optimierung der Software garantiert werden. Auf jeden Fall will der Benutzer, daß sein Denkzeug ihn nicht im Ungewissen läßt, sondern ihm «sagt» (d. h. auf dem Schirm anzeigt), daß es für ihn arbeitet und was gerade geschieht; eine derartige Meldung könnte z. B. lauten: «Es wird für Sie gerade die Datenbank ‹Herzkrankheiten› durchsucht, es kann einige Sekunden dauern.»

(C) Die Software darf das zu verarbeitende Datenvolumen nicht willkürlich begrenzen. Dieses Problem tritt häufig auf, wenn mit Hardware gearbeitet wird, die nur einen relativ begrenzten Adressierraum zuläßt, deshalb sollte der Benutzer grundsätzlich in der Lage sein, Festplatten-Laufwerke mit > 10 Mega Byte zu nutzen.

Last but not least, Software für Denkzeuge muß besonders sorgfältig getestet werden. Der naive Benutzer ist – im Gegensatz zum DV-Spezialisten – nämlich nicht in der Lage, «sich zu helfen», wenn das System hängenbleibt. Wenn alle Software-Hersteller dies doch endlich zur Kenntnis nehmen und entsprechend investieren würden!

Zentrale Anforderungen an die Courseware-Entwicklung

Gilt es schon bei der Erstellung von Software im allgemeinen und bei der Erstellung von Problemlösern im besonderen eine Reihe von wichtigen Entwicklungskriterien zu beachten, so trifft dies ganz besonders auf die Erstellung von Courseware zu. Lehr- bzw. Lernprogramme für den CUU bedürfen noch sehr viel sorgfältigerer Entwicklung als sonstige Software, da hier davon auszugehen ist, daß nicht etwa nur eine klar begrenzte Problemklasse gelöst werden soll, sondern erfolgreiche *Lernprozesse* bei *sehr unterschiedlichen* Lernern angestoßen werden sollen.

In **Abbildung 41** sind wesentliche Schritte auf dem Wege zu leistungsfähiger Courseware zusammengetragen. Im Kernbereich findet man natürlich die Überlegungen wieder, die breiter im ersten Abschnitt dieses Kapitels behandelt wurden. Daneben gibt es eine Reihe recht spezifischer Arbeiten, die bei der Courseware-Erstellung zu leisten sind und im folgenden ausführlicher besprochen werden sollen. Wir gehen davon aus, daß eine *Lernzielanalyse* bereits stattgefunden hat und daß die Lernziele, für die CUU gegenüber anderen Medien am geeignetsten ist, definiert wurden. (Aspekte der *Medienspezifität* sind hierbei zu berücksichtigen.)

Abbildung 41→
Wesentliche Schritte bei der Entwicklung von computerunterstütztem Unterricht.
Die Übersicht zeigt zentrale Entwicklungsschritte auf dem Wege zum betriebsfähigen computerunterstützten Unterricht für ein Lehrgebiet. Neben technischen und didaktischen Überlegungen sind vor allen Dingen Fragen der Auswahl einer geeigneten Lehrstrategie von großer Bedeutung.

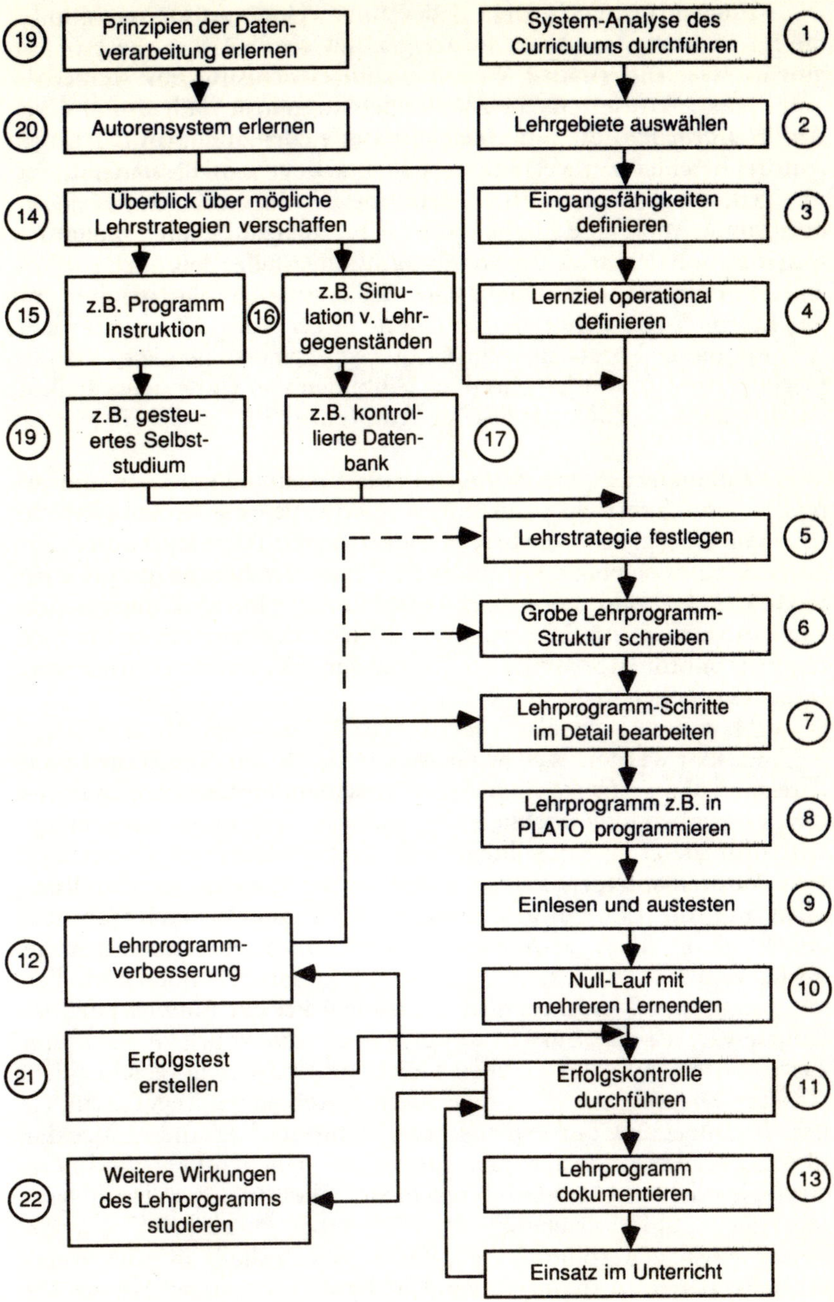

19
Prinzipien der Datenverarbeitung erlernen
20
Autorensystem erlernen
14
Überblick über mögliche Lehrstrategien verschaffen
15
z.B. Programm Instruktion
16
z.B. Simulation v. Lehrgegenständen
19
z.B. gesteuertes Selbststudium
z.B. kontrollierte Datenbank
17
System-Analyse des Curriculums durchführen
1
Lehrgebiete auswählen
2
Eingangsfähigkeiten definieren
3
Lernziel operational definieren
4
Lehrstrategie festlegen
5
Grobe Lehrprogramm-Struktur schreiben
6
Lehrprogramm-Schritte im Detail bearbeiten
7
Lehrprogramm z.B. in PLATO programmieren
8
Einlesen und austesten
9
12
Lehrprogrammverbesserung
Null-Lauf mit mehreren Lernenden
10
21
Erfolgstest erstellen
Erfolgskontrolle durchführen
11
22
Weitere Wirkungen des Lehrprogramms studieren
Lehrprogramm dokumentieren
13
Einsatz im Unterricht

Zunächst ist von großer Bedeutung, welches Autorensystem für die Entwicklung von Courseware genutzt wird. Wie schon erörtert, gibt es zwei «alternative Welten», zum einen Autorensysteme, die von «vorstrukturierten» Lehrstrategien ausgehen, und zum anderen *Autorensprachen,* die nur einen umfangreichen Satz von mächtigen Autorenbefehlen zur Verfügung stellen (z. B. zum Strukturieren, Verzweigen, zur Antwortanalyse, Beratung usw.) und damit dem Lehrprogramm-Autor alle Freiheiten geben – aber auch alle Qualen der Organisation des strukturierten Programmierens aufbürden.

Andere Programmiersprachen als Autorensprachen sollten für das Erstellen von Lehrprogrammen nicht genommen werden; nicht, weil mit diesen Sprachen keine Courseware zu erstellen wäre (es gibt Gegenbeispiele), sondern, weil das Abbilden von Unterrichtsstrukturen wegen des Fehlens typischer Autorenbefehle zu arbeitsintensiv würde.

Will man *erste Erfahrungen* in der Erstellung von computerunterstütztem Unterricht sammeln, so empfiehlt es sich, zunächst mit einer Autorensprache, die bereits Makrostrukturen vorgibt, erste Programme zu schreiben. – Kommt es darauf an, wirklich leistungsfähige, flexible Lehr- und Lernprogramme zu schreiben, so sind solche Makrosprachen nur in Ausnahmefällen brauchbar, da sie zu einer relativ monotonen Struktur der Courseware führen. Deren Akzeptanz ist bei Lernenden in der Regel gering.

Man muß sich also, *bevor* man Courseware zu entwickeln beginnt, klar werden, welche Grundstrategie man verfolgt. Insbesondere muß man sich kritisch damit auseinandersetzen, ob man nur etwas erproben oder wirklich professionell Courseware produzieren will! – In letzterem Fall sollte die «Produktionszeit» bei Verwendung von Autorensystemen keine zentrale Rolle spielen; werden Kurse nicht nur für Einmal-Benutzung, sondern für Vielfach-Gebrauch erstellt, dann fallen die reinen «Produktionskosten» immer weniger ins Gewicht.

Ein zweites grundsätzliches Problem bei der Entwicklung von Courseware ist *die Entscheidung für eine angemessene Lehr- und Lernstrategie.* Wie wir gesehen haben, gibt es sehr unterschiedliche Ansätze. Die wesentliche Schwierigkeit besteht in der Regel darin, vor dem Beginn einer Courseware-Entwicklung eine begründete Idee darüber zu erarbeiten, welche der alternativ möglichen Lehr- und Lernstrategien die beste ist? Häufig stellt sich allerdings erst durch systematische Evaluationsbemühungen hinterher heraus, wo man am besten einsteigen sollte. Es empfiehlt sich deshalb in aller Regel, zunächst bereits vorhandene vergleichbare Programme in ihren Wirkungen kennenzulernen, sie zu untersuchen und zu analysieren. Insbesondere sollte man als Courseware-Autor auch selbst viel computerunterstützten Unterricht durcharbeiten, um ein erstes Gespür zu bekommen, welche Strategien am besten sind, obwohl man sich *nie* mit dem potentiellen Lernenden verwechseln darf!

Für den *Newcomer* in diesem Feld empfiehlt es sich, zunächst auf alle Fälle die ersten Gehversuche mit *relativ einfachen* Strategien zu machen, da der Programmier-, Implementations- und Testaufwand bei den «höheren» Strategien sehr viel größer ist als bei den «niedrigen». (So können größere Fehlschläge vermieden werden.) Allerdings darf man dann – wie es leider viele professionelle Courseware-Hersteller (auch aus Kostengründen) tun – nicht notwendigerweise bei den einfachen Strategien steckenbleiben!

Ein drittes – zentrales – Problem bei der Erstellung von Courseware ist die notwendige aktive *Partizipation von potentiellen Lernenden in der Entwicklung*. Dieses Konzept kann natürlich auch bei der Erstellung von Problemlösern genutzt werden (es ist dort sicher in gleicher Weise sinnvoll) – bei der Entwicklung von Courseware ist eine Beteiligung *unabdingbar*. Ein Courseware-Entwicklungs-Team oder ein einzelner Courseware-Autor sind in aller Regel *nicht* in der Lage, sich in die Situation eines Spektrums verschiedener Lernender hineinzuversetzen. Sie können insbesondere die Heterogenitäten in Motivation und Lernstilen in einer Gruppe von Hunderten oder Tausenden von Lernenden nicht überblicken.

Deshalb sollte bereits in einer frühen Phase eine Mitarbeit aus der Gruppe zukünftiger Lernender bei der Courseware-Entwicklung gesucht werden. Das Konzept des Software-Prototypings ist hier sehr brauchbar und sollte angewendet werden. D. h., man sollte den Lernenden durchaus zunächst programm-technisch-schlampige Grundstrukturen der Courseware zeigen, um darzustellen, «was überhaupt gemeint ist», damit man rechtzeitig Kritik und Reaktionen in die weitere Entwicklungsarbeit einbeziehen kann.

Ein vierter Problembereich ist die *Bewertung der Leistungsfähigkeit von Courseware*. Beim Problemlöser ist die Bewertung relativ einfach, man kann sich als Autor selbst davon überzeugen, ob das Programm ein vorgegebenes Problem löst oder ob es das nicht – oder nur schlecht – tut. Bei Courseware gibt es diese Alles-oder-Nichts-Entscheidung in aller Regel nicht! Es gibt keinen patentierten mit DIN-Vorschriften versehenen Weg, um z. B. physikalische Gesetze zu lernen. Das macht es auch so schwierig, eine Lektion mit einer anderen zu vergleichen und zu beurteilen.

Courseware wird vielen unterschiedlich Lernenden angeboten,

und sie bewirkt bei diesen sehr unterschiedliche Effekte. Diese müssen in systematischen Evaluationstests überprüft werden. Dabei gilt es, sehr unterschiedliche Fragen zu beantworten: Wer lernt was? Wenn nur wenige von der Courseware profitieren, woran liegt dies? Gibt es Bereiche der Courseware, die von den Lernenden als besonders schwierig empfunden werden? Woran liegt das, an den Lernenden oder am Programm? Wie steht es mit Bereichen, in denen die Lernenden überhaupt keine Schwierigkeiten haben? Wird der Lernende hier unterschätzt, seine Zeit umsonst in Anspruch genommen? Bleibt der Lernende nach Durcharbeitung der Courseware motiviert, auch weiterhin mit computerunterstütztem Unterricht zu arbeiten? Wird ein objektiv definierter Satz von Lernzielen in einer vorgegebenen Population *sicher* erreicht? Mit welcher Verteilung? Welche *Nebeneffekte* entstehen durch die genutzte Form des computerunterstützten Unterrichts?

Will man den Erfolg von CUU wirklich *beweisen,* so bedarf es geeigneter Evaluationen *im Vergleich mit anderen Lehr- bzw. Lernformen.* Hierbei sind Randbedingungen (z. B. Kosten, Lernzeit, Verfügbarkeit von Lernsituationen) zu berücksichtigen. Im einfachsten Fall muß man mit zwei vergleichbaren Populationen, die zufallsmäßig aus einer Gesamtmenge gebildet werden, arbeiten, um von vornherein zu verhindern, daß sich Gruppen gleicher Interessen oder Neigungen zusammenfinden. Beide Populationen sind zunächst einem Eingangstest zu unterziehen. Dann wird die eine Population «klassisch» ausgebildet, während die andere am Computer lernt. Danach erfolgt ein Endtest, mit dem die Erfolge beider Populationen verglichen werden können.

Bei diesem – einfachen – Verfahren muß gesichert sein, daß es keine grundsätzlichen Unterschiede zwischen den beiden Populationen in Hinblick auf die angestrebten Lernziele gibt. Um derartige Fehlermöglichkeiten systematisch auszuschließen, empfiehlt es sich allerdings, einen komplizierteren Versuchsablauf anzuwenden, wie er in **Abbildung 42** angegeben ist. Nach dem Eingangstest für beide Gruppen wird ein Teil des Lernbereichs von der Gruppe 1 mit traditionellen Mitteln und von der Gruppe 2 mit computerunterstütztem Unterricht bearbeitet. Dann folgt ein Zwischentest. Danach wechseln die beiden Gruppen, während die Gruppe 1 jetzt mit CUU arbeitet, nutzt die zweite den traditionellen Unterricht. Danach erfolgt der Abschlußtest. Durch einen systematischen Vergleich der drei Testergebnisse – ggf. mit Gruppen, die nur traditionellen Unterricht hatten – lassen sich dann Aussagen, bezogen auf Lernziele und Adressaten, bezüglich der Leistung des CUU im Vergleich zu dem gewählten klassischen Verfahren machen, wobei die Randbedingungen anzugeben sind.

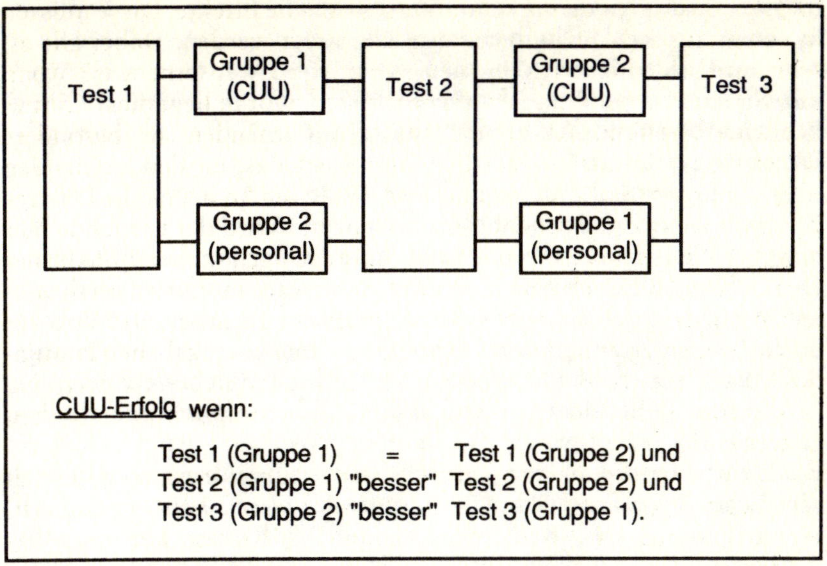

Abbildung 42
Verfahren der Evaluation bei der «Erfolgsermittlung» von computerunterstütztem Unterricht.
In den drei Testphasen erhalten die Gruppen jeweils die gleichen Tests vorgelegt. Man erkennt, daß die Gruppen I und II nach dem Test 2 ausgetauscht sind, um Unterschiede in den Gruppen zu kompensieren.

Es ist leicht zu erkennen, daß auch bereits eine einfache *Evaluation von Courseware gegenüber verschiedenen anderen Unterrichtsverfahren außerordentlich aufwendig* ist, muß doch für *jede* Courseware eine Vergleichspopulation und ein angemessener Vergleichsunterricht organisiert werden. Hier entstehen also bei der sachgerechten Entwicklung von Courseware erhebliche Kosten. Diese sollten allerdings nicht gescheut werden, wenn man – wirklich beweisbar – leistungsfähige Courseware auf den Märkten anbieten will. Leider wird in der Praxis an vielen Stellen statt einer empirisch belegten Evaluation nur etwas versprochen, wovon der Hersteller vielleicht überzeugt ist, es aber nie bewiesen hat! Der Käufer von Courseware ist also gut beraten, zu prüfen, inwieweit und wo diese wirklich empirisch erprobt wurde!

Zum Schluß sei noch auf ein Problem hingewiesen, welches bei der Erstellung von Courseware berücksichtigt werden sollte, da es den

Komfort im Umgang mit Courseware erheblich verbessert: Lernende lernen in der Regel nicht in einem Stück, sondern teilen sich ihre Lernzeit ein. Dies bedeutet, daß man in der Courseware entsprechende «Wiedereintrittspunkte» definieren und dem Lernenden die Möglichkeit geben muß, stets an den Punkt zurückzukehren, an dem er das Programm verlassen hat.

Dabei muß allerdings auch der Kontext, in dem der Lernende gewesen ist, mit berücksichtigt werden. Dies führt mitunter dazu, daß man bei Wiedereintritt in das Programm den Lernenden nicht genau an den Punkt zurückführen sollte, an dem er das Programm verlassen hat, sondern in der Regel an einen davor liegenden, inhaltlich begründeten *Wiedereintrittspunkt*. Dieser Punkt muß bei der Spezifikation der Courseware an den verschiedenen Stellen definiert werden.

Ferner sollte dem Lernenden die Möglichkeit gegeben werden, gelernte Abschnitte wieder zu «besichtigen». Dazu ist es nötig, ein Rückwärtsblättern in den Lernschritten zu erlauben, ohne jedoch sämtliche Zwischentests und Lernkontrollen beantworten und durcharbeiten zu müssen («Review-Strategie»). Nach einem Review sollte der Lernende durch einen einfachen Sprung an den Punkt zurückkehren können, an dem er das Blättern in zurückliegenden Lernabschnitten begonnen hat.

Ein weiteres großes Problem entsteht im Bereich der Verwaltung von Daten über den Lernenden («Lernerdaten»). Grundsätzlich stehen in vielen Autorensystemen Datenverwaltungsprogramme zur Verfügung, die es dem Autor erlauben, das aktuelle Lernerverhalten (z. B. Reaktionszeiten, gegebene Antworten, Weg durch die Courseware) im Programm zu überwachen, zu registrieren und ständig für lehrstrategische Entscheidungen auszuwerten.

Um diese Daten sinnvoll nutzen zu können, muß der Courseware-Autor allerdings eine Konzeption *seines* Umgangs mit den Lernerdaten entwickeln. Diese entsteht in aller Regel während der Erstellung der Lernabschnitte in der Courseware, wo es gilt, auf falsche Antworten oder Reaktionen des Lernenden einzugehen, und muß dann im Gesamtsystem konsistent durchgehalten werden. – Leider verzichten viele der heute auf Mikrocomputern laufenden Lehr- und Lernprogramme auf diese Optionen, wodurch eine lerneradäquate Organisation im Programm häufig unmöglich wird. Nur bei einfachen Drill- und Übungsstrategien kann man ohne die Nutzung von Lernerdaten auskommen.

Literaturhinweise

Conte, S.: Software-Engineering – Metrics and Models. Amsterdam 1986.
Davis, R.; Alexander, L. and Yelon, S.: Learning System Design. New York 1984.
Hussain, K.: Development of Information Systems for Education. Englewood Cliffs N.J. 1973.
Meredith, J.: The CAI Author/Instructor Englewood Cliffs N.J. 1971.
Silvern, L.: System Engineering Applied to Training. Houston 1972.
Sommerville, I.: Software Engineering. Amsterdam 1986.
Sprecher, J. and Chamberes, J.: Computer Assisted Instruction: Factors Affecting Courseware Development. Journal of Computer-Based Instruction, 7, 47, 1980.

Danksagung

Herzlicher Dank gilt zunächst einmal allen denjenigen, die in vielen Diskussionen, nach Vorträgen und in Lehrveranstaltungen dafür gesorgt haben, daß sich das Thema «Denkzeuge» zu einem Buch entfaltet hat.

Ein kleiner Kreis von Kollegen hat das Rohmanuskript korrekturgelesen und dankenswerterweise interessante und wichtige Anregungen gegeben. – Herrn A. Deuse danken wir für viele Hinweise im Abschnitt «Unterstützung Behinderter durch Denkzeuge».

Die schwierige Redaktion des Manuskriptes haben Frau Kraft und Frau Roemer bei der Firma GMCP, Bremen, sachgerecht erledigt. Herrn Heinrich Wortmann danken wir für die Unterstützung durch Bereitstellung des Textautomaten. – Der Fachbereich 3 der Universität Bremen war nicht in der Lage, die aufwendigen Schreibarbeiten abzuwickeln; Krankheit einiger Schreibkräfte, Stellenabbau und ein zähes Ringen um die Einführung der elektronischen Textverarbeitung charakterisierten dort das Jahr 1986.